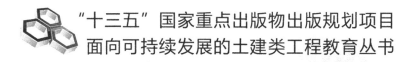

"十三五"国家重点出版物出版规划项目
面向可持续发展的土建类工程教育丛书

SUSTAINABLE
DEVELOPMENT

安装工程计量与计价

◎ 主编 沈 巍
◎ 参编 沈 珍 李 蕾 付晓灵 卢娜娜 李紫嫣

机械工业出版社
CHINA MACHINE PRESS

本书系统地介绍了建筑安装工程工程量清单的编制与计价方法，并编写了典型的工程案例。将清单计价与定额计价规则对照进行讲述，使读者能全面而准确地掌握这两种在我国建设工程招标投标领域并行的计价方式是本书的特色。此外，本书还对新清单计价规范下建筑智能化系统设备安装工程的工程量清单编制与计价方法做了详尽的阐述和相应的案例分析。

本书共分10章，主要内容包括建筑安装工程造价综述，工程量清单计价基础知识及建筑安装工程费用构成，工程造价依据，机械设备安装工程，电气设备安装工程，工业管道工程，给水排水、采暖、燃气工程，消防工程，通风空调工程，建筑智能化工程等建筑安装工程的工程量的计算及清单计价方法。

本书条理清晰、简明扼要、图文并茂，理论性与实践性有机结合，操作性和实用性强。为方便教学，每章附有小结和复习题。

本书主要作为高等院校工程管理、工程造价、设备安装工程及土木工程等相关专业的本科生教材，也可作为造价工程师、设备工程师、监理工程师、建造师、咨询工程师（投资）等执业资格考试的应试辅导教材，还可供房地产经营管理人员及建筑施工企业、工程咨询机构的相关专业人员学习和参考。

图书在版编目（CIP）数据

安装工程计量与计价/沈巍主编. —北京：机械工业出版社，2021.4（2025.1重印）

（面向可持续发展的土建类工程教育丛书）

"十三五"国家重点出版物出版规划项目

ISBN 978-7-111-68317-9

Ⅰ.①安… Ⅱ.①沈… Ⅲ.①建筑安装-工程造价-高等学校-教材 Ⅳ.①TU723.3

中国版本图书馆CIP数据核字（2021）第096360号

机械工业出版社（北京市百万庄大街22号 邮政编码100037）
策划编辑：冷　彬　责任编辑：冷　彬　舒　宜
责任校对：孙丽萍　封面设计：张　静
责任印制：邓　博
北京盛通数码印刷有限公司印刷
2025年1月第1版第7次印刷
184mm×260mm·17印张·421千字
标准书号：ISBN 978-7-111-68317-9
定价：49.80元

电话服务　　　　　　　网络服务
客服电话：010-88361066　机　工　官　网：www.cmpbook.com
　　　　　010-88379833　机　工　官　博：weibo.com/cmp1952
　　　　　010-68326294　金　书　网：www.golden-book.com
封底无防伪标均为盗版　机工教育服务网：www.cmpedu.com

前　言

"安装工程计量与计价"课程是工程管理专业的主干课程之一，作为该课程的配套教材，本书内容注重与国际接轨，将基础理论与综合能力训练有机结合，操作性和实用性强。本书借鉴国际上工程造价管理的特点，根据《建设工程工程量清单计价规范》（GB 50500—2013）、《建设安装工程费用项目组成》（建标〔2013〕44号）、《建筑工程施工发包与承包计价管理办法》（住建部令第16号）和《湖北省通用安装工程消耗量定额及全费用基价表》（2018年）等有关内容编写，是一本具有一定理论水平并注重实用的教科书，能够适应我国工程造价管理改革的需要。

工程实践中进行安装工程工程量清单计价，需要招标人按照国家统一工程量计算规则提供详细、完整、准确的工程量，投标人则必须对工程成本、利润进行分析，在对实施项目大量综合分析、测定的基础上总结出企业定额按清单模式进行投标报价。因此，只有在掌握了全国统一通用安装工程消耗量定额的计算方法、工程造价费用构成的基础上才能真正理解和掌握建设工程工程量清单计价规范。本书全面、系统地介绍了建筑安装工程工程量清单的编制与计价方法，并提供了典型工程案例。同时，为使读者能全面而准确地掌握清单计价与定额计价这两种现在我国建设招标投标领域并行的计价方式，本书在每个专业工程的章节中都将这两种计价方式进行对照并展开介绍，这也是本书的特色之一。

本书的内容结合了工程造价领域政策法规、发展动态和研究成果。各章节内容既有基础理论，又有精选的工程案例，每章都编有本章小结和复习题，同时利用编者丰富的工程造价实践经验，在分析工程造价理论与发展趋势的同时，总结提炼出创新的观点和计算技巧，对教学有较强的指导作用。

本书由武汉工程大学沈巍教授担任主编，武汉理工大学方俊教授担任主审。参编人员有武汉工程大学邮电与信息工程学院沈珍、武汉理工大学李蕾、中国地质大学（武汉）付晓灵、湖北城市建设职业技术学院卢娜娜、武汉工程大学邮电与信息工程学院李紫嫣。武汉工程大学研究生陈明真、刘伙、付文伟、梅开秀、孟丽偲、徐勤、于添程也参与了部分资料收集和文字整理工作。编者在本书撰写过程中，参阅了有关学者和专家的论著，在此表示感谢。

受编者水平所限，本书不妥之处在所难免，恳请读者批评指正，以便我们今后对本书不断修改完善。

编　者

目 录

前言

第 1 章　建筑安装工程造价综述　/　1

本章概要　/　1
1.1　基本建设程序与工程造价各个阶段的关系　/　1
1.2　建设项目的分解及价格的形成　/　4
1.3　工程造价管理及相关执业资格　/　8
本章小结　/　13
复习题　/　13

第 2 章　工程量清单计价基础知识及建筑安装工程费用构成　/　14

本章概要　/　14
2.1　工程量清单计价基础知识　/　14
2.2　定额计价模式下的建筑安装工程费用　/　19
2.3　工程量清单计价模式下的建筑安装工程费用构成及计算　/　26
2.4　全费用基价表清单计价模式下的建筑安装工程造价计算程序　/　30
本章小结　/　31
复习题　/　31

第 3 章　工程造价依据　/　32

本章概要　/　32
3.1　建设工程定额体系概述　/　32
3.2　施工定额　/　34
3.3　预算定额　/　37
3.4　概算定额与概算指标　/　40
3.5　企业定额　/　42
本章小结　/　43
复习题　/　43

目　录

第 4 章　机械设备安装工程 / 44

本章概要 / 44

4.1　机械设备安装工程基本知识 / 44
4.2　机械设备安装工程识图 / 46
4.3　机械设备安装工程施工图预算的编制要点 / 49
4.4　机械设备安装工程工程量清单的编制要点 / 57
4.5　机械设备安装工程工程量清单计价实例 / 60

本章小结 / 62

复习题 / 62

第 5 章　电气设备安装工程 / 63

本章概要 / 63

5.1　电气设备安装工程基本知识和施工识图 / 63
5.2　电气设备安装工程施工图预算的编制要点 / 75
5.3　电气设备安装工程工程量清单的编制要点 / 88
5.4　电气设备安装工程工程量清单计价实例 / 101

本章小结 / 118

复习题 / 118

第 6 章　工业管道工程 / 121

本章概要 / 121

6.1　工业管道工程基本知识及施工识图 / 121
6.2　工业管道工程施工图预算的编制要点 / 128
6.3　工业管道工程工程量清单的编制要点 / 133
6.4　工业管道工程工程量清单计价实例 / 143

本章小结 / 155

复习题 / 155

第 7 章　给水排水、采暖、燃气工程 / 156

本章概要 / 156

7.1　给水排水、采暖、燃气工程基本知识及施工识图 / 156
7.2　给水排水、采暖、燃气工程施工图预算的编制要点 / 168
7.3　给水排水、采暖、燃气工程工程量清单的编制要点 / 172
7.4　给水排水、采暖、燃气工程工程量清单计价实例 / 185

本章小结 / 190

复习题 / 190

第 8 章　消防工程 / 192

本章概要 / 192
8.1　消防工程的基本知识及施工识图 / 192
8.2　消防工程施工图预算的编制要点 / 202
8.3　消防工程工程量清单的编制要点 / 205
8.4　消防工程工程量清单计价实例 / 214
本章小结 / 217
复习题 / 218

第 9 章　通风空调工程 / 219

本章概要 / 219
9.1　通风空调工程基本知识及施工识图 / 219
9.2　通风空调工程施工图预算的编制要点 / 224
9.3　通风空调工程工程量清单的编制要点 / 230
9.4　通风空调工程工程量清单计价实例 / 237
本章小结 / 243
复习题 / 244

第 10 章　建筑智能化工程 / 245

本章概要 / 245
10.1　建筑智能化工程基本知识及施工识图 / 245
10.2　建筑智能化工程施工图预算的编制要点 / 251
10.3　建筑智能化工程工程量清单的编制要点 / 253
10.4　建筑智能化工程工程量清单计价实例 / 263
本章小结 / 265
复习题 / 265

参考文献 / 266

第 1 章

建筑安装工程造价综述

本章概要

安装工程计量计价在建筑工程业中举足轻重，主要涉及计量和计价两个方面，计量要求"规范准确"，计价要求"因时因地"。本章主要内容是建筑安装工程造价综述，在叙述安装工程相关基本概念的基础上，介绍我国现行工程造价制度。

1.1 基本建设程序与工程造价各个阶段的关系

1.1.1 工程建设及建筑安装工程造价的基本概念

工程建设是实现固定资产再生产的一种经济活动，狭义地讲是指进行某一项工程的建设，广义地讲是指建筑、购置和安装固定资产的一切活动及与之相关联的工作，如学校、医院、工厂、商店、住宅、铁路等的建设。

在我国，工程建设常称为基本建设。它是一种涉及生产、流通及分配等多个环节的综合性经济活动。一般来说，它包括建筑安装工程、设备和工器具的购置及与其联系的土地征购、勘察设计、研究试验、技术引进、职工培训、联合试运转等其他建设工作。按国家统一规定，基本建设可分为如图 1-1 所示的几类。

在工程建设中，建筑安装工程是创造价值的生产活动，它由建筑工程和安装工程两部分组成。所谓建筑工程，是指人们为满足生产及生活所需而建造的各种房屋及构筑物。但广义来讲，建筑工程可以是一切经过勘察设计、施工、设备安装和维修更新等生产活动过程而建造或修理的房屋及构筑物的总称。安装工程则是指工程建设中永久性和临时性设备的装配、就位、固定过程，以及与设备相连的工作台、梯子等的装设和附属于被安装设备的管线敷设

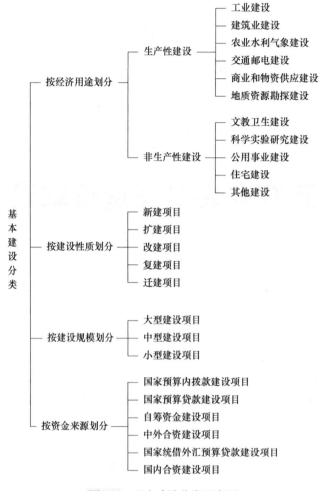

图 1-1 基本建设分类示意图

等工作过程。

建筑工程造价是指建设项目从筹建到竣工验收交付使用的整个建设过程所花费的费用的总和。对工程项目的投资者即业主来讲，它是指从工程项目的立项决策到竣工验收、交付使用预期或实际开支的全部固定资产的投资费用，一般称之为工程造价的广义理解；对工程项目的建设者即施工者来讲，它是指建成一项工程，预计或实际在土地市场、设备市场、技术劳务市场以及承包市场等交易活动中形成的建筑安装工程的价格和建设工程总价格，也就是在建筑安装工程过程中施工企业发生的生产和经营管理的费用总和，即工程价格，一般称之为工程造价的狭义理解。

1.1.2 基本建设程序及其各个阶段工程造价管理的主要内容

基本建设程序是指工程建设中必须遵循的先后次序，它反映了工程建设各个阶段之间的内在联系。具体来说，它是指工程建设项目从立项、选择、评估、决策、设计、施工到竣工验收及投入生产整个建设过程中各项工作必须遵循的先后次序的法则。

在我国，一般基本建设项目的建设程序如下。

1. 项目建议书阶段

综合考虑国民经济和社会发展的长远规划，并结合地区和行业发展规划的要求，在进行初步可行性研究的基础上，提出项目建议书。

2. 可行性研究报告阶段

（1）可行性研究

根据项目建议书的要求，经过一系列的勘察、试验及调查研究，对拟建项目的技术和经济的可行性进行分析和论证。

（2）可行性研究报告的编制

在技术经济论证的基础上编制可行性研究报告，选择最优建设方案。

（3）可行性研究报告的审批

在境外投资勘探开发原油、矿山等资源的项目，即资源开发类项目，中方投资额3000万美元及以上的，由国家发展改革委核准，其中，中方投资额2亿美元及以上的，由国家发展改革委审核后报国务院核准。大额用汇类项目是指在上述资源开发项目之外中方投资用汇额1000万美元及以上的境外投资项目，此类项目由国家发展改革委核准，其中，中方投资用汇额5000万美元及以上的，由国家发展改革委审核后报国务院核准；使用中央预算内投资、中央专项建设基金、中央统还国外贷款5亿元及以上的项目，由国家发展改革委员会审核报国务院审批。

3. 设计工作阶段

根据可行性研究报告编制设计文件。现有三阶段设计和两阶段设计，三阶段设计分为初步设计、技术设计、施工图设计。两阶段设计分为初步设计和施工图设计。现在通常采用两阶段设计。

4. 建设准备阶段

签订施工合同进行开工准备。通过招标选择施工单位及设备材料供应商，做好开工前的征地及水、电、路接驳等各项开工准备，提交开工报告等。

5. 建设施工阶段

根据设计进行施工安装，同时，业主在监理单位的协助下做好项目建设的一系列准备工作，如人员培训、组织准备、技术准备、物资准备等。

6. 竣工验收阶段

竣工验收是工程建设过程中的最后一环。通过试车验收、竣工验收，一是检验设计和工程质量，保证项目按设计要求的技术经济指标正常生产；二是有关部门和单位可以总结经验教训；三是建设单位对验收合格的项目可以及时移交固定资产，使其由建设系统转入生产系统或投入使用。凡符合竣工条件而不及时办理竣工验收的，一切费用不准再从投资中支出。项目建成投产以后，要对建设项目进行后评价。

国内大中型和限额以上工程项目的建设程序与工程造价各个阶段的关系如图1-2所示。

上述基本建设程序顺应了我国市场经济的发展，体现了项目业主责任制、建设监理制、工程招投标制以及项目咨询评估制的要求，并且与国际惯例基本趋于一致。

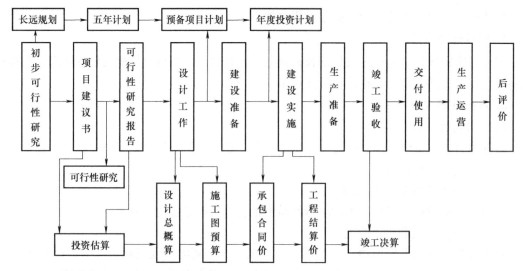

图 1-2 国内大中型和限额以上工程项目的建设程序与工程造价各个阶段的关系

1.2 建设项目的分解及价格的形成

1.2.1 建设项目的划分

建设项目是一个系统工程，为了适应工程管理和确定建设产品价格的需要，根据我国在建设领域内的有关规定和习惯做法，工程项目按其组成内容的不同，可以由大到小逐级划分为建设项目、单项工程、单位工程、分部工程和分项工程等。

1. 建设项目

建设项目一般是指具有一个计划文件和按一个总体设计进行建设，经济上实行统一核算并且行政上有独立组织形式的工程建设单位。在民用建设中，通常是以一个事业单位为建设项目，如一所学校、一家医院等；在工业建设中，一般是以一个企业或联合企业为建设项目；此外，也有营业性质的，比如一座宾馆、一家商场等。

2. 单项工程

单项工程是建设项目的组成部分。一个建设项目既可以包括几个甚至几十个单项工程，也可以只有一个单项工程。一般来说，单项工程都具有独立的设计文件，竣工后能够独立发挥生产能力或使用效益，如×××大学建设项目中的体育馆、计算机教学楼、化学实验楼等，都是能够发挥其使用功能的单项工程。

单项工程既是一个具有独立存在意义的完整工程，也是一个较为复杂的由许多专业单位工程组成的综合体。

3. 单位工程

单位工程是指具有单独设计，可以独立组织施工，但是建成后不能独立发挥生产能力或使用效益的工程，它是单项工程的组成部分。

一个单项工程根据其构成，一般可分为建筑工程、设备购置及安装工程等。进而按照各个组成部分的性质、作用，建筑工程还可以划分为若干个单位工程。以一栋住宅楼为例，它可分解为一般土建工程、室内给水排水工程、电气照明工程、室内燃气工程等单位工程。

4. 分部工程

一个单位工程仍然是一个较大的综合体，由许多结构构件、部件或更小的部分组成。在单位工程中，依据部位、材料和工种进一步分解出来的工程，称为分部工程。比如一般土建工程，按照部位、材料结构和工种的不同，可将其划分为土石方工程、打桩工程、脚手架工程、砌筑工程、混凝土及钢筋混凝土工程、构件运输及安装工程、门窗及木结构工程、楼地面工程、屋面及防水工程、防腐保温隔热工程、装修工程、金属结构制作工程等分部工程。

每一项分部工程中影响工料消耗大小的因素仍然较多，为了方便计算工程造价和工料耗用量，还必须按照不同的施工方法、构造、规格等，把分部工程进一步分解为分项工程。

5. 分项工程

分项工程一般是指单独地经过一定的施工工序就能完成，并且可以采用适当的计量单位计算的建筑工程或设备安装工程。如每 10m 天然气管道安装工程、每 10m³ 人工土方工程等，都分别为一个分项工程。但是，这种分项工程与工程项目这样完整的产品不同，它不能构成一个完整的工程实体。一般来说，其独立的存在往往是没有实用意义的，它只是建筑工程或安装工程构成的一个基本部分，是为了便于确定建筑及设备安装工程项目造价而划分出来的一种假定性产品。

综上所述，一个建设项目通常是由一个或几个单项工程组成的，一个单项工程是由几个单位工程组成的，而一个单位工程又是由若干个分部工程组成的，一个分部工程依据选用的施工方法、所选用的材料、结构构件规格等因素又可划分为若干个分项工程。图 1-3 为建设项目划分示意图。

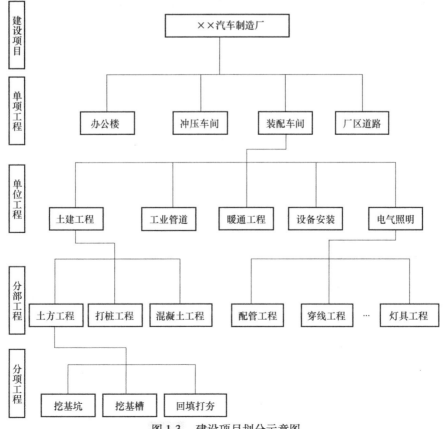

图 1-3　建设项目划分示意图

1.2.2 工程造价计价特点

建设工程的生产周期长、规模大、造价高、可变因素多,这些决定了工程造价计价具有下列特点。

1. 单件计价

工程建设产品生产的单件性决定了其产品价格的单件性。在一般工业生产中,批量生产的产品几乎是完全相同的,它们可以按照同一设计图、同一工艺方法、同一生产过程进行加工制造。当某一产品的工艺方法和生产过程确定以后,就可以反复生产,基本上没有很大的变化。而与一般工业产品不同,工程建设产品或建筑产品是按照为特定使用者的专门用途,在指定地点逐一建造的。几乎每一个建筑产品都有自己独特的建筑形式及结构形式,需要一套单独的设计图。即使对于采用同一套设计图的建筑来说,也会由于气候、地质、地震、水文等自然条件的不同而产生实物形态上的差异。此外,不同地区构成投资费用的各种价格要素的差异,将最终导致建设工程造价的千差万别。总而言之,建设工程和建筑产品不可能像工业产品那样统一定价,而只能根据它们各自所需的物化劳动和活劳动消耗量,按照国家统一规定的一整套特殊程序来逐项计价。

2. 多次计价

建设工程周期长,要根据建设程序分阶段进行,对应不同阶段也要相应地进行多次计价,从而保证工程造价确定与控制的合理性及科学性。这种多次计价的过程是一个逐步深化并逐步接近实际造价的过程。建设工程的建设程序与多次计价的对应关系如图1-4所示。

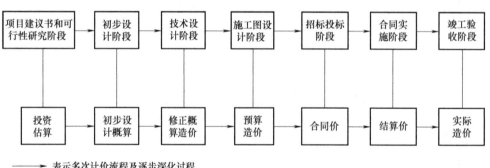

图1-4 建设工程的建设程序与多次计价的对应关系

(1) 投资估算

在编制项目建议书和可行性研究阶段,对投资需要量进行估算是一项不可缺少的组成内容。投资估算是指在项目建议书和可行性研究阶段对拟建项目所需投资,通过编制估算文件预先测算和确定的过程。投资估算是投资决策、筹资和控制造价的主要依据。

(2) 初步设计概算

初步设计概算是指在初步设计阶段,根据设计资料,通过编制工程概算文件预先测算和确定的工程造价。概算造价较投资估算准确性有所提高,但它受估算造价的控制。概算造价的层次性十分明显,分为建设项目概算总造价、各个单项工程概算综合造价、各个单位工程概算造价。

（3）修正概算造价

修正概算造价是指在采用三阶段设计的技术设计阶段，根据技术设计的要求，通过编制修正概算文件预先测算和确定的工程造价。它对初步设计概算进行修正调整，比概算造价准确，但受概算造价控制。

（4）预算造价

预算造价是指在施工图设计阶段，根据施工图通过编制预算文件，预先测算和确定的工程造价。它比概算造价或修正概算造价更为详尽和准确，但同样受前一阶段确定的工程造价的控制。

（5）合同价

合同价是指在工程招标阶段通过签订总承包合同、建筑安装工程承包合同、设备材料采购合同以及技术和咨询服务合同确定的价格。合同价属于市场价格的性质，它是由承发包双方根据市场行情共同议定和认可的成交价格，但它并不等同于实际工程造价。现行有关规定的三种合同价形式是：固定合同价、可调合同价和工程成本加酬金合同价。

（6）结算价

结算价是指在合同实施阶段，在工程结算时按合同调价范围和调价方法，对实际发生的工程量增减、设备和材料价差等进行调整后计算和确定的价格。结算价是该结算工程的实际价格。

（7）实际造价

实际造价是指在竣工决算阶段，通过为建设项目编制竣工决算，最终确定的实际工程造价。

可见，多次计价是一个由粗到细、从浅到深、由概略到精确的计价过程，是一个复杂而重要的管理系统。

3. 动态计价

任意一项工程从决策到竣工交付使用，均有一个较长的建设周期，由于不可控因素的影响，在预计工期内，许多影响工程造价的动态因素，如工程变更、设备材料价格、工资标准以及费率、利率、汇率的变化必然会使造价产生变动。此外，计算工程造价应考虑资金的时间价值。所以，工程造价在整个建设期中处于不确定状态，直至竣工决算后才能最终确定工程的实际造价。

静态投资是以某一基准年、月的建设要素的价格为依据计算出的建设项目投资的瞬时值，但它会因工程量误差而引起工程造价的增减。静态投资包括建筑安装工程费、设备和工器具购置费、工程建设其他费用及基本预备费。

动态投资是指为完成一个工程项目的建设，预计需要投资的总和。它除了包括静态投资所含内容之外，还包括建设期贷款利息、固定资产投资方向调节税、涨价预备金费、新开征税费以及汇率变动引起的造价调整。

静态投资和动态投资虽然内容有所区别，但二者关系密切。一方面，动态投资包括静态投资；另一方面，静态投资是动态投资最主要的组成部分，也是动态投资的计算基础。

4. 组合计价

工程造价的计算是分部组合而成的，这一特征和建设项目的组合性有关。一个建设项目是一个工程综合体，这个综合体可以分解为许多有内在联系的独立和不能独立的工程。如前文所述，一个建设项目可由一个或几个单项工程组成，每一个单项工程又由相应的单位工程组成，每一个单位工程又可分解为若干个分部工程，而分部工程还可以分解为分项工程。从计价和工程管理的角度，分部分项工程还可以继续进行分解。由此可见，建设项目的这种组合性决定了计价的过程是一个逐步组合的过程。这一特征在计算概算造价和预算造价时尤为明显，因而也反映到合同价和结算价中，其计算过程和计算顺序是：分部分项工程单价→单位工程造价→单项工程造价→建设项目总造价。

5. 方法的多样性

多次计价有各不相同的计价依据，且造价有不同精确度的要求，与之相适应，计价方法也具有多样性。例如，计算和确定概算、预算造价有两种基本方法，即单价法和实物法。计算和确定投资估算的方法有设备系数法、生产能力指数估算法等。不同的方法各有其特点，适应条件也不同，因此计价时应选择合适的方法。

6. 依据的复杂性

影响造价的因素众多，因而导致计价依据复杂、种类繁多。一般可分为七类：

1）计算设备和工程量的依据，包括项目建议书、可行性研究报告、设计文件等。

2）计算人工、材料、机械等实物消耗量依据，包括投资估算指标、概算指标、概算定额、预算定额、企业定额等。

3）计算工程单价的价格的依据，包括人工单价、材料价格、材料运杂费、机械台班费等。

4）计算设备单价的依据，包括设备原价、设备运杂费、进口设备关税等。

5）计算其他直接费、现场经费、间接费和工程建设其他费用的依据，主要是相关的费用定额和指标。

6）政府规定的税、费。

7）物价指数和工程造价指数。

依据的复杂性不仅使计算过程复杂，而且要求计价人员熟悉各类依据，并加以正确利用。

7. 市场定价

工程建设产品作为交易对象，通过招标投标、承发包或其他交易方式，在进行多次预估的基础上，最终由市场形成价格。交易对象可以是一个建设项目，或是一个单项工程，也可以是整个建设工程的某个阶段或某个组成部分。通常将这种在市场交易中形成的价格称为工程承发包价格，承发包价格或合同价是工程造价的一种重要形式，是业主与承包商共同认可的价格。

1.3 工程造价管理及相关执业资格

1.3.1 我国工程造价的管理现状

1. 政府对工程造价的管理

政府既是工程造价管理中的宏观管理主体，也是政府投资项目的微观管理主体。宏观上，政府对工程造价的管理有严密的组织系统，设置了多层管理机构并规定了各层机构相应的管理权限和职责范围。住建部标准定额司是归口领导机构，各专业部如水利部、交通运输部等也设置了相应的造价管理机构。住建部标准定额司负责制定工程造价管理的法规制度，制定全国统一经济定额和部管行业经济定额，以及负责咨询单位资质管理和工程造价专业人员的执业资格管理。各省、市、自治区和行业主管部门，在其管辖范围内行使管理职能；省辖市和地区的造价管理部门在所辖地区内行使管理职能。

2. 工程造价的微观管理

工程造价的微观管理主要包括以下两个方面：设计单位和工程造价咨询单位，按照业主或委托方的意图，在可行性研究和规划设计阶段，合理确定及有效控制建设项目的工程造价，通过限额设计等手段来实现所设定的工程造价管理目标，在招标工作中编制标底、参加评标等；在项目的实施阶段，通过对设计变更、工期、索赔和结算等项管理进行造价控制。承包商的工程造价管理是企业管理中的重要组成部分，一般施工企业均设有专门的职能机构参与企业的投标决策，并通过对市场的调查研究，利用过去积累的经验科学估价，研究报价策略，提出报价；在施工过程中，进行工程造价的动态管理，注意各种调价因素的发生和工程价款的结算，以避免收益流失，从而促进企业盈利目标的实现。

1.3.2 工程造价的相关执业资格

1. 一级造价工程师

一级造价工程师（Cost Engineer），是指由国家授予资格并准予注册后执业，专门接受某个部门或某个单位的指定、委托或聘请，负责并协助其进行工程造价的计价、定价及管理业务，以维护其合法权益的工程经济专业人员。国家在工程造价领域实施造价工程师执业资格制度。凡从事工程建设活动的建设、设计、施工、工程造价咨询、工程造价管理等单位和部门，必须在计价、评估、审查（核）、控制及管理等岗位配套有造价工程师执业资格的专业技术人员。

依据《人事部、建设部关于印发〈造价工程师执业资格制度暂行规定〉的通知》（人发〔1996〕77号），从1997年起，国家开始实施造价工程师执业资格制度。1998年1月，《人事部、建设部关于实施造价工程师执业资格考试有关问题的通知》（人发〔1998〕8号）发布，并于当年在全国首次实施了造价工程师执业资格考试。考试工作由人事部、建设部共同负责，人事部负责审定考试大纲、考试科目和试题，组织或授权实施各项考务工作，会同建设部对考试进行监督、检查、指导和确定合格标准。日常工作由建设部标准定额司承担，具体考务工作委托人事部人事考试中心组织实施。2019年发布并实施的《社会保障部关于印发〈造价工程师执业资格制度规定〉〈造价工程师执业资格考试实施办法〉的通知》将造价工程师改为一级造价师，增加二级造价师考试。

一级造价工程师执业资格考试由住建部与人事部共同组织，考试实行全国统一大纲、统一命题、统一组织的办法，原则上每年举行一次。考试采用滚动管理，共设4个科目，考试成绩滚动周期为4年，在连续的4个考试年度内通过全部考试科目，方可取得一级造价工程师执业资格证书。

（1）报考条件

1）取得工程造价专业大学专科学历（或高等职业教育），从事工程造价业务工作满5年；取得土木建筑、水利、装备制造、交通运输、电子信息、财经商贸大类大学专科学历（或高等职业教育），从事工程造价业务工作满6年。

2）取得通过专业评估（认证）的工程管理、工程造价专业大学本科学历或学位，从事工程造价业务工作满4年；取得工学、管理学、经济学门类大学本科学历或学位，从事工程造价业务工作满5年。

3）取得工学、管理学、经济学门类硕士学位或者第二学士学位，从事工程造价业务工作满3年。

4) 取得工学、管理学、经济学门类博士学位，从事工程造价业务工作满1年。

5) 取得其他专业类（门类）相应学历或者学位的人员，从事工程造价业务工作年限相应增加1年。

(2) 考试科目

考试科目包括："建设工程计价""建设工程造价案例分析""建设工程造价管理""建设工程技术与计量"。其中"建设工程技术与计量"分为土木建筑工程、交通运输工程、水利工程和安装工程4个子专业，报考人员可根据实际工作需要选报其一。

(3) 执业范围

1) 建设项目建议书、可行性研究投资估算的编制和审核，项目经济评价以及工程概算、预算、结算、竣工结（决）算的编制和审核。

2) 工程量清单、标底（或者控制价）、投标报价的编制和审核，工程合同价款的签订及变更、调整、工程款支付与工程索赔费用的计算。

3) 建设项目管理过程中设计方案的优化、限额设计等工程造价分析与控制，工程保险理赔的核查。

4) 工程经济纠纷的鉴定。

2. 二级造价工程师

二级造价工程师是在原全国工程造价员取消后，新增的职业资格考试。按照《住房城乡建设部办公厅关于贯彻落实国务院取消相关职业资格决定的通知》（建办人〔2016〕7号）要求，各省、自治区、直辖市住房城乡建设厅、各社会团体（如造价管理协会及中价协各专业委员会）等应停止开展与造价员资格相关的评价、认定、发证等工作，也不得以造价员资格名义开展培训活动。

二级造价工程师职业资格考试合格者，由各省、自治区、直辖市人力资源社会保障行政主管部门颁发中华人民共和国二级造价工程师职业资格证书。该证书由各省、自治区、直辖市住房城乡建设、交通运输、水利行政主管部门按专业类别分别与人力资源社会保障行政主管部门用印，各地可根据实际情况制定跨区域认可办法。

二级造价工程师职业资格实行全国统一大纲，各省、自治区、直辖市自主命题并组织实施的考试制度。二级造价工程师职业资格考试均设置基础科目和专业科目。二级造价工程师职业资格考试成绩实行2年为一个周期的滚动管理办法，参加全部2个科目考试的人员必须在连续的2个考试年度内通过全部科目，方可取得二级造价工程师职业资格证书。

(1) 报考条件

凡遵守国家法律、法规，具有良好的政治业务素质和道德品行，从事工程造价工作且具备下列条件之一者，可以申请参加二级造价工程师职业资格考试：

1) 取得工程造价专业大学专科学历（或高等职业教育），从事工程造价业务工作满2年；取得土木建筑、水利、装备制造、交通运输、电子信息、财经商贸大类大学专科（或高等职业教育）学历，从事工程造价业务工作满3年。

2) 取得工程管理、工程造价专业大学本科及以上学历或学位，从事工程造价业务工作满1年；取得工学、管理学、经济学门类大学本科及以上学历或学位，从事工程造价业务工作满2年。

3）取得其他专业类（门类）相应学历或学位的人员，从事工程造价业务工作年限相应增加1年。

（2）考试科目

二级造价工程师职业资格考试设"建设工程造价管理基础知识"和"建筑工程计量与计价实务"2个科目，其中，"建设工程造价管理基础知识"为基础科目，"建筑工程计量与计价实务"为专业科目。专业科目分为土木建筑工程、交通运输工程、水利工程和安装工程4个专业类别。考生在报名时可根据实际工作需要选报其一。

（3）执业范围

1）注册造价工程师在工作中，必须遵纪守法，恪守职业道德和从业规范，诚信执业，并主动接受有关主管部门的监督检查和行业自律。

2）住房和城乡建设部、交通运输部、水利部应共同建立健全注册造价工程师诚信体系，制定相关规章制度或从业标准规范，并指导监督信用评价工作。

3）注册造价工程师不得同时受聘于两个或两个以上单位执业，不得允许他人以本人名义执业，严禁"证书挂靠"，出租出借注册证书的，由发证机构撤销其注册证书，不再予以重新注册；构成犯罪的，依法追究刑事责任。

4）注册造价工程师职业资格的国际互认和国际交流，以及与港澳台地区注册造价工程师（或工料测量师）的互认，由人力资源社会保障部、住房和城乡建设部负责实施。

5）二级注册造价工程师的执业范围：协助一级注册造价工程师开展相关工作，并可独立开展的具体工作内容：

① 建设工程工料分析、计划、组织与成本管理，施工图预算、设计概算编制。

② 建设工程工程量清单、招标控制价、投标报价编制。

③ 建设工程合同价款、结算和竣工决算价款的编制。

6）注册造价工程师应在其规定业务范围内的工作成果上签章。

7）取得造价工程师注册证书的人员，应当按照国家专业技术人员继续教育的有关规定接受继续教育，更新专业知识，提高业务水平。

3. 一级建造师

建造师分为一级建造师（Constructor）和二级建造师（Associate Constructor）。建造师制度的法律依据《中华人民共和国建筑法》第14条规定："从事建筑活动的专业技术人员，应当依法取得相应的执业资格证书，并在执业证书许可的范围内从事建筑活动。"2003年2月27日发布的《国务院关于取消第二批行政审批项目和改变一批行政审批项目管理方式的决定》（国发〔2003〕5号）规定，取消建筑施工企业项目经理资质核准，由注册建造师代替，并设立过渡期。人事部、建设部依据国务院上述要求决定对建设工程项目总承包及施工管理的专业技术人员实行建造师执业资格制度，发布了《建造师执业资格制度暂行规定》（人发〔2002〕111号），规定一级建造师执业资格实行统一大纲、统一命题、统一组织的考试制度，由人事部、建设部共同组织实施，原则上每年举行一次考试。

（1）报考条件

凡遵守国家法律、法规，具备以下条件之一者，可以申请参加一级建造师执业资格考试：

1）取得工程类或工程经济类大学专科学历，工作满6年，其中从事建设工程项目施工管理工作满4年。

2）取得工程类或工程经济类大学本科学历，工作满4年，其中从事建设工程项目施工管理工作满3年。

3）取得工程类或工程经济类双学士学位或研究生班毕业，工作满3年，其中从事建设工程项目施工管理工作满2年。

4）取得工程类或工程经济类硕士学位，工作满2年，其中从事建设工程项目施工管理工作满1年。

5）取得工程类或工程经济类博士学位，从事建设工程项目施工管理工作满1年。

（2）考试科目

一级建造师执业资格考试设"建设工程经济""建设工程法规及相关知识""建设工程项目管理"和"专业工程管理与实务"4个科目。其中，"专业工程管理与实务"科目分为建筑工程、公路工程、铁路工程、民航机场工程、港口与航道工程、水利水电工程、矿业工程、市政公用工程、通信与广电工程、机电工程10个专业类别，考生在报名时可根据实际工作需要选报其一。

（3）执业范围

1）担任建设工程项目施工的项目经理。

2）从事其他施工活动的管理工作。

3）法律、行政法规或国务院建设行政主管部门规定的其他业务。

4. 房地产估价师

为了加强房地产估价人员的管理，充分发挥房地产估价在房地产交易中的作用，国家实行房地产估价人员执业资格认证和注册制度。凡从事房地产评估业务的单位，必须配备有一定数量的房地产估价师。房地产估价师（Real Estate Appraiser）执业资格实行全国统一考试制度，原则上每年举行一次。人保部负责审定考试科目、考试大纲和试题。会同住建部对考试进行检查、监督、指导和确定合格标准，组织实施各项考务工作。住建部负责组织考试大纲的拟定、培训教材的编写和命题工作，统一规划并会同人保部组织或授权组织考前培训等有关工作。房地产估价师执业资格考试合格者，取得执业资格证书，经注册后全国范围有效，可在全国范围内开展与其聘用单位业务范围相符的房地产估价活动。

（1）报考条件

凡中华人民共和国公民，遵纪守法并具备下列条件之一的，可申请参加房地产估价师执业资格考试：

1）取得房地产估价相关学科（包括房地产经营、房地产经济、土地管理、城市规划等，下同）中等专业学历，具有8年以上相关专业工作经历，其中从事房地产估价实务满5年。

2）取得房地产估价相关学科大专学历，具有6年以上相关专业工作经历，其中从事房地产估价实务满4年。

3）取得房地产估价相关学科学士学位具有4年以上相关专业工作经历，其中从事房地产估价实务满3年。

4）取得房地产估价相关学科硕士学位或第二学位、研究生班毕业，从事房地产估价实务满2年。

5）取得房地产估价相关学科博士学位的。

6）不具备上述规定学历，但通过国家统一组织的经济专业初级资格或审计、会计、统计专业助理级资格考试并取得相应资格，具有10年以上相关专业工作经历，其中从事房地产估价实务满6年，成绩特别突出的。

（2）考试科目

考试设为4个科："房地产基本制度与政策（含房地产估价相关知识）""房地产开发经营与管理""房地产估价理论与方法"和"房地产估价案例与分析"。

（3）执业范围

房地产估价师的执业范围包括房地产估价、房地产咨询以及与房地产估价有关的其他业务。

本 章 小 结

工程建设是实现固定资产再生产的一种经济活动，狭义地讲是指进行某一项工程的建设，广义地讲是指建筑、购置和安装固定资产的一切活动及与之相关联的工作，如学校、医院、工厂、商店、住宅、铁路等的建设。

基本建设程序是指工程建设项目从立项、选择、评估、决策、设计、施工到竣工验收及投入生产整个建设过程中各项工作必须遵循的先后次序的法则。

建设项目是一个系统工程，为了适应工程管理和确定建设产品价格的需要，根据我国在建设领域内的有关规定和习惯做法，将工程项目按其组成内容的不同，可以由大到小逐级划分为建设项目、单项工程、单位工程、分部工程和分项工程等。

建筑工程造价是指建设项目从筹建到竣工验收交付使用的整个建设过程所花费的费用的总和。建设工程的生产周期长、规模大、造价高以及可变因素多，决定了工程造价计价具有下列特点：单件计价、多次计价、动态计价、组合计价、方法的多样性、依据的复杂性、市场定价。

执业资格制度是国家对某些承担较大责任，关系国家、社会和公众利益的重要专业岗位实行的一项管理制度。我国涉及工程估价方面的执业资格主要有一级造价师、二级造价师、一级建造师、房地产估价师等。

通过本章的学习，学生要了解工程项目的基本含义，熟悉工程造价领域的相关执业资格制度，掌握基本建设程序和建筑工程造价的概念。

复 习 题

1. 试述基本建设的定义及其分类。
2. 试述建筑工程造价的含义。
3. 试述基本建设程序包括的阶段和主要内容。
4. 按组成内容的不同，简述工程项目的划分。
5. 试述一级造价工程师的执业范围。

第2章

工程量清单计价基础知识及建筑安装工程费用构成

本章概要

本章在介绍工程量清单计价相关知识的基础上,重点介绍建设工程项目投资中的建筑安装工程费用的构成。其中,在清单计价相关基础知识中着重介绍实行工程量清单计价的意义,《计价规范》的编制原则、特点及内容简介,然后从定额计价和清单计价两个模式分析建筑安装工程费用的构成、相关费用的含义及计算,最后介绍清单计价模式下建筑安装工程费所含各项费用的计算程序。

2.1 工程量清单计价基础知识

随着我国建设市场的快速发展,招标投标制、合同制的逐步推行,以及加入世界贸易组织(WTO)与国际接轨等需求的日益迫切,工程造价计价方法改革不断深化。2013年7月1日实施的《建设工程工程量清单计价规范》(GB 50500—2013)(以下简称《计价规范》),用于建设工程承发包和实施阶段的计价活动。此规范的实施,是我国工程造价计价方式适应社会主义市场经济发展并与国际接轨的一次重大改革,也是我国工程造价计价工作向逐步实现"政府宏观调控、企业自主报价、市场形成价格"的目标迈出的坚实一步。

2.1.1 实行工程量清单计价的目的和意义

1. 实行工程量清单计价,是工程造价深化改革的产物

长期以来,我国建设工程承发包计价、定价以工程预算定额为主要依据。1992年,为了适应建设市场改革的要求，针对工程预算定额编制和使用中存在的问题，提出了"控制量、指导价、竞争费"的改革措施，工程造价管理由静态管理模式逐步转为动态管理模式。其中，对工程预算定额改革的主要思路和原则是：将工程预算定额中的人工、材料、机械的消耗量和相应的单价分离，人、材、机的消耗量国家根据相关规范、标准以及社会的平均水平来确定。控制量是指工程量按实结算，指导价就是逐步走向市场形成价格，竞争费是指企业自主报价参与市场竞争，这一措施在我国实行社会主义市场经济初期起到了积极的作用，但随着工程建设市场化进程的发展，这种做法仍然难以改变国家指令性的工程预算定额为主导的状况，难以满足招标投标和评标的要求。因为，定额是反映的社会平均消耗水平，不能准确地反映建设市场中各个企业的实际消耗量，不能全面地体现企业技术装备水平、管理水平和劳动生产率，不能充分体现市场公平竞争，工程量清单计价将改革以工程预算定额为计价依据的计价模式。

2. 实行工程量清单计价，是规范建设市场秩序，适应社会主义市场经济发展的需要

工程造价是工程建设的核心内容，也是建设市场运行的核心内容，建设市场上存在许多不规范行为，大多与工程造价有关。工程预算定额计价在调节工程发包与承包双方利益、反映市场价格等方面显得滞后，特别是在公开、公平、公正竞争方面，缺乏合理完善的机制，甚至出现管理上的一些漏洞。实现建设市场的良性发展除了依据法律法规的作用，发挥市场规律中"竞争"和"价格"的作用是治本之策。工程量清单计价是市场形成工程造价的主要形式，工程量清单计价有利于发挥企业自主报价的能力，实现政府定价到市场定价的转变；有利于规范业主的招标行为，有效避免和改善招标单位的盲目压价现象，从而真正体现公开、公平、公正的市场竞争原则，反映市场经济规律。

3. 实行工程量清单计价，是促进建设市场有序竞争和企业健康发展的需要

实行工程量清单计价模式招标投标，招标单位必须编制准确的工程量清单，并承担相应的风险，促进招标单位提高管理水平。由于工程量清单是公开的，可有效避免工程招标中的弄虚作假、暗箱操作等不规范行为。对承包企业来说，采用工程量清单报价，必须对单位工程成本、利润进行分析，统筹考虑、精心选择施工方案，并根据企业的定额合理确定人工、材料、施工机械等要素的投入与配置，优化组合，合理控制现场费用和施工技术措施费用，确定投标价格。企业根据自身的条件编制出自己的企业定额，改变过去过分依赖国家发布定额的状况。

工程量清单计价的实行，有利于规范建设市场计价行为，规范建设市场秩序，促进建设市场有序竞争；有利于控制建设项目投资；有利于促进技术进步，提高劳动生产率；有利于提高工程造价专业人员的素质。

4. 实行工程量清单计价，有利于工程造价管理中政府职能的转变

政府部门要真正履行"经济调节、市场监管、社会管理和公共服务"职能的要求，对工程造价管理的模式要相应改变，应推行"政府宏观调控、企业自主报价、市场竞争形成价格、社会全面监督"的工程造价管理思路。实行工程量清单计价，有利于工程造价管理中政府职能的转变，由过去行政直接干预转变为对工程造价依法监管，有效地强化政府对工程造价的宏观调控。

5. 实行工程量清单计价，是适应我国加入世界贸易组织（WTO）、融入世界大市场的需要

随着改革开放的日益深入，我国经济加速融入全球市场，特别是我国加入世界贸易组织（WTO）后，行业壁垒下降，建设市场进一步对外开放。国外的企业以及投资的项目越来越多地进入国内市场，我国企业走出国门在海外投资和经营的项目也逐渐增加。为了适应建设市场对外开放的形势，必须适应国际通行的建设工程计价方法，为建设项目市场主体创造与国际惯例接轨的市场竞争环境。工程量清单计价是国际通行的计价方法，在我国实行工程量清单计价，有利于提高国内建设各方主体参与国际化竞争的能力，有利于提高工程建设的管理水平。

2.1.2 《计价规范》编制的指导思想和原则

根据住建部令第 16 号《建筑工程施工发包与承包计价管理办法》，结合我国工程造价管理现状，总结有关省市工程量清单试点的经验，参照国际上有关工程量清单计价通行的做法，创造公平、公正、公开竞争的环境，以建立全国统一的、有序的建设市场。

编制工作除了遵循上述指导思想外，主要坚持以下原则。

1. 政府宏观调控、企业自主报价、市场竞争形成价格

按照政府宏观调控、市场竞争形成价格的指导思想，为规范发包方与承包方计价行为，确定了工程量清单计价的原则、方法和必须遵守的规则，包括统一项目编码、项目名称、计量单位、工程量计算规则等。留给企业自主报价、参与市场竞争的空间，属于企业性质的施工方法、施工措施和人工、材料、机械的消耗量水平、取费等内容由企业来确定，给企业充分选择的权利，以促进生产力的发展。

2. 与现行预算定额既有机结合又有所区别

在《计价规范》编制过程中，以全国统一工程预算定额为基础，特别是项目划分、计量单位、工程量计算规则等方面，尽可能多地与定额衔接。原因主要是预算定额是我国几十年工程实践的总结，其内容具有一定的科学性和实用性。但是预算定额是按照计划经济的要求制定发布并贯彻执行的，其中有许多不适应《计价规范》编制指导思想的，主要表现在：

1）定额项目是国家规定以工序为划分原则制定的。
2）施工工艺、施工方法是根据大多数企业的施工方法综合取定的。
3）工、料、机消耗量是根据"社会平均水平"综合测定的。
4）取费标准是根据不同地区平均测算的。

因此，预算定额体现的是社会平均水平，企业依据预算定额不能结合项目具体情况、自身技术管理水平自主报价，不能充分调动企业加强管理、提高效益的积极性。

3. 既考虑我国工程造价管理的现状，又尽可能与国际接轨

依据我国当前工程建设项目市场发展的形势，需要逐步解决定额计价中与当前工程建设市场不相适应的因素，适应我国社会主义市场经济发展的需要，适应与国际接轨的需要，积极稳妥地推行工程量清单计价。因此，《计价规范》的编制，既借鉴了世界银行、国际咨询工程师联合会（FIDIC）、英联邦国家等地的一些做法，又结合了我国现阶段的具体情况。例如，实体项目的设置方面，就结合了当前按专业设置的实际情况；有关名词尽量沿用国内习惯，如措施项目就是国内的习惯叫法，其在国外叫作开办项目；而措施项目的内容就借鉴了部分国外的做法。

2.1.3 "计价规范"的特点

1. 强制性

强制性主要表现在以下两个方面：一是由建设主管部门按照强制性国家标准的要求批准颁布，规定全部使用国有资金或国有资金投资为主的大中型建设工程应按《计价规范》的规定执行；二是明确工程量清单是招标文件的组成部分，并规定了招标人在编制工程量清单时必须做到四个"统一"，即统一项目编码，统一项目名称，统一计量单位，统一工程量计算规则。

2. 实用性

《计价规范》附录中工程量清单项目及计算规则的项目名称表现的是工程实体项目，项目名称明确清晰，工程量计算规则简洁明了；还特别列有项目特征和工程内容，易于编制工程量清单时确定具体项目名称和投标报价。

3. 竞争性

竞争性主要体现在两个方面：一是《计价规范》在工程量清单中只列"措施项目"一栏，具体采用什么措施，如模板、脚手架、临时设施、施工排水等详细内容由投标人根据企业的施工组织设计，视具体情况报价，因为各个企业在这些项目上各有不同，是企业竞争项目，这样就留给企业竞争的空间；二是《计价规范》中人工、材料和施工机械没有具体的消耗量，投标企业可以依据企业定额和市场价格信息，也可以参照建设行政主管部门发布的社会平均消耗量定额进行报价，也就是将报价权交给了企业。

4. 通用性

采用工程量清单计价将与国际惯例接轨，符合工程量计算方法标准化、工程量计算规则统一化、工程造价确定市场化的要求。

2.1.4 《计价规范》内容简介

《计价规范》包括正文和附录两大部分，二者具有同等效力。正文共16章，内容包括总则、术语、一般规定、工程量清单编制、招标控制价、投标报价、合同价款约定、工程计量、合同价款调整、合同价款期中支付、竣工结算与支付、合同解除的价款结算与支付、合同价款争议的解决、工程造价鉴定、工程计价资料与档案、工程计价表格，分别就《计价规范》的适用范围、遵循的原则、编制工程量清单应遵循的规则、工程量清单计价活动的规则、工程量清单及其计价格式做了明确规定。

1. 总则

总则共计7条，规定了该规范制定的目的、依据、适用范围、工程量清单计价活动应遵循的基本原则及附录适用的工程范围，具体如下：

1）为规范建设工程造价计价行为，统一建设工程计价文件的编制原则和计价方法，根据《中华人民共和国建筑法》《中华人民共和国合同法》《中华人民共和国招标投标法》等法律法规，制定本规范。

2）本规范适用于建设工程发承包及实施阶段的计价活动。

3）建设工程发承包及实施阶段的工程造价应由分部分项工程费、措施项目费、其他项目费、规费和税金组成。

4）招标工程量清单、招标控制价、投标报价、工程计量、合同价款调整、合同价款结算与支付以及工程造价鉴定等工程造价文件的编制与核对，应由具有专业资格的工程造价人员承担。

5）承担工程造价文件的编制与核对的工程造价人员及其所在单位，应对工程造价文件的质量负责。

6）建设工程发承包及实施阶段的计价活动应遵循客观、公正、公平的原则。

7）建设工程发承包及实施阶段的计价活动，除应符合本规范外，尚应符合国家现行有关标准的规定。

2. 术语

按照编制规范的基本要求，术语是对《计价规范》特有术语给予的定义，尽可能避免规范贯彻实施过程中由于不同理解造成的争议。

《计价规范》中术语共计52条，下面结合本书要阐述的建筑安装工程工程清单计价的内容，对一些相关术语进行了解析。

（1）工程量清单

载明建设工程分部分项工程项目、措施项目、其他项目的名称和相应数量以及规费、税金项目等内容的明细清单。

（2）分部分项工程

分部工程是单项或单位工程的组成部分，是按结构部位、路段长度及施工特点或施工任务将单项或单位工程划分为若干分部的工程；分项工程是分部工程的组成部分，是按不同施工方法、材料、工序及路段长度等将分部工程划分为若干个分项或项目的工程。

（3）措施项目

为完成工程项目施工，发生于该工程施工准备和施工过程中的技术、生活、安全、环境保护等方面的项目。

（4）项目编码

分部分项工程和措施项目清单名称的阿拉伯数字标识。

（5）综合单价

完成一个规定清单项目所需的人工费、材料和工程设备费、施工机具使用费和企业管理费、利润以及一定范围内的风险费用。

（6）工程造价指数

指数反映一定时期的工程造价相对于某一固定时期的工程造价变化程度的比值或比率。包括按单位或单项工程划分的造价指数，按工程造价构成要素划分的人工、材料、机械等价格指数。

（7）暂列金额

招标人在工程量清单中暂定并包括在合同价款中的一笔款项。用于工程合同签订时尚未确定或者不可预见的所需材料、工程设备、服务的采购，施工中可能发生的工程变更、合同约定调整因素出现时的合同价款调整以及发生的索赔、现场签证确认等的费用。

（8）暂估价

招标人在工程量清单中提供的用于支付必然发生但暂时不能确定价格的材料、工程设备的单价以及专业工程的金额。

(9) 计日工

在施工过程中,承包人完成发包人提出的工程合同范围以外的零星项目或工作,按合同中约定的单价计价的一种方式。

3. 工程计价表

工程计价表宜采用统一格式。各省、自治区、直辖市建设行政主管部门和行业建设主管部门可根据本地区、本行业的实际情况,在《计价规范》附录 B~附录 L 计价表的基础上补充完善。

2.2 定额计价模式下的建筑安装工程费用

建筑安装工程费用即建筑产品价格,包括用于建筑物的建造及有关的准备、清理等工程的投资,用于需要安装设备的安置、装配工程的投资。

定额计价模式下的建筑安装工程费用构成与工程量清单计价模式下的建筑安装工程费用构成及类别划分上存在差异,定额计价模式下建筑安装工程费用构成如图2-1所示。

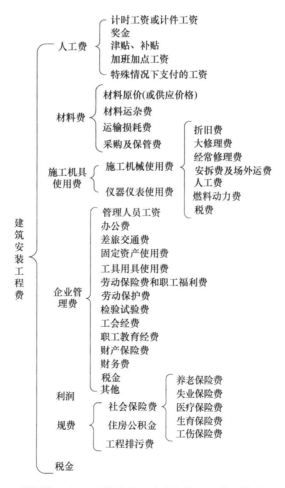

图 2-1 定额计价模式下建筑安装工程费用构成

2.2.1 建筑安装工程费用组成

1. 人工费

人工费是指按工资总额构成规定，支付给从事建筑安装工程施工的生产工人和附属生产单位工人的各项费用。内容包括：

1）计时工资或计件工资。

2）奖金，如节约奖、劳动竞赛奖等。

3）津贴、补贴，如流动施工津贴、特殊地区施工津贴、高温（寒）作业临时津贴、高空津贴等。

4）加班加点工资。加班加点工资是指在法定节假日工作的加班工资和在法定日工作时间外延时工作的加点工资。

5）特殊情况下支付的工资。特殊情况下支付的工资是指因病、工伤、产假、计划生育假、婚丧假、事假、探亲假、定期休假、停工学习等支付的工资。构成人工费的基本要素有两个，即人工工日消耗量和人工日工资单价。其计算公式为：

$$人工费 = \sum（工日消耗量 \times 相应等级的日工资单价）\div 年平均每月法定工作日$$

2. 材料费

材料费是指施工过程中耗费的构成工程实体的原材料、辅助材料、构配件、零件、半成品的费用。其内容包括材料原价（或供应价格）、材料运杂费、运输损耗费、采购及保管费。其中，材料运杂费是指材料自来源地运至工地仓库或指定堆放地点所发生的全部费用；运输损耗费是指材料在运输装卸过程中不可避免的损耗；采购及保管费是指在组织采购、供应和保管材料过程中需要的各项费用。材料费的计算公式为：

$$材料费 = \sum（材料消耗量 \times 材料基价）$$

$$材料基价 = [（供应价格 + 运杂费）\times （1 + 运输损耗率）] \times （1 + 采购保管费费率）$$

3. 施工机具使用费

（1）施工机械使用费

施工机械使用费是指施工机械作业所发生的机械使用费以及机械安拆费和场外运输费。施工机械台班单价由折旧费、大修理费、经常修理费、安拆费及场外运费、人工费、燃料动力费和税费七项费用组成。施工机械使用费的计算公式为：

$$施工机械使用费 = \sum（施工机械台班消耗量 \times 机械台班单价）$$

$$机械台班单价 = 台班折旧费 + 台班大修费 + 台班经常修理费 + 台班安拆费及场外运费 + 台班人工费 + 台班燃料动力费 + 台班车船税费$$

若租赁施工机械，施工机械使用费用以下公式计算：

$$施工机械使用费 = \sum（施工机械台班消耗量 \times 机械台班租赁单价）$$

（2）仪器仪表使用费

仪器仪表使用费是指工程施工所需使用的仪器仪表的摊销及维修费用。

$$仪器仪表使用费 = 工程使用的仪器仪表摊销费 + 维修费$$

4. 企业管理费

企业管理费是指建筑安装企业组织施工生产和经营管理所需费用。内容包括：

1）管理人员工资。管理人员工资是指支付管理人员的工资、奖金、津贴补助、加班加点工资及特殊情况下支付的工资等。

2）办公费。办公费是指企业管理办公用的文具、纸张、账表、印刷、邮电、书报、办公软件、现场监控、会议、水电、热水和集体取暖降温（包括现场临时宿舍取暖降温）等费用。

3）差旅交通费。差旅交通费是指职工因工出差、调动工作的差旅费、住勤补助费、市内交通费和误餐补助费、职工探亲路费、劳动力招募费，职工退休、退职一次性路费，工伤人员就医路费，工地转移费以及管理部门使用的交通工具的油料、燃料等费用。

4）固定资产使用费。固定资产使用费是指管理和试验部门及附属生产单位使用的属于固定资产的房屋、设备仪器等的折旧、大修、维修或租赁费。

5）工具用具使用费。工具用具使用费是指企业施工生产所需的价值低于 2000 元或管理使用的不属于固定资产的生产工具、器具、家具、交通工具和检验、试验、测绘、消防用具等的购置、维修和摊销费。

6）劳动保险费和职工福利费。劳动保险费和职工福利费是指由企业支付的职工退职金、按规定支付给离休干部的经费、集体福利费、夏季防暑降温、冬季取暖补贴、上下班交通补贴等。

7）劳动保护费。劳动保护费是指企业按规定发放的劳动保护用品的支出，如工作服、手套以及在有碍身体健康的环境中施工的保健费用等。

8）检验试验费。检验试验费是指企业按照有关标准规定，对建筑以及材料、构建和建筑安装物进行一般鉴定、检查所发生的费用，包括自设试验室进行试验所耗的材料等费用。

新结构、新材料的试验费，对构件做破坏性试验及其他特殊要求检验试验的费用和按有关规定由发包人委托检测机构进行检测的费用，对此类检测发生的费用，由发包人在工程建设其他费用中列支。

对承包人提供的具有合格证明的材料进行检测，不合格的，检测费用由承包人承担；合格的，检测费用由发包人承担。

9）工会经费。工会经费是指企业根据《工会法》规定的全部职工工资总额比例计提的工会经费。

10）职工教育经费。职工教育经费是指按职工工资总额的规定比例计提，企业为职工进行专业技术和职业技能培训，专业技术人员继续教育、职工职业技能鉴定、职业资格认定以及根据需要对职工进行各类文化教育所发生的费用。企业发生的职工教育经费支出，按企业职工工资薪金总额 1.5%~2.5%计提。

11）财产保险费。财产保险费是指施工管理用财产、车辆等保险费用。

12）财务费。财务费是指企业为施工生产筹建资金或提供预付款担保、履约担保、职工工资支付担保等所发生的费用。

13）税金。税金是指企业按规定缴纳的房产税、车船使用税、土地使用税、印花税、城市维护建设税、教育费附加以及地方教育附加等。

14）其他。包括技术转让费、技术开发费、投标费、业务招待费、绿化费、广告费、公证费、法律顾问费、审计费、咨询费、保险费等。

企业管理费中未考虑塔式起重机监控设施，发生时另行计算。企业管理费的计算方法如下：

$$企业管理费=(人工费+施工机具使用费)\times企业管理费费率$$

5. 利润

利润是指施工企业完成所承包工程获得的盈利，是施工企业的劳动者为社会和集体劳动所创造的价值。它是根据拟建单位工程类别确定的，即按其建筑性质、规模大小、施工难易程度等因素实施差别利率。建筑业企业可依据本企业经营管理水平和建筑市场供求情况，自行确定本企业的利润水平。

利润的计算方法如下：

$$利润=(人工费+施工机具使用费)\times利润率$$

6. 规费

规费是指按国家法律、法规规定，由省级政府和省级有关权力部门规定必须缴纳或计取的费用。内容包括：

（1）社会保险费

1）养老保险费：企业按规定标准为职工缴纳的基本养老保险费。

2）失业保险费：企业按照规定标准为职工缴纳的失业保险费。

3）医疗保险费：企业按照规定标准为职工缴纳的基本医疗保险费。

4）生育保险费：企业按照规定标准为职工缴纳的生育保险费。

5）工伤保险费：企业按照规定标准为职工缴纳的工伤保险费。

（2）住房公积金

住房公积金是指企业按规定标准为职工缴纳的住房公积金。

（3）工程排污费

工程排污费是指按规定缴纳的施工现场工程排污费。

其他应列而未列入的规费，按实际发生计取。

7. 税金

税金是指国家税法规定的应计入建筑安装工程造价内的增值税。

2.2.2 安装工程预算定额的分类及组成

由于全国各地区的人工工资水平和施工企业自身的管理水平不同，各省（自治区、直辖市）预算定额存在一定的差异性。本书以《湖北省通用安装工程消耗量定额及全费用基价表》为例介绍。

1. 安装工程预算定额的分类

《湖北省通用安装工程消耗量定额及全费用基价表》（2018年，下同），是按照《建设工程工程量清单计价规范》（GB 50500—2013）的有关要求，在住房和城乡建设部印发的《通用安装工程消耗量定额》（TY 02—31—2015）及《湖北省通用安装工程消耗量定额及单位估价表》（2013年）的基础上，结合湖北省实际情况进行修编的，适用于湖北省境内工业与民用建筑的新建、扩建通用安装工程。该定额共十二册，包括以下内容：

第一册　机械设备安装工程

第二册　热力设备安装工程

第三册　静置设备与工艺金属结构制作安装工程
第四册　电气设备安装工程
第五册　建筑智能化工程
第六册　自动化控制仪表安装工程
第七册　通风空调工程
第八册　工业管道工程
第九册　消防工程
第十册　给排水、采暖、燃气工程
第十一册　通信设备及线路工程
第十二册　刷油、防腐蚀、绝热工程

2. 安装工程预算定额的组成

《湖北省通用安装工程消耗量定额及全费用基价表》由定额总说明、册说明、目录、各（节）说明、工程量计算规则、定额子目和附录等部分组成。其中，分部分项工程定额子目是核心内容，它包括分项工程的工作内容、计量单位、定额编号、项目名称、全费用、人工、材料、机械的消耗量及其对应的单价及附录。

（1）定额全费用基价的组成

全费用是完成规定计量单位的分部分项工程所需人工费、材料费、机械费、费用、增值税之和。

$$分部分项工程定额全费用基价 = 人工费 + 材料费 + 机械费 + 费用 + 增值税$$

其中：

$$人工费 = \sum (人工工日用量 \times 人工日工资单价)$$
$$材料费 = \sum (各种材料消耗量 \times 相应材料单价)$$
$$机械费 = \sum (机械台班消耗量 \times 相应机械台班单价)$$
$$费用 = 总价措施项目费 + 企业管理费 + 利润 + 规费$$

其中：

$$总价措施项目费 = (人工费 + 机械费) \times 费率(9.95\%)^{\ominus}$$
$$企业管理费 = (人工费 + 机械费) \times 费率(18.86\%)$$
$$利润 = (人工费 + 机械费) \times 费率(15.31\%)$$
$$规费 = (人工费 + 机械费) \times 费率(11.97\%)$$
$$增值税 = 不含税工程造价 \times 税率(9\%)^{\ominus}$$
$$= (人工费 + 材料费 + 机械费 + 费用) \times 税率$$

（2）未计价主材

在定额制定中，将消耗的辅助或次要材料价值计入定额基价中，称为计价材料。而构成工程实体的主要材料，由于全国各地价格差异较大，故只在价目表中规定了其名称、规格、

$\ominus$ 括号内数字为根据《湖北省通用安装工程消耗量定额及全费用基价表》确定的总价措施项目费费率，下方"企业管理费""利润""规费"与此处情况相同，不再标注说明。

$\ominus$ 《湖北省通用安装工程消耗量定额及全费用基价表》中增值税的计算采用的税率为11%。根据鄂建办〔2019〕93号文件规定，增值税税率调整为9%，故本书例题计算时增值税税率统一按9%确定。

品种和消耗数量,而未在定额基价中计算它的价值,其价值应根据市场或实际购买的除税价格确定,该项费用也计入材料费,然后计入工程造价,故称为未计价材料费。材料消耗量带"( )"的为未计价材料,可根据市场或实际购买的除税价格确定材料单价,该项材料费用计入材料费。

未计价材料数量=按施工图计算的工程量×括号内的材料消耗量

未计价材料费=未计价材料数量×材料市场单价

3. 安装工程预算定额的调整

(1) 定额系数

预算定额是在正常施工条件下编制的,而实际施工条件复杂且多变,当实际施工条件与预算定额不符时,通常通过定额系数调整,以满足工程实际计价需求。《湖北省通用安装工程消耗量定额及全费用基价表》将定额系数按照其实质内容划分为子目系数、工程系统系数和综合系数。

子目系数是指当分项工程内容与定额子目考虑的编制环境不同时,所需进行的定额调整内容,如各章节规定的定额子目调整系数、操作高度增加费系数等。

工程系统系数是与工程建筑形式或工程系统调试有关的费用。如建筑物超高增加费系数、调试系数等。

综合系数是与工程本体形态无直接关系,而与施工方法和施工环境有关的系数,如脚手架搭拆系数、安装与生产同时进行增加系数等。

(2) 定额系数使用说明

1) 子目调整系数。各章节规定的子目调整系数见各册章节说明。如《湖北省通用安装工程消耗量定额及全费用基价表》第十册第11章支架及其他的章说明中,机械钻孔项目是按混凝土墙体及混凝土楼板考虑的,厚度是综合取定,如果实际厚度超过300mm,楼板厚度超过220mm,按相应定额人工、材料、机械乘以系数1.2。

2) 操作高度增加费。操作高度增加费是指因操作高度超过定额编制规定的高度,人工降效而产生的费用,用超过操作高度的工程量乘以超高系数。操作高度增加费的高度各册的规定不同,例如,给水排水、采暖、燃气工程的操作物高度以距楼地面3.6m为限,超过3.6m时,超过部分工程量按定额人工费为基数乘以相应系数计取操作高度增加费;通风空调工程的操作物高度以距楼地面6m为限,超过6m时,超过部分工程量按定额人工费为基数乘以相应系数计取操作高度增加费。

3) 建筑物超高增加费。建筑物超高增加费是指高度在6层或20m以上的工业与民用建筑物上进行安装时增加的费用(不包括地下室)。建筑物超高增加费以建筑物高度或层数为区分,以人工费为基数乘以相应系数,其费用中人工费占65%。

4) 脚手架搭拆费。脚手架搭拆费是指施工需要的各种脚手架搭、拆、运输费用及脚手架的摊销费用。脚手架搭拆费的计取方法是用全部人工费为基数乘以脚手架搭拆系数计算,其中人工费占35%。脚手架搭拆系数各册的规定不同,例如,消防工程脚手架搭拆费按定额人工费的5%计算;工业管道脚手架搭拆费按定额人工费的10%计算。

2.2.3 建筑安装工程定额计价计算程序

定额计价计算程序见表2-1。

第 2 章 工程量清单计价基础知识及建筑安装工程费用构成

表 2-1 定额计价计算程序

序 号	费用项目		计 算 方 法
1	分部分项工程费		1.1+1.2+1.3
1.1	其中	人工费	∑(人工费)
1.2	其中	材料费	∑(材料费)
1.3	其中	施工机具使用费	∑(施工机械使用费)
2	措施项目费		2.1+2.2
2.1	单价措施项目费		2.1.1+2.1.2+2.1.3
2.1.1	其中	人工费	∑(人工费)
2.1.2	其中	材料费	∑(材料费)
2.1.3	其中	施工机具使用费	∑(施工机具使用费)
2.2	总价措施项目费		2.2.1+2.2.2
2.2.1	其中	安全文明施工费	(1.1+1.3+2.1.1+2.1.3)×费率
2.2.2	其中	其他总价措施项目费	(1.1+1.3+2.1.1+2.1.3)×费率
3	总包服务费		项目价值×费率
4	企业管理费		(1.1+1.3+2.1.1+2.1.3)×费率
5	利润		(1.1+1.3+2.1.1+2.1.3)×费率
6	规费		(1.1+1.3+2.1.1+2.1.3)×费率
7	索赔与现场签证		索赔与现场签证费用
8	不含税工程造价		1+2+3+4+5+6+7
9	税金		8×费率
10	含税工程造价		8+9

以全费用基价表为基础的定额计价计算程序见表 2-2。

表 2-2 以全费用基价表为基础的定额计价计算程序

序 号	费用项目		计 算 方 法
1	分部分项工程和单价措施项目费		1.1+1.2+1.3+1.4+1.5
1.1	其中	人工费	∑(人工费)
1.2	其中	材料费	∑(材料费)
1.3	其中	施工机具使用费	∑(施工机具使用费)
1.4	其中	费用	∑(费用)
1.5	其中	增值税	∑(增值税)
2	其他项目费		2.1+2.3+2.3
2.1	总承包服务费		项目价值×费率
2.2	索赔与现场签证费		∑(价格×数量)÷∑费用
2.3	增值税		(2.1+2.2)×税率
3	含税工程造价		1+2

2.3 工程量清单计价模式下的建筑安装工程费用构成及计算

2.3.1 工程量清单计价模式下的费用组成

根据《建设工程工程量清单计价规范》的规定，在工程量清单计价模式下的建筑安装工程费用组成（图2-2）与定额计价模式下的建筑安装工程费用构成及类别划分上存在显著差异。

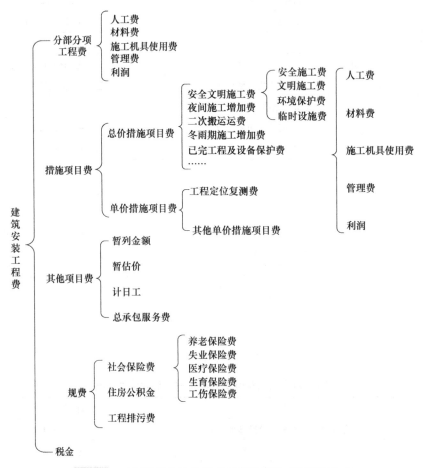

图 2-2 工程量清单计价模式下建筑安装工程费用构成

1. 分部分项工程费

分部分项工程费是工程实体的费用，是指为完成设计图所要求的工程所需要的费用，包括人工费、材料费、施工机具使用费、管理费、利润。

（1）人工费

人工费是指应列入计价表的直接从事安装工程施工工人（包括现场内水平、垂直运输等辅助工人）和附属辅助生产单位（非独立经济核算单位）工人的基本工资、工资性津贴、流动施工津贴、房租补贴、职工福利费、劳动保护费。

（2）材料费

材料费是指应列入计价表的材料、构件和半成品材料的用量以及周转材料的摊销量乘以相应的预算价格计算的费用。

(3) 施工机具使用费

施工机具使用费指应列入计价表的施工机具台班消耗量按相应的施工机具台班单价计算的安装工程施工机具使用费以及机具安拆费和进出场费。

(4) 管理费

管理费包括企业管理费、现场管理费、冬雨期施工增加费、生产工具用具使用费、工程定位复测点交场地清理费、远地施工增加费、非甲方所为4h以内的临时停水停电费。

(5) 利润

利润是指按国家规定应计入安装工程造价的利润。

2. 措施项目费

措施项目费是指为完成建设工程项目施工，发生于该工程施工前和施工过程中的技术、生活、安全、环境保护等方面的费用。措施项目费分为总价措施项目费和单价措施项目费。

(1) 总价措施项目费

1) 安全文明施工费。安全文明施工费是指按照国家现行的施工安全、施工现场环境与卫生标准和有关规定，购置、更新和安装施工安全防护用具及设施、改善安全生产条件和作业环境，以及施工企业物、构筑物和其他临时设施的搭设、维修、拆除、清理费或摊销的费用等。

2) 夜间施工增加费。夜间施工增加费是指因夜间施工所发生的夜班补助费、夜间施工降效、夜间施工照明设备摊销及照明用电等费用。

3) 二次搬运费。二次搬运费是指因施工场地条件限制而发生的材料、构配件、半成品等一次运输不能到达堆放地点，必须进行二次或多次搬运所发生的费用。

4) 冬雨期施工增加费。冬雨期施工增加费是指在冬期或雨期施工需增加的临时设施、防滑、排除雨雪，人工及施工机械效率降低等费用。

5) 已完工程及设备保护费。已完工程保护费指竣工验收前，对已完工程及设备采取的必要保护措施所发生的费用。

6) 工程定位复测费。工程定位复测费是指工程施工过程中进行全部施工测量放线和复测工作的费用。

7) 特殊地区施工增加费。特殊地区施工增加费是指工程在沙漠或其边缘地区、高海拔、高寒、原始森林等特殊地区施工增加的费用。

8) 大型机械设备进出场及安拆费。大型机械设备进出场及安拆费是指机械整体或分体自停放场地运至施工现场或由一个施工地点运至另一个施工地点，所发生的机械进出场运输及转移费用及机械在施工现场进行安装、拆卸所需的人工费、材料费、机械费、试运转费和安装所需的辅助设施的费用。

9) 脚手架工程费。脚手架工程费是指施工需要的各种脚手架搭、拆、运输费用，以及脚手架购置费的摊销（或租赁）费用。

(2) 单价措施项目费

1) 工程定位复测费。工程定位复测费是指工程施工过程中进行全部施工测量放线和复测工作的费用。

2) 其他单价措施项目费用内容详见现行国家各专业工程工程量计算规范。

3. 其他项目费

（1）暂列金额

暂列金额是指建设单位在工程量清单中暂定并包含在工程合同价款中的一笔款项。其用于施工合同签订时尚未确定或者不可预见的所需材料、服务的采购，施工中可能发生的工程变更、合同约定调整因素出现时的工程价款调整，以及发生的索赔、现场签证确认等的费用。

（2）暂估价

暂估价是指招标人在工程量清单中提供的用于支付必然发生但暂时不能确定价格的材料的单价以及专业工程的金额。

暂估价分为材料暂估单价、工程设备暂估单价、专业工程暂估金额。

（3）计日工

计日工是指在施工过程中，承包人完成发包人提供的工程合同范围以外的零星项目或工作，按合同中约定单价计算的费用。

（4）总承包服务费

总承包服务费是指总承包人为配合、协调发包人进行的专业工程发包，对发包人自行采购的材料等进行保管以及施工现场管理、竣工资料汇总整理等服务所需的费用。

4. 规费

规费是指按国家法律、法规规定，由省级政府和省级有关权力部门规定必须缴纳或计取的费用。其内容包括：社会保险费、住房公积金、工程排污费。

5. 税金

税金是指国家税法规定的应计入建筑安装工程造价内的增值税。

措施项目费是为完成工程项目施工，发生于该工程施工准备和施工过程中技术、生活、安全、环境保护等方面的非工程实体项目费。

规费和税金应按国家或省级、行业建设主管部门的规定计算，不得作为竞争性费用。

以上不可竞争费用在编制标底或投标报价时均应按规定计算，不得让利或随意调整计算标准。

2.3.2 工程量清单计价模式下的安装工程造价计算程序

工程量清单计价模式下的安装工程造价计算程序如下：①分部分项工程综合单价计算（表2-3）；②单价措施项目综合单价计算（表2-4）；③总价措施项目费计算（表2-5）；④其他项目费计算（表2-6）；⑤单位工程造价计算（表2-7）。

表2-3 分部分项工程综合单价计算程序

序 号	费用项目	计算方法
		以人工费施工机具使用费之和为计价基础
1	人工费	Σ（人工费）
2	材料费	Σ（材料费）
3	施工机具使用费	Σ（施工机具使用费）
4	企业管理费	(1+3)×费率
5	利润	(1+3)×费率
6	风险因素	按招标文件或约定
7	综合单价	1+2+3+4+5+6

第 2 章 工程量清单计价基础知识及建筑安装工程费用构成

表 2-4 单价措施项目综合单价计算程序

序 号	费用项目	计算方法
		以人工费施工机具使用费之和为计价基础
1	人工费	∑(人工费)
2	材料费	∑(材料费)
3	施工机具使用费	∑(施工机具使用费)
4	企业管理费	(1+3)×费率
5	利润	(1+3)×费率
6	风险因素	按招标文件或约定
7	综合单价	1+2+3+4+5+6

表 2-5 总价措施项目费计算程序

序 号	费用项目		计算方法
1	分部分项工程费		∑(分部分项工程费)
1.1	其中	人工费	∑(人工费)
1.2		施工机具使用费	∑(施工机具使用费)
2	单价措施项目费		∑(单价措施项目费)
2.1	其中	人工费	∑(人工费)
2.2		施工机具使用费	∑(施工机具使用费)
3	总价措施项目费		3.1+3.2
3.1	安全文明施工费		(1.1+1.2+2.1+2.2)×费率
3.2	其他总价措施项目费		(1.1+1.2+2.1+2.2)×费率

表 2-6 其他项目费计算程序

序 号	费用项目		计算方法
1	暂列金额		按招标文件
2	暂估价		2.1+2.2
2.1	其中	材料暂估价÷结算价	∑(材料暂估价×暂估数量)÷∑(材料结算价×计算数量)
2.2		专业工程暂估价÷结算价	按招标文件÷结算价
3	计日工		3.1+3.2+3.3+3.4+3.5
3.1	其中	人工费	∑(人工价格×暂定数量)
3.2		材料费	∑(材料价格×暂定数量)
3.3		施工机具使用费	∑(机械台班价格×暂定数量)
3.4		企业管理费	(3.1+3.3)×费率
3.5		利润	(3.1+3.3)×费率
4	总包服务费		4.1+4.2

（续）

序　号	费用项目		计算方法
4.1	其中	发包人发包专业工程	∑（项目价值×费率）
4.2		发包人提供材料	∑（项目价值×费率）
5	索赔与现场签证		∑（价格×数量）÷∑费用
6	其他项目费		1+2+3+4+5

表 2-7　单位工程造价计算程序

序　号	费用项目		计算方法
1	分部分项工程费		∑（分部分项工程费）
1.1	其中	人工费	∑（人工费）
1.2		施工机具使用费	∑（施工机具使用费）
2	单价措施项目费		∑（单价措施项目费）
2.1	其中	人工费	∑（人工费）
2.2		施工机具使用费	∑（施工机具使用费）
3	总价措施项目费		∑（总价措施项目费）
4	其他项目费		∑（其他项目费）
4.1	其中	人工费	∑（人工费）
4.2		施工机具使用费	∑（施工机具使用费）
5	规费		(1.1+1.2+2.1+2.2+4.1+4.2)×费率
6	税金		(1+2+3+4+5)×费率
7	含税工程造价		1+2+3+4+5+6

2.4 全费用基价表清单计价模式下的建筑安装工程造价计算程序

工程造价计价活动中，可以根据需要选择全费用清单计价方式，这种计价方式计算程序需要明示相关费用的，可以根据全费用基价表中的人工费、材料费、施工机具使用费和定额相关费率进行计算。暂列金额、专业工程暂估价、结算价和以费用形式表示的索赔与现场签证均不含增值税。

分部分项工程及单价措施项目综合单价计算程序见表 2-8。

表 2-8　分部分项工程及单价措施项目综合单价计算程序

序　号	费用项目	计算方法
1	人工费	∑（人工费）
2	材料费	∑（材料费）
3	施工机具使用费	∑（施工机具使用费）
4	费用	∑（费用）
5	增值税	∑（增值税）
6	综合单价	1+2+3+4+5

其他项目费计算程序见表 2-9。

表2-9 其他项目费计算程序

序 号	费用项目		计算方法
1	暂列金额		按招标文件
2	暂估价		按招标文件
3	计日工		3.1+3.2+3.3+3.4
3.1	其中	人工费	∑(人工单价×暂定数量)
3.2		材料费	∑(材料价格×暂定数量)
3.3		施工机具使用费	∑(机械台班价格×暂定数量)
3.4		费用	(3.1+3.3)×费率
4	总承包服务费		4.1+4.2
4.1	其中	发包人发包专业工程	∑(项目价值×费率)
4.2		发包人提供的材料	∑(材料价格×费率)
5	索赔与现场签证费		∑(价格×数量)÷∑费用
6	增值税		(1+2+3+4+5)×税率
7	其他项目费		1+2+3+4+5+6

单位工程造价计算程序见表2-10。

表2-10 单位工程造价计算程序

序 号	费用项目	计算方法
1	分部分项工程和单价措施项目费	∑(分部分项工程费)+∑(单价措施项目费)
2	其他项目费	∑(其他项目费)
3	单位工程造价	1+2

本章小结

建筑安装工程费用即建筑产品价格,包括用于建筑物的建造及有关的准备、清理等工程的投资,用于需要安装设备的安置、装配工程的投资。

根据《建设工程工程量清单计价规范》的规定,定额计价模式下的建筑安装工程费用组成与清单计价模式下的建筑安装工程费用组成及类别划分上存在显著差异。定额计价模式下的建筑安装工程费用组成包括人工费、材料费、施工机具使用费、企业管理费、利润、规费和税金;工程量清单计价模式下的建筑安装工程费用组成包括分部分项工程费、措施项目费、其他项目费、规费和税金。

通过本章的学习,学生要了解清单计价模式和定额计价模式的基本概念,熟悉和掌握两种不同计价模式下的费用组成。

复习题

1. 什么是措施项目费?包含哪些费用内容?
2. 简述定额计价模式下的建筑安装工程费用的计算程序和方法。
3. 简述工程量清单计价模式下的建筑安装工程费用的计算程序和方法。

第3章 工程造价依据

本章概要

工程定额是安装工程计量计价的基本依据，本章围绕其作用与特点，分别介绍定额消耗量与单价的确定、施工定额、预算定额、概算定额与概算指标及企业定额等内容。

3.1 建设工程定额体系概述

3.1.1 建设工程定额的概念

建设工程定额的研究对象是工程建设产品生产过程中资源消耗的规律，是指在正常的施工条件下，完成一定计量单位的合格产品所必需消耗的劳动力、材料和机械台班的数量标准。正常的施工条件是指生产过程按生产工艺和施工验收规范操作，施工条件完善，劳动组织合理，机械运转正常，材料储备合理。

3.1.2 定额的特性

1. 定额的科学性

定额是在认真研究客观规律的基础上，是一套严密确定定额消耗量的方法，遵守客观规律，实事求是制定的，它能正确地反映单位产品生产必需的劳动量。

2. 定额的统一性和权威性

定额经过国家、地方主管部门或其授权单位颁发，定额中人、材、机的消耗量水平按照国家相关技术标准和规范结合典型工程综合测定，具有权威性和统一性的特点。定额的使用者和执行者都应该按照其规定执行，不得随意修改。

3. 定额的稳定性和时效性

建筑工程中的任何一种定额，在一段时期内都表现出稳定的状态，这是定额权威性的要求，也是工程实践的需要。但是，任何一种建筑工程定额都只能反映一定时期的生产力水平，当生产力向前发展了，定额就会变得陈旧。所以，建筑工程定额在具有稳定性特点的同时，也具有显著的时效性。根据具体情况不同，稳定的时间有长有短，目前地方定额一般是3~5年修订一次。

4. 定额的群众性

定额的拟定和执行，都要有广泛的群众基础。定额的拟定通常采取工人、技术人员和专职定额人员三者结合的方式。这样能够从工程实际出发，反映建筑安装工人的实际水平，并保持一定的先进性。

3.1.3 定额的作用

1. 定额是编制工程计划、组织和管理施工的重要依据

为了更好地组织和管理施工生产，必须编制施工进度计划和施工作业计划。在编制计划和组织管理施工生产中，要直接或间接地以各种定额来作为计算人力、物力和资金需用量的依据。

2. 定额是确定建筑工程造价的依据

在有了设计文件规定的工程规模、工程数量及施工方法之后，即可依据相应定额所规定的人工、材料、机械台班的消耗量，以及单位预算价值和各种费用标准来确定建筑工程造价。

3. 定额是建筑行业实行招标投标制和经济责任制的重要依据

签订投资包干协议、计算招标标底和投标报价、签订总包和分包合同协议等，通常以建筑工程定额为主要依据。

4. 定额是对先进施工方法和技术手段的总结和推广

定额是在平均先进合理的条件下，通过对施工生产过程的观察、分析综合制定的。它比较科学地反映出生产技术和劳动组织的先进合理程度。因此，可以从定额中得出一套比较完整的先进生产方法，在施工生产中推广应用，使劳动生产率得到普遍提高。

5. 定额是按劳分配以及合理确定工期和质量要求的尺度

由于工时消耗定额具体落实到每个劳动者，因此可用定额来对每个工人所完成的工作进行考核，确定所完成的劳动量，以此来决定应支付的劳动报酬，并根据劳动定额来确定定员和工程工期。还可以根据定额中反映的分部分项工程的内容和施工工序的要求、人材机的消耗量标准等，考查和检验工程质量。

3.1.4 建设工程定额体系

建设工程定额按其内容、形式、用途和使用要求，可大致分为以下几类：

1) 按生产要素分类：可分为劳动消耗定额、材料消耗定额和机械台班消耗定额。
2) 按用途分类：可分为施工定额、预算定额、概算定额、工期定额及概算指标等。
3) 按费用性质分类：可分为直接费定额、间接费定额等。

4）按主编单位和执行范围分类：可分为全国统一定额、主管部门定额、地区统一定额及企业定额等。

5）按专业分类：可分为建筑工程定额和设备及安装工程定额。建筑工程定额通常可分为土石方工程定额、结构工程定额和装饰装修工程定额等，设备及安装工程定额通常可分为机械设备工程定额、工业管道工程定额、电气设备工程定额、给水排水工程定额、消防工程定额、采暖通风空调工程定额等。

3.2 施工定额

3.2.1 施工定额的概念

施工定额是施工企业直接用于建筑工程施工管理的一种定额。它是以同一性质的施工过程或工序为测定对象，确定建筑工人在正常的施工条件下，为完成一定计量单位的某一施工过程或工序所需人工、材料和机械台班消耗的数量标准。所以，施工定额是由劳动定额、材料消耗定额和机械台班定额组成，是综合性定额中最基本的定额。

3.2.2 施工定额的作用

施工定额是建筑安装企业生产管理工作的基础，它的作用主要表现在以下几个方面：

1）是施工企业编制施工预算、进行工料分析和加强企业成本管理的基础。

2）是编制施工组织设计、施工作业设计和确定人工、材料及机械台班需要量计划的基础。

3）是施工企业向工作班（组）签发任务单、限额领料的依据。

4）是组织工人班（组）开展劳动竞赛、实行内部经济核算、承发包、计取劳动报酬和奖励工作的依据。

5）是编制预算定额和企业补充定额的基础。

3.2.3 施工定额的编制原则

1. 确定定额水平必须遵循"平均先进"的原则

"平均先进"水平是指在正常的生产条件下，多数施工班组或生产者经过努力可以达到，少数班组或劳动者可以接近，个别班组或劳动者可以超过的水平。贯彻"平均先进"的原则，才能促进企业进行科学管理和不断提高劳动生产率，进而达到提高企业经济效益的目的。

2. 定额的结构形式和内容应遵循简明适用的原则

简明适用是指定额结构合理，定额步距大小适当，文字通俗易懂，计算方法简便，具有多方面的适应性，能在较大的范围内满足各种不同情况、不同用途的工程需要。

3.2.4 施工定额的组成和表示方法

施工定额由劳动定额、材料消耗定额和机械台班使用定额组成，反映施工生产过程中人、材、机三种资源要素的消耗标准。

1. 劳动定额

（1）劳动定额的概念

劳动定额也称人工定额，是建筑安装工程统一劳动定额的简称，反映建筑产品生产中活劳动消耗数量的标准。劳动定额是在正常的施工（生产）技术组织条件下，为完成一定数量的合格产品，或完成一定量的工作所预先拟定的必要的活劳动消耗量。

（2）劳动定额的组成划分

劳动定额按其表现形式的不同，分为时间定额和产量定额。

1）时间定额。时间定额也称工时定额，是指生产单位合格产品或完成一定的工作任务的劳动时间消耗的限额。定额时间包括准备与结束时间、作业时间（基本时间+作业宽放时间）、个人生理需要与休息宽放时间等。

$$作业宽放时间 = 技术宽放时间 + 组织宽放时间$$

时间定额以"工日"为单位，每一工日工作时间按 8 小时计算。用公式表示如下：

$$单位产品时间定额（工日） = \frac{1}{每工日产量}$$

或

$$单位产品时间定额（工日） = \frac{小组成员工日数总和}{小组台班产量}$$

2）产量定额。产量定额是指在单位时间（工日）内生产合格产品的数量或完成工作任务的限额。

产量定额根据时间定额计算。用公式表示如下：

$$每工日产量 = \frac{1}{单位产品时间定额（工日）}$$

或

$$小组每班产量 = \frac{小组成员工日数的总和}{单位产品时间定额（工日）}$$

产量定额以产品的单位计量，如 m、m^2、m^3、t、块、件等。

时间定额和产量定额之间互为倒数关系。时间定额降低，则产量定额提高，即：

$$时间定额 = 1/产量定额$$
$$时间定额 \times 产量定额 = 1$$

3）时间定额和产量定额的用途。时间定额和产量定额虽是同一劳动定额的不同表现形式，但其用途却不相同。前者以单位产品的工日数表示，便于计算完成某一分部（项）工程所需的总工日数，便于核算工资，便于编制施工进度计划和计算分项工期。后者是以单位时间内完成的产品数量表示，便于小组分配施工任务，考核工人的劳动效率和签发施工任务单。

2. 材料消耗定额

（1）建筑安装材料的分类

1）非周转性材料。非周转性材料也称为直接性材料。它是指在建设工程施工中，一次性消耗并直接构成工程实体的材料，如砖、瓦、砂、石、钢筋、水泥等。

2）周转性材料。建设工程中使用的周转性材料是指在施工过程中能多次使用、反复周转的工具性材料，如各种模板、活动支架、脚手架、支撑、挡土板等。

在建筑安装工程成本中，通常材料消耗的比例占全部成本的 60% 以上。故此，加强建筑材料的定额管理，对于建设项目和施工企业而言具有重要的现实意义。材料消耗定额是编制采购计划、核定工程物资储备、加速资金周转、提高经济效益的有效工具。同时，材料消耗定额也是签发限额领料单、考核和分析评价材料利用情况的依据。

（2）材料消耗定额的概念

在合理和规范使用材料的条件下，生产单位合格产品所必须消耗的一定品种、规格的原材料、半成品、配件和水、电、燃料、动力等资源的数量标准，称为材料消耗定额。

（3）材料消耗定额的组成

材料消耗定额由以下两个部分组成：①合格产品上的消耗量，就是用于合格产品上的实际数量；②生产合格产品的过程中合理的消耗量，就是指材料从现场仓库领出到完成合格产品过程中的合理的消耗数量，包括场内搬运的合理损耗、加工制作的合理损耗和施工操作的合理损耗等内容。

所以单位合格产品中某种材料的消耗数量等于该材料的净耗量和损耗量之和，即：

$$材料消耗量=净耗量+损耗量$$

计入材料消耗定额内的损耗量，应是在采用规定材料规格和先进操作方法，正确选用材料品种的情况下不可避免的损耗量。

对于某种产品使用某种材料的损耗量，常用损耗率表示：

$$损耗率=\frac{损耗量}{消耗量}\times 100\%$$

材料的消耗量可用下式表示：

$$材料消耗量=\frac{净耗量}{1-损耗率}$$

3. 机械台班使用定额

（1）机械台班使用定额的概念

机械台班使用定额又称机械使用定额，是指在正常的施工条件、合理的劳动组合和合理使用施工机械的条件下，生产单位合格产品所必须消耗的一定品种、规格施工机械的作业时间标准。

（2）机械台班使用定额的表现形式

其表现形式有机械台班产量定额和机械时间定额两种。

1）机械台班产量定额。机械台班产量定额是指某种机械在合理的施工组织和正常施工的条件下，单位时间内完成合格产品的数量，即：

$$机械台班产量定额=\frac{1}{机械时间定额}$$

或

$$机械台班产量定额=\frac{小组成员工日数总和}{机械时间定额}$$

2）机械时间定额。机械时间定额是指在正常的施工条件下，某种机械生产合格单位产品所必须消耗的台班数量。完成单位合格产品所必需的工作时间包括有效工作时间、不可避免的中断时间、不可避免的无负荷工作时间。机械时间定额以"台班"表示，是指工人使用一台机械工作一个工作班（8小时）。

与人工时间定额类似，机械台班产量定额与机械时间定额也是互为倒数的关系，即：

$$机械时间定额=\frac{1}{机械台班产量定额}（台班）$$

或

$$机械时间定额 = \frac{小组成员工日数总和}{台班产量}$$

3.3 预算定额

3.3.1 预算定额的概念

预算定额是指在正常合理的施工条件下,规定完成一定计量单位的分项工程或结构件所必需的人工、材料和施工机械台班以及价值的消耗量标准。

在工程实践中,往往把各地工程造价管理总站以全国统一消耗量定额为基础编制的各地区单位估价表称为预算定额。预算定额是一种计价定额,2013年以后根据《建设工程工程量清单计价规范》(GB 50500—2013)编制的消耗量定额及基价表(工程实践中通常也称为预算定额),可用于分部分项工程量清单计价和综合单价分析表的编制。

3.3.2 预算定额的作用

预算定额作为计价性定额,由相应等级(国家级、地方级、行业级等)的建设工程预算定额编制专家委员会和编制工作组编制,由相应等级的主管部门发布,由相应等级的定额管理总站负责组织实施和解释。

预算定额可分为全国统一定额、行业统一定额和地区统一定额等。全国统一定额由国务院建设行政主管部门组织指定发布,行业统一定额有国务院行业主管部门指定发布;地区统一定额由省、自治区、直辖市建设行政主管部门制定发布。其主要作用如下:

1) 是对设计方案进行技术经济评价,对新结构、新材料进行技术经济分析的依据。
2) 是编制施工图预算和清单计价,确定工程造价的依据。
3) 是施工企业编制人工、材料、机械台班需要量计划,统计完成工程量,考核工程成本,实行经济核算的依据。
4) 是在建设工程招标投标中确定招标标底和投标报价,实行招标承包制的重要依据。
5) 是建设单位和建设银行拨付工程价款、建设资金贷款和竣工结(决)算的依据。
6) 是编制概算定额和概算指标的基础资料。

3.3.3 预算定额与施工定额的区别与联系

预算定额是以施工定额为基础编制的,两种定额有一定的联系,又有不同的作用和表现形式。预算定额与施工定额的主要区别见表3-1。

表3-1 预算定额与施工定额的主要区别

施 工 定 额	预 算 定 额
施工企业编制施工预算的依据	编制施工图预算、标底、工程决算的依据
定额内容是单位分部分项工程劳动力、材料及机械台班等耗用量	除人工、材料、机械台班等耗用量以外,还有费用及单价
反映平均先进水平	反映大多数企业和地区能达到和超过的水平,是社会平均水平

3.3.4 预算定额编制中消耗量指标的确定

1. 人工工日消耗量指标的确定

预算定额中的人工工日消耗量指标是指完成一定计量单位的合格产品所必需的各个工序的用工量，以下列公式计算：

$$人工工日消耗量=基本用工+辅助用工+超运距用工+人工幅度差$$

（1）基本用工

基本用工是指编制预算定额时，完成分项工程的主要用工量。

$$相应工序基本用工=\sum(某工序工程量×相应工序的时间定额)$$

（2）其他用工

其他用工是辅助基本用工完成生产任务耗用的人工。按其工作内容的不同可分为以下三类：

1）辅助用工。辅助用工是指编制预算定额时，施工现场某些建筑材料的加工用工。

$$辅助用工=\sum(某工序工程量×相应时间定额)$$

2）超运距用工。超运距用工是指编制预算定额时，对材料、半成品等在施工现场的合理运输距离超过劳动定额的运距所应增加的运输用工量。

$$超运距用工=\sum(超运距运输材料数量×相应超运距时间定额)$$

$$超运距=预算定额取定运距-劳动定额已包括的运距$$

3）人工幅度差。人工幅度差是指在编制预算定额时，除计算基本用工、辅助用工外，还应考虑劳动定额未包括，而在正常施工条件下又不可避免的间歇时间和零星工时消耗。

$$人工幅度差=(基本用工+辅助用工+超运距用工)×人工幅度差系数$$

人工幅度差系数，一般土建工程为10%，设备安装工程为12%。

$$其他用工数量=辅助用工数量+超运距用工数量+人工幅度差$$

2. 材料消耗指标的确定

预算定额中给出了完成分项工程所需的全部消耗材料，包括工程使用材料（主材）和辅助材料（安装材料），对那些用量不多、价值不大的材料都归为"其他材料"，消耗量指标以"元"为单位。材料消耗指标包括材料净耗量和材料不可避免的损耗量。

1）工程使用材料，即消耗材料，是指应用于建筑安装产品的消耗材料，如管道安装中的各种管材、附件等。

2）辅助材料，即工具性材料或周转材料，是指为完成建筑产品而使用的工具性材料，如除锈用的钢丝刷，套丝用的板牙等。

损耗率是指损耗量与总消耗量的百分比，其计算公式为：

$$损耗率=\frac{材料损耗量}{总消耗量}×100\%$$

由于

$$总消耗量=材料净用量+材料损耗量$$

则

$$总消耗量=\frac{材料净用量}{1-损耗率}$$

为简化计算，在实际工作中通常以损耗量占净用量的百分比作为损耗率的计算公式。

即
$$损耗率 = \frac{材料损耗量}{材料净用量} \times 100\%$$

3. 机械台班消耗量指标的确定

预算定额机械耗用台班可直接用施工定额或劳动定额中劳动定额机械耗用台班加机械幅度差率计算。

$$预算定额机械耗用台班 = 劳动定额机械耗用台班 \times (1 + 机械幅度差率)$$

机械幅度差率一般为 20%~40%，可根据测定和统计资料来取定。大型机械的机械幅度差率分别为：土方机械 25%，打桩机械 33%，吊装机械 30%；其他分部工程的机械，如蛙式打夯机、水磨石机等专用机械的机械幅度差率均为 10%。

3.3.5 建筑安装预算定额的主要内容

1. 预算定额的组成

预算定额一般由目录、文字说明部分（包括总说明、建筑面积计算规则、分部工程说明和分项工程及其工作内容、分项工程定额项目表和有关附录或附件等组成。现将其各组成部分的基本内容简述如下：

（1）文字说明部分

1）总说明。在总说明中，主要阐述预算定额的用途，编制依据和原则、适用范围，定额中已经考虑的因素和未考虑的因素，使用中应注意的事项和有关问题的说明等。

总说明概述的定额编制依据是正确地换算定额和补充定额的依据。

2）建筑面积计算规则。定额中严格、系统地规定了计算建筑面积的内容、范围和计算规则，这是正确计算建筑面积的前提条件。统一的建筑面积计算规则使全国各地区的同类建筑产品的计划价格具有可比性。

3）分部工程说明。分部工程说明是工程建设预算定额手册的重要内容，它主要说明分部工程定额中所包括的主要分项工程以及使用定额的一些基本规定，并阐述了该分部工程中各分项工程的工程量计算规则和方法。

4）分项工程及其工作内容。分项工程所包括的项目均列在定额项目表中。在定额项目表的左上方注写分项工程的工作内容。

（2）分项工程定额项目表

1）项目的编排。定额项目表是按分部工程归类，按分项工程子目编排的项目表格。也就是说，定额项目表是按建筑、结构和施工的顺序，遵循章、节、项目和子目等顺序编排的。

2）定额编号。为了便于编制和审查施工预算以及下达施工任务，查阅和审查选套的定额项目是否正确，在编制施工图预算时必须注明选套的定额编号。预算定额手册的编号方法通常有两符号和三符号两种。

例如，第一章的第十三项目或子目，按照两符号的编号方法应写成 1—13。

2. 预算定额的使用方法

预算定额是编制施工图预算的基本依据，即计算工程建设造价、招标标底、投标报价、工程进度拨款和竣工结算等处理工程经济问题的依据。

使用定额前，必须仔细阅读和掌握定额的总说明、建筑面积计算规则、分部工程说明、分项工程的工作内容和定额项目注解。熟悉掌握各分部工程的工程量计算规则，这些要和熟悉项目内容结合起来进行。

（1）预算定额的直接套用

当设计要求与定额项目内容一致时，可直接套用定额的预算基价及工料消耗量，计算该分项工程的直接费以及工料需要量。

（2）预算定额的换算

如果施工图的设计内容与定额中相应的项目内容不一致，则需在定额规定的范围内进行换算，同时要在原定额项目的定额编号后标注"换"字以作说明。

定额的换算一般是指更换不同的材料或改变材料强度等级，消耗量并不改变。因此，预算定额的换算实际上是不同材料价格的换算。

3.4 概算定额与概算指标

3.4.1 概算定额

1. 概算定额的概念和作用

（1）概算定额的概念

概算定额是指在相应预算定额的基础上，根据有代表性的设计图和有关资料，经过适当综合、扩大以及合并而成的，介于预算定额和概算指标之间的一种定额。

建筑工程概算定额是由国家或主管部门制定颁发的，规定了完成一定计量单位的建筑工程扩大结构构件、分部工程或扩大分项工程所需人工、材料、机械消耗和费用数量标准，因此也称为扩大结构定额。

（2）概算定额的作用

建筑安装工程概算定额在控制建设投资、合理使用建设资金及充分发挥投资效果等方面发挥着积极的作用，主要表现在以下几点：

1）概算定额是编制初步设计概算的依据。

2）概算定额是编制概算指标的重要依据。

3）概算定额是对多种设计方案进行技术经济分析与比较的依据，是贯彻限额设计和投资控制的有效工具。

4）概算定额是控制施工图预算的依据。

5）概算定额是施工企业在施工准备期间，编制施工组织设计时，提出各种资源需要量计划的依据。

2. 概算定额与预算定额的联系与区别

由于概算定额是在预算定额的基础上，经适当地合并、综合和扩大后编制的，所以二者是有区别的。主要表现在以下两点：

1）预算定额是在对先进、中等和落后等各类型的企业和地区的施工水平、管理水平分别进行分析、比较差距、查找原因的基础上，按社会消耗的平均劳动时间制定的。因此，它基本上反映了社会平均水平。在编制过程中，为了满足规划、设计和施工的要求，正确地反映大多数企业或部门在正常情况下的设计、施工和管理水平,概算定额与预算定额的水平基本一致。但它们之间应保留必要、合理的幅度差,以便用概算定额编制的概算能控制用预算定额编制的施工图预算。

2) 预算定额是按分项工程或结构构件划分和编号的,而概算定额是按工程形象部位,以主体结构分部为主,将预算定额中一些施工顺序衔接性、关联性较大的分项工程合并成一个分项工程项目。

3. 概算定额的编制原则

1) 相对于施工图预算定额而言,概算定额应本着扩大综合和简化计算的原则进行编制。

2) 概算定额应做到简明适用。"简明"就是在章节的划分、项目的编排、说明、附注、定额内容和表达形式等方面清晰醒目,一目了然。"适用"就是面对本地区,在各种情况下都能应用。

3) 为了保证概算定额的质量,必须把定额水平控制在一定的幅度之内,使预算定额与概算定额幅度差的极限值控制在5%以内,一般控制在3%左右。定额含量的取定上,要正确地选择有代表性且质量高的设计图和可靠的资料,精心计算,全面分析。定额综合的内容应尽量全面而确定,尽可能不要遗漏或模棱两可。

3.4.2 概算指标

1. 概算指标的概念

概算指标是比概算定额综合、扩大性更强的一种定额指标。它一般是以每100m^2建筑面积或100m^3建筑体积为计算单位,构筑物以"座"为计算单位,规定所需人工、材料、机械消耗和资金数量的定额指标。用概算指标来编制概算更为简便,但是它的精确性相对较差。

2. 概算指标的作用

概算指标主要可用于可行性研究阶段和初步设计阶段,特别是当设计人员不能做出较详细的设计,从而计算分部分项工程量有困难时,这时无法套用概算定额,却可以利用概算指标计算工程造价。其主要作用如下:

1) 概算指标是编制投资估价和控制初步设计概算、工程概算造价的依据。

2) 概算指标是设计单位进行设计方案的技术经济分析、衡量设计水平、考核投资效果的标准。

3) 概算指标是建设单位编制基本建设计划、申请投资拨款和主要材料计划的依据。

3. 概算指标的应用

概算指标的应用比概算定额具有更大的灵活性。由于它是一种综合性很强的指标,因此可以在拟建工程的建筑特征、结构特征、自然条件、施工条件与指标不完全一致时,调整换算后使用。应注意的是,在选用概算指标时要十分慎重,选用的指标与设计对象在各个方面应尽量一致或接近,以提高概算的准确性。

概算指标的应用一般有两种情况:

1) 如果设计对象的结构特征与概算指标一致,可直接套用。

2) 如果设计对象的结构特征与概算指标的规定局部不同，要对指标的局部内容进行调整后再套用。

3.5 企业定额

3.5.1 企业定额的概念及性质

企业定额是指企业在合理的施工组织和正常条件下，为完成单位合格产品或完成一定量的工作所耗用的人工、材料和机械台班使用量的标准数量。企业定额是企业按照国家有关政策、法规以及相应的施工技术标准、验收规范、施工方法的资料，根据企业现阶段的机械装备水平、生产工人技术等级、施工组织能力、管理水平、生产作业效率、可以挖掘的潜力和可能承担的风险自行编制的，供企业内部进行经营管理、成本核算和投标报价的企业内部标准。

3.5.2 企业定额的作用

企业定额不仅能反映企业的劳动生产率和技术装备水平，也是衡量企业管理水平的标尺，其主要作用包括：
1) 是编制施工组织设计和施工作业计划的依据。
2) 是下达施工任务书和限额领料、计算施工工时和劳动报酬的依据。
3) 是企业内部编制施工预算的统一标准，也是加强建设项目成本管理和进行技术经济考核的基础。
4) 是企业运用自身个别成本，自主报价、参与投标竞争的主要依据。

3.5.3 企业定额与工程量清单计价

工程量清单计价是一种与市场经济相适应的，通过市场竞争确定价格的计价模式。它要求参加投标的承包商根据招标文件的要求和工程量清单，按照本企业的施工设计、技术装备力量、管理水平、所掌握的设备材料等各种生产资料的成本以及预期利润，计算出综合单价和投标总报价。所以，针对同一个建设项目和招标文件给出的相同的工程量清单，各投标单位以各自企业定额为基础所报的价格却不相同，这反映了企业个别成本的差异，也是招标投标制引入企业之间充分竞争的保证。

工程量清单报价是通过企业的施工技术、设备工艺能力、作业技能水平、管理素质所综合的企业定额来确定的。其竞争的实质，一方面取决于施工承包企业所拥有的综合实力，另一方面有赖于施工企业各项施工与管理定额的水平高低。所以推行《建设工程工程量清单计价规范》，发展工程量清单计价的基础就是编制科学的企业定额。建设工程施工承包企业必须要拥有体现自身实际施工水平、准确核算企业各种资源消耗量水平和产品成本的企业定额，才能准确计量出既有市场竞争力又能体现企业自身实力的投标报价。没有企业定额，各建设企业还在广泛使用国家与地区统一定额编制投标报价，是当前制约市场竞争和招标投标制进一步发展的瓶颈。因此，在我国推行工程量清单计价，以及企业自主报价、市场竞争形成价格的招标投标制，当务之急是建立和普及企业定额，进而促进企业技术进步和社会经济的发展，也只有这样才能做好市场经济条件下的工程量清单计价工作。

本章小结

　　建设工程定额研究的对象是工程建设产品生产过程中资源消耗的规律，是指在正常的施工条件下，完成一定计量单位的合格产品所必须消耗的劳动力、材料和机械台班的数量标准。定额具有科学性、统一性和权威性、稳定性和时效性、群众性等特点。

　　施工定额是以同一性质的施工过程或工序为测定对象，确定建筑工人在正常的施工条件下，为完成一定计量单位的某一施工过程或工序所需人工、材料和机械台班消耗的数量标准。施工定额是建筑安装企业生产管理工作的基础。

　　预算定额是指在正常合理的施工条件下，规定完成一定计量单位的分项工程或结构件所必需的人工、材料和施工机械台班以及价值的消耗量标准。

　　概算定额是指在正常的生产建设条件下，完成一定计量单位的建筑工程扩大结构构件、分部工程或扩大分项工程所需人工、材料、机械消耗和费用数量标准。建筑安装工程概算定额在控制建设投资、合理使用建设资金及充分发挥投资效果等方面起到积极的作用。

　　企业定额是指在合理的施工组织和正常条件下，为完成单位合格产品或完成一定量的工作所耗用的人工、材料和机械台班使用量的标准数量。企业定额是企业根据自身工程实践资料编制的，它不仅能反映企业的劳动生产率和技术装备水平，也是衡量企业管理水平的标尺。

　　通过本章的学习，学生要了解工程定额的基本概念，熟悉和掌握施工定额、预算定额、概算定额和企业定额的区别与适用范围，重点掌握施工定额、预算定额的使用。

复 习 题

1. 简述建设工程定额及其特点。
2. 试述工程建设定额的分类。
3. 试述施工定额的作用及其编制方法。
4. 试述预算定额编制的原则。
5. 试述企业定额及其特点。

第4章 机械设备安装工程

本章概要

我国机械设备安装工程施工技术的不断完善与改进,促进了机械设备安装工程质量的提高。本章主要介绍机械设备安装工程基本知识和工程识图、机械设备安装工程施工图预算的编制要点、机械设备安装工程工程量清单的设置和计价的相关知识。

4.1 机械设备安装工程基本知识

工业与民用设备品种繁多,结构各异,形状不一。机械设备由驱动装置、变速装置、传动装置、制动装置等部分组成,如起重机械、运输机械等。工程预算人员在建筑安装工程施工中,主要应熟悉安装中的每道主要工序的内容,以及施工过程所需要的机具(材料)性能,才能更好地掌握施工实际情况,编制好施工图预算与施工预算。

4.1.1 设备安装工序

通用机械设备的安装工序包括施工准备、安装、清洗、试运转。

1. 施工准备

施工准备包括以下内容:
1) 施工前后的现场清理,工具材料的准备。
2) 临时脚手架(梯子、高凳、跳板等)的搭设。
3) 设备及其附件的地面运输和移位以及施工机具在设备安装范围内的移动。
4) 设备开箱检查、清洗、润滑、施工全过程的保养维护,专用工具、备品、备件施工完成后的清点归还。

5）基础验收，划线定位，垫铁组配、放，铲麻面，地脚螺栓的除锈或脱脂。

2. 安装

安装包括以下内容：

1）吊装。使用吊装设备将被安装设备就位，初平、找正，找平部位的清洗和保护。
2）精平组装。精平、找平、对中、附件装配、垫铁焊固。
3）本体管路、附件和传动部分的安装。

3. 清洗

在试运转之前，应对设备传动系统零部件、导轨面、液压系统零部件、润滑系统密封、活塞、罐体、运排气阀、调节系统零部件等进行物理清洗和化学清洗；对各有关零部件进行检查、调整，加注润滑油脂。清洗程度必须达到试运转要求的标准。

清洗是设备安装工作中的重要内容，是一项不可忽视且技术性很强的工作，若清洗工作不到位，直接影响设备安装的质量和正常运行。

4. 试运转

试运转就是要综合检验设备制造和前阶段有关各工序施工安装的质量，发现缺陷，及时修理和调整，使设备的运行特性能够达到设计指标的要求。

各类设备的试运转应执行《机械设备安装工程施工及验收通用规范》（GB 50231—2009）的规定，同时要结合设备安装说明书的要求，做好试运转前的准备工作，以及试运转完毕的收尾工作和验收工作。

机械设备的试运转步骤为：先无负荷、后带负荷，先单机、后系统，最后联动。试运转首先从部件开始，由部件至组件，再由组件至单台设备。不同设备试运转的具体要求不一样：

1）属于无负荷试运转的各类设备有金属切削机床、机械压力机、液压机、弯曲校正机，活塞式气体压缩机、活塞式氨制冷压缩机、通风机等。
2）需要进行无负荷、静负荷、超负荷试运转的设备有电动桥式起重机、龙门式起重机。
3）需进行额定负荷试运转的有各类泵。
4）中、小型锅炉安装试运转，包括临时加药装置的准备、配管、投药，排气管的敷设和拆除，烘炉、煮炉、停炉、检查、试运转等全部工作。

4.1.2 安装中常用的起重设备

设备的搬运及安装广泛采用运输机械和起重机械作业。安装中常用的起重设备有起重机具、起重机械和水平运输机械。

1. 起重机具

起重机具是指千斤顶、桅杆、人字架等能对设备进行起吊和装卸作业的机具。其中，桅杆可分为圆木制单柱桅杆及人字桅杆、无缝钢管桅杆和人字桅杆，以及型钢制成格框结构桅杆。安装时应根据设备大小，选择适用规格的桅杆进行作业。

2. 起重机械

起重机械主要有履带式起重机、轮胎式起重机、汽车式起重机和塔式起重机。

履带式起重机是一种自行式、全回转、接地面积较大、重心较低的起重机。它使用灵活、方便，在一般平整坚实的道路上可以吊荷载行驶，是目前建筑安装工程中使用的主要起重机械，常用的起重量有 10t、15t、20t、25t、40t、50t 等规格。

轮胎式起重机是一种全回转、自行式、起重机构安装在以轮胎作为行走轮的特种底盘上的起重机。它具有移动方便、安全可靠等特点。

汽车式起重机是一种把工作机构安装在通用或专用汽车底盘上的起重机械，其工作机构所用动力一般由汽车发动机供给。汽车式起重机具有行驶速度快、机动性能好、适用范围较广等优点。

塔式起重机是一种具有竖直塔身的全回转臂式的起重机械。它具有作业面大、覆盖空间广、平衡稳定性好等特点。

3. 水平运输机械

水平运输机械主要有载重汽车、牵引车、挂车等。我国目前生产的载重汽车主要以往复式发动机为动力，以后轮或中后轮驱动，前轮转向。

4.2 机械设备安装工程识图

机械设备安装工程与电气、给水排水、采暖、通风空调安装工程相比，在安装工程的性质、对象等方面有所不同，因此其安装施工图没有全国统一通行的图例，也没有全国统一通行的系统工艺图。完成一项机械设备的安装，不仅需要该设备的安装施工图（较其他专业要简单），还需要有基础图和机械设备本体图（指总体装配图和主要部件图）及其说明。例如一台车床，必须有车床安装布置图（用于定位）、设备基础图（底座、基础大样、垫铁布置、地脚螺栓布置）、车床总体装配图、主要部件图、电气图及其说明（用于清洗、组装、安装、调试、运行）。举例如下。

4.2.1 机械设备安装施工图种类

1. 车间设备安装平面布置图

图 4-1 为某铸造车间设备平面图。

2. 安装基础图

图 4-2 为某压力机安装基础图。

3. 基础垫铁示意图

图 4-3、图 4-4 为两类基础垫铁布置示意图。

4. 工艺流程示意图

图 4-5 为某机械车间某零件加工工艺流程图。

为了便于施工、配合工艺流程示意图，设计院还需要设计平面布置图、基础图、设计部件大样图等。

5. 安装节点示意图

图 4-6 为安装节点示意图（以轨道安装为例）。

6. 设备安装示意图

设备安装示意图以排风机安装示意图和多级离心泵安装示意图为例。

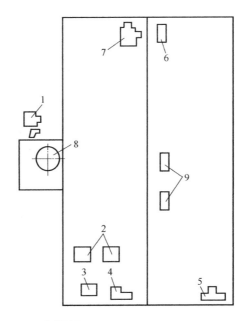

图 4-1　某铸造车间设备平面图

1—生铁断裂机　2—混砂机　3—振压式造型机　4—振实式造型机　5—卧式冷室压铸机　6—圆形清理滚筒　7—喷刃清理室　8—化铁炉　9—移动式筛砂机

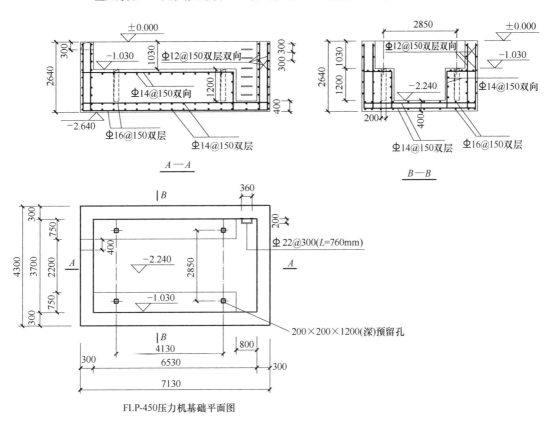

图 4-2　某压力机安装基础图

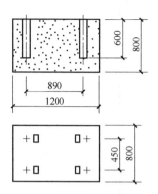
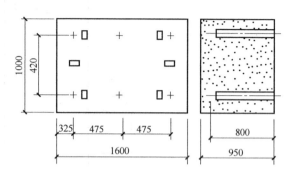

图 4-3 固定台压力机基础垫铁布置示意图　　图 4-4 40t 双柱可倾压力机基础垫铁布置示意图

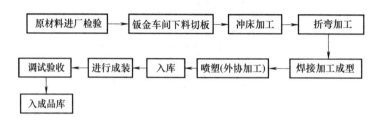

图 4-5　某机械车间某零件加工工艺流程图

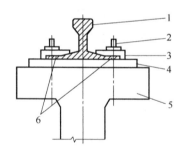

图 4-6　混凝土梁上安装轨道压板螺栓形式安装节点示意图
1—钢轨　2—螺栓（套）　3—压板　4—混凝土层　5—吊车　6—插片

1）排风机安装示意图如图 4-7 所示。

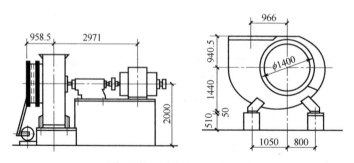

图 4-7　排风机安装示意图

2）多级离心泵安装示意图如图4-8所示。

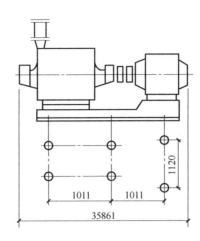

图4-8 多级离心泵安装示意图

4.2.2 机械设备制造图

为配合设备安装施工，还需要制造单位提供设备制造图（设备本体总装配图、部件图）。例如，安装一台桥式起重机，需要制造方提供行车总装图、部位大样图、主要零部件图、电气设备安装图、设计说明书和设备材料表。

4.3 机械设备安装工程施工图预算的编制要点

4.3.1 切削设备安装工程施工图预算的编制要点

1. 切削设备的分类

切削设备（机床）是用刀具对金属工件进行切削加工，使其获得预定形状、精度及表面粗糙度的工件。切削设备是按加工性质和所用刀具进行分类的，机床分类代号见表4-1，机床的通用特性代号见表4-2。

常用切削设备

表4-1 机床分类代号

类别	车床	钻床	镗床	磨床	铣床	齿轮加工机床	螺纹加工机床	刨插床	拉床	锯床	其他机床
代号	C	Z	T	M、2M、3M	X	Y	S	B	L	G	Q

表4-2 机床的通用特性代号

通用特性	高精度	精密	自动	半自动	数控	加工中心（自动换刀）	仿形	轻型	加重型	柔性加工单元	数显	高速
代号	G	M	Z	B	K	H	F	Q	C	R	X	S

(1) 台式及仪表机床

包括台式车床、台式刨床、台式铣床、台式磨床、台式砂轮机、台式抛光机、台式钻床、台式排钻、多轴可调台式钻床、钻孔攻丝两用台钻、钻铣机床、钻铣磨床、台式冲床、台式压力机、台式剪切机、台式攻丝机、台式刻线机、仪表车床等。

(2) 卧式车床

包括单轴自动车床、多轴自动和半自动车床、六角车床、曲轴及凸轮轴车床、落地车床、普通车床、精密普通车床、仿形普通车床、马鞍车床、重型普通车床、仿形及多刀车床、联合车床、无心粗车床、轮齿车床、轴齿车床、锭齿车床、辊齿及铲齿车床。

(3) 立式车床

立式车床包括单柱和双柱立式车床。

(4) 钻床

钻床包括深孔钻床、摇臂钻床、立式钻床、中心孔钻床、钢轨及梢轮钻床、卧式钻床等。

(5) 镗床

镗床包括坐标镗床、深孔镗床、立式及卧式镗床、金刚镗床、落地镗床、钻镗床、镗缸机床、镗铣床。

(6) 磨床

包括外圆磨床、内圆磨床、砂轮机、珩磨机及研磨机、导轨磨床、2M系列磨床、3M系列磨床、专用磨床、抛光机、工具磨床、平面及端面磨床、刀具刃具磨床、曲轴磨床、凸轮轴磨床、花键轴磨床、轧辊磨床及轴承磨床。

(7) 铣床、齿轮加工机床及螺纹加工机床

包括单臂及单柱铣床、龙门及双柱铣床、平面及单面铣床、仿形铣床、立式及卧式铣床、工具铣床、其他铣床、直(锥)齿轮加工机床、滚齿机、剃齿机、珩齿机、插齿机、单(双)轴花键轴铣床、齿轮磨齿机、齿轮倒角机、齿轮滚动检查机、套丝机、攻丝机、螺纹铣床、螺纹磨床、螺纹车床、丝杠加工机床。

(8) 木工机械

木工机械包括木工圆锯机、截锯机、细目工带锯机、普通木工带锯机、卧式木工带锯机、排锯机、镂锯机、木工刨床、木工车床、木工铣床及开榫机、木工钻床及榫槽机、木工磨光机、木工刃具修磨机。

木工机械代号见表4-3。

表4-3 木工机械代号

类别	木工锯机	木工刨床	木工铣床	木工钻床	木工榫槽机	木工车床	木工磨光机	木工接合组装和涂布机	木工辅机
代号	MJ	MB	MX	MZ	MS	MC	MM	ML	MF

2. 工程量计算规则

1) 金属切削设备安装以"台"为计量单位。

2) 气动踢木器以"台"为计量单位。

3）带锯机保护罩制作与安装，以"个"为计量单位。

3. 定额包括的工作内容

1）机体安装，包括底座、立柱、横梁等全套设备部件安装、润滑装置及润滑管道安装。
2）清洗组装并结合精度检查。
3）跑车带锯机的跑车轨道安装。

4. 定额不包括的工作内容

1）设备的润滑系统、液压系统的管道附件加工、煨弯和阀门研磨。
2）润滑系统、液压系统管道的法兰及阀门连接所用的垫圈（包括紫铜垫）加工。
3）跑车木结构、轨道枕木、木保护罩的加工制作。

4.3.2 锻压设备安装工程施工图预算的编制要点

1. 锻压设备的分类和代号

锻压设备主要用于冲压、冲孔、剪切、弯曲和校正，可分为机械压力机、液压机、自动锻压机及锻压操作机、锻锤、剪切机、锻机、弯曲校正机等。锻压机械分类及代号见表4-4。

表4-4 锻压机械分类及代号

名称	机械压力机	液压机	自动锻压机	锻锤	剪切机	锻机	弯曲校正机	其他综合类
代号	J	Y	Z	C	Q	D	W	T

（1）机械压力机

机械压力机包括固定台压力机、可倾压力机、传动开式压力机、闭式单（双）点压力机、闭式侧滑块压力机、单动（双动）机械压力机、切边压力机、切边机、拉伸压力机、摩擦压力机、精锻机、模锻曲轴压力机、热模锻压力机、金属挤压机、冷挤压机、冲模回转头压力机、数控冲模回转压力机。

（2）液压机

液压机包括薄板液压机、万能液压机、上移式液压机、校正压装液压机、校直液压机、手动液压机、粉末制品液压机、塑料制品液压机、金属打包液压机、粉末热压机、轮轴压装液压机、轮轴压装机、单臂油压机、电缆包覆液压机、油压机、电极挤压机、油压装配机、热切边液压机、拉伸矫正机、冷拔管机、金属挤压机。

（3）自动锻压机

自动锻压机包括自动冷（热）墩机、自动切边机、自动冷成型机、自动卷簧机、多工位自动压力机、自动制钉机、平锻机、辊锻机、锻管机、扩孔机、锻轴机、镦轴机、镦机及镦机组、辊轧机、多工位自动锻造机、锻造操作机、无轨操作机等。

（4）锻锤

① 模锻锤，包括模锻锤，蒸汽、空气两用模锻锤，无砧模锻锤，液压模锻锤。
② 自由锻锤及蒸汽锤，包括蒸汽空气两用自由锻锤、单臂自由锻锤、气动薄板落锤。

（5）剪切机和弯曲校正机

剪切机和弯曲校正机包括剪板机、剪切机、联合冲剪机、剪断机、切割机、拉剪机、热锯机、滚板机、弯板机、校正机、校正弯曲压力机、切断机、折边机、滚坡纹机、折弯压力机、扩口机、卷圆机、滚形机、扭拧机、轮缘焊渣切割机等。

2. 锻压设备安装工程量计算规则

1）空气锤、模锻锤、自由锻锤及蒸汽锤以"台"为计量单位。
2）锻造水压机以"台"为计量单位。

3. 定额包括的工作内容

1）机械压力机、液压机、水压机的拉紧螺栓及立柱热装。
2）液压机及水压机液压系统钢管的酸洗。
3）水压机本体安装,包括底座、立柱、横梁等全部设备部件安装,润滑装置和润滑管道安装,缓冲器、充液罐等附属设备安装,分配阀、充液阀、接力电机操纵台装置安装,梯子、栏杆、基础盖板安装,机体补漆,操纵台、梯子、栏杆、盖板、支撑梁、立式液罐和低压缓冲器表面刷漆等。
4）水压机本体管道安装,包括设备本体至第一个法兰以内的高低压水管、压缩空气管等本体管道安装、试压、刷漆,高压阀门试压、高压管道焊口预热和应力消除,高低压管道的酸洗,公称直径70mm以内的管道煨弯。
5）锻锤砧座周围敷设油毡、沥青、沙子等防腐层以及垫木排找正时表面精修。

4. 定额不包括的工作内容

1）机械压力机、液压机、水压机拉紧大螺栓及立柱如需热装时所需的加热材料。
2）除水压机、液压机外的其他设备管道酸洗。
3）锻锤试运转中,锤头和锤杆的加热以及试冲击所需的枕木。
4）水压机工作缸、高压阀等的垫料和填料。
5）设备所需灌注的冷却液、液压油、乳化液等。
6）蓄势站安装及水压机与蓄势站的联动试运转。
7）锻锤砧座垫木排的制作、防腐、干燥等。
8）设备润滑、液压和空气压缩管路系统的管子和管路附件的加工、焊接、煨弯和阀门研磨。
9）设备和管路的保温。
10）水压机管道安装中的支架、法兰、紫铜垫圈、密封垫圈等管路附件的制作,管子和焊口的无损检测和机械强度试验。

4.3.3 铸造设备安装工程施工图预算的编制要点

1. 铸造设备的分类和代号

铸造设备分为六种:砂处理设备、造型及造芯设备、落砂设备、抛丸清理室、金属型铸造设备、材料准备设备。铸造设备代号见表4-5。

表4-5 铸造设备代号

名称	砂处理设备	造型及造芯设备	落砂设备	抛丸清理室	金属型铸造设备	材料准备设备
代号	S	Z	L	Q	J	C

（1）砂处理设备

砂处理设备包括混砂机、碾砂机、松砂机、筛砂机等。

（2）造型及造芯设备：包括振压式造型机、振实式造型机、振实式制芯机、吹芯机、射芯机等。

（3）落砂设备及清理设备

落砂及清理设备包括振动落砂机、型芯落砂机、圆形清理滚筒、喷砂机、喷丸器、喷丸清理转台、抛丸机等。

（4）抛丸清理室

抛丸清理室包括室体组焊、电动台车及旋转台安装、抛丸喷丸器安装、铁丸分配、输送及回收装置安装、悬挂链轨道及吊钩安装、除尘风管和铁丸输送管敷设、平台、梯子、栏杆等安装、设备单机式运转。

（5）金属型铸造设备

金属型铸造设备包括卧式冷室压铸机、立式冷室压铸机、卧式离心铸造机等。

（6）材料准备设备

材料准备设备包括C246及C246A球磨机、碾砂机、蜡模成型机械、生铁裂断机、涂料搅拌机等。

2. 工程量计算规则

1）抛丸清理室的安装，以"室"为计量单位，按室所含设备质量"t"分列定额项目。

2）铸铁平台安装以"t"为计量单位，按方形平台或铸梁式平台的安装方式（安装在基础上或支架上）及安装时灌浆与不灌浆分列定额项目。

3. 定额不包括的工作内容

1）地轨安装。

2）垫木排制作、防腐。

3）抛丸清理室的除尘机及除尘器与风机间的风管安装。

4.3.4 起重设备安装工程施工图预算的编制要点

1. 起重设备的分类

起重设备广泛用于工厂、露天仓库及其他场所的运输作业。其类型主要有电动双梁桥式起重机、抓斗及电磁三用桥式起重机、桥式锻造起重机、装料及双钩梁桥式起重机、双小车吊钩桥式起重机、门式起重机等。

2. 工程量计算规则

起重机安装按照型号规格选用子目，以"台"为计量单位，同时有主副钩时以主钩额定起重量为准。

3. 定额包括的工作内容

1）起重机静负荷、动负荷及超负荷试运转。

2）必需的端梁铆接。

3）解体供货的起重机现场组装。

4. 定额不包括的工作内容

试运转所需的重物供应和搬运。

4.3.5 起重机轨道安装工程施工图预算的编制安全

1. 定额适用范围

1) 工业用起重输送设备的轨道安装。
2) 地轨安装。

2. 定额包括的工作内容

1) 测量、下料、矫直、钻孔。
2) 钢轨切割、打磨、附件部件检查验收、组队、焊接（螺栓连接）
3) 车档制作安装的领料、下料、调直、吊装、组队、焊接等。

3. 定额不包括的工作内容

1) 吊车梁调整及轨道枕木干燥、加工、制作。
2) 8字形轨道加工制作。
3) 8字形轨道工字钢轨的立柱、吊架、支架、辅助梁等的制作与安装。

4.3.6 输送设备安装工程施工图预算的编制要点

1. 输送设备的分类、特性

输送设备主要用于物料的水平运输、上下运输，包括固定式胶带输送机、斗式提升机、螺旋输送机、刮板输送机、悬挂式输送机等。

（1）固定式胶带输送机

胶带运输机是一种由封闭的环形挠性件（胶带）绕过驱动和改向装置的运动来运移物品的输送设备。其可以作水平方向的运输，也可以按一定倾斜角度向上或向下运输，分为移动式和固定式两种。胶带运输机结构简单，运行、安装、维修方便，同时经济性好。

（2）斗式提升机

斗式提升机用在垂直方向或接近于垂直方向运送均匀、干燥、粒状或成型物品，常用于厂房底层垂直运至高层楼层，分为链条斗式提升机或胶带斗式提升机两种。斗式提升机提升物料高度最高可达60m，一般为4~30m。

（3）螺旋输送机

螺旋输送机是利用安设在封闭槽内螺旋杆的转动，将物料推动向前输送的。螺旋输送机的直径为引300~600mm，长度为6~26m。

（4）刮板输送机

刮板输送机是利用装在链条上或绳索上的刮板沿固定导槽移动而将物料运输的，有箱形刮板运输机和沉埋刮板运输机等。

（5）悬挂输送机

悬挂输送机是一种架空运输设备，可以根据需要布置，占地面积小，甚至可不占用有效的生产面积，在一般生产车间作为机械化架空运输系统。当运输物料时，大件可以单个悬挂，小件可盛装在筐内悬挂。悬挂输送机也可以在车间之间进行运输，但需要增设空中走廊或地面通道。

2. 工程量计算规则

输送设备安装型号规格以"台"为计量单位；刮板输送机定额单位是按一组驱动装置计算的。超过一组时，按输送长度除以驱动装置组数（即 m/组），以所得数量来选用相应子目。

3. 定额包括的内容

设备本体（机头、机尾、机架、漏斗）、外壳、轨道、托辊、拉紧装置、传动装置等的组队安装、敷设及接头。

4. 定额不包括的内容

1）钢制外壳、刮板、漏斗制作。
2）平台、梯子、栏杆制作。
3）输送带接头的特殊试验。

4.3.7 风机、泵安装工程施工图预算编制要点

1. 风机、泵的分类

（1）风机

风机分类

1）离心式通（引）风机，包括中低压离心通风机、排尘离心通风机、耐腐蚀离心通风机、防爆离心通风机、高压离心通风机、锅炉离心通风机、煤粉离心通风机、矿井离心通风机、抽烟通风机、多翼式离心通风机、化铁炉风机、硫酸鼓风机、恒温冷暖风机、暖风机、低噪声离心通风机、低噪声屋顶离心通风机。

2）轴流通风机，包括矿井轴流通风机、冷却塔轴流通风机、化工轴流通风机、纺织轴流通风机、隧道轴流通风机、防爆轴流通风机、可调轴流通风机、屋顶轴流通风机、一般轴流通风机、隔爆型轴流式局部扇风机。

3）离心式鼓风机、回转式鼓风机（罗茨鼓风机、HGY 型鼓风机、叶式鼓风机）。

4）其他风机，包括塑料风机、耐酸陶瓷风机。

（2）泵

1）离心式泵。离心式泵包括以下几种：

① 离心式清水泵、单级单吸悬臂式离心泵、单级双吸中开式离心泵、立式离心泵、多级离心泵、锅炉给水泵、冷凝水泵、热水循环泵。

② 离心油泵、卧式离心油泵、高速切线泵、中开式管线输油泵、管道式离心泵、立式筒式离心油泵、离心油浆泵、汽油泵、BY 型流程离心泵。

③ 离心式耐腐蚀泵、耐腐蚀液下泵、塑料耐腐蚀泵、耐腐蚀杂质泵、其他耐腐蚀泵。

④ 离心式杂质泵、污水泵、长轴立式离心泵、砂泵、泥浆泵、灰渣泵、煤水泵、衬胶泵、胶粒泵、糖汁泵、吊泵。

⑤ 离心式深水泵、深井泵、潜水电泵。

2）旋涡泵，包括单级旋涡泵、离心旋涡泵、WZ 多级自吸旋涡泵、其他旋涡泵。

3）往复泵。往复泵包括以下几种：

① 电动往复泵：一般电动往复泵、高压柱塞泵（3~4 柱塞）、石油化工及其他电动往复

泵、柱塞高速泵（6~24柱塞）。

②蒸汽往复泵：一般蒸汽往复泵、蒸汽往复油泵。

③计量泵。

4）转子泵，包括螺杆泵、齿轮油泵。

5）真空泵。

6）屏蔽泵，包括轴流泵、螺旋泵。

2. 工程量计算规则

1）直联式风机按风机本体及电动机、变速器和底座的总质量计算。

2）非直联式风机，以风机本体和底座的总质量计算，不包括电动机质量，但包括电动机安装。

3）直联式泵按泵本体、电动机以及底座的总质量计算。

4）非直联式泵，按泵本体及底座的总质量计算，不包括电动机质量，但包括电动机安装。

5）离心式深水泵按本体、电动机、底座及吸水管的总质量计算。

3. 定额包括的工作内容

1）风机安装：设备本体、底座、电动机、联轴节及与本体连体的附件、管道、润滑冷却装置等的清洗、刮研、组装、调试；联轴器、皮带、减振器以及安全防护罩安装。

2）泵的安装：设备的开箱检验、基础处理、垫铁设置、泵设备本体及附件吊装就位、找平、找正、垫铁点焊、单机试车、配合检查验收。

3）风机及泵的拆装检查：设备本体及附件以及第一个阀门以内的管道等拆卸、清洗、检查、刮研、换油、调间隙及调配重、找正、找平、找中心、记录、组装复原。

4）设备本体与本体连体的附件、管道、滤网、润滑冷却装置的清洗、组装。

5）离心式深水泵的泵体吸水管、滤水网安装及扬水管与平面的垂直度测量。

6）联轴器、减振器、减振台、皮带安装。

4. 定额不包括的工作内容

1）风机安装：风机底座、防护罩、键、减振器的制作；电动机的抽芯检查、干燥、配线、调试。

2）风机拆装检查：设备本体的整（解）体安装；电动机安装及拆装、检查、调整、试验；设备本体以外的各种管道的检查、试验等工作。

4.3.8 压缩机安装工程施工图预算的编制要点

1. 压缩机分类

压缩机分容积型压缩机及速度型压缩机两大类。

（1）容积型压缩机

容积型压缩机的工作原理是：气体压力的提高是靠活塞在汽缸内的往复运动，使气体容积缩小，单位体积内气体分子的密度增加而形成。

（2）速度型压缩机

速度型压缩机的工作原理是：气体的压力是由气体分子的速度转化而来，即先使气体分子得到一个很高的速度，然后又让它停滞下来，使动能转化为位能，即速度转化为压力。

2. 工程量计算规则

1）整体安装压缩机的设备质量，按同一底座上的压缩机本体、电动机、仪表盘及附件、底座等的总质量计算。

2）解体安装压缩机按压缩机本体、附件、底座及随本体到货的附属设备的总质量计算，不包括电动机、汽轮机及其他动力机械的质量。电动机、汽轮机及其他动力机械的安装按相应项目另行计算。

3）DMH 型对称平衡式压缩机的质量，按压缩机本体、随本体到货的附属设备的总质量计算，但不包括附属设备的安装。附属设备的安装按相应项目另行计算。

3. 定额包括的工作内容

1）设备本体及与主机本体联体的附属设备、附属成品管道、冷却系统、润滑系统以及支架、防护罩等附件的整体安装。

2）与主机在同一底座上的电动机安装。

3）空负荷试车。

4. 定额不包括的工作内容

1）除与主机在同一底座上的电动机已包括安装外，其他类型解体安装的压缩机，均不包括电动机、汽轮机及其他动力机械的安装。

2）与主机本体联体的各级出入口第一个法兰外的各种管道、空气干燥设备及净化设备、油水分离设备、废油回收设备、自控系统、仪表系统安装以及支架、沟槽、防护罩等制作加工。

3）介质的充灌工作。

4）主机本体循环油（按设备带有考虑）。

5）电动机拆装检查及配线、接线等电气工程。

6）负荷试车及联动试车。

5. 计算中应注意的问题

1）原动机是按电动机驱动考虑的，如果为汽轮机驱动，则按相应定额人工乘以系数 1.14。

2）活塞式 V、W、S 型压缩机的安装是按单级压缩机考虑的。安装同类型双级压缩机时，按相应子目人工乘以系数 1.40。

3）解体安装的压缩机需要在无负荷试运转后检查、回装及调整时，按相应解体安装子目的人工费、机械费乘以系数 1.15。

4.4 机械设备安装工程工程量清单的编制要点

《通用安装工程工程量计算规范》附录 A 适用于工业与民用建筑的新建、扩建项目中的机械设备安装工程。机械设备安装工程的工程量清单分为 13 节 122 个清单项目，适用于切削设备、锻压设备、铸造设备、起重设备、起重机轨道、输送设备、电梯、风机、泵、压缩机、工业炉设备、煤气发生设备、其他机械等安装工程。

4.4.1 风机安装工程工程量清单编制要点

1. 清单项目设置

风机安装工程量清单项目设置见表4-6。

表4-6 风机安装工程量清单项目设置（编码：030108）

项目编码	项目名称	项目特征	计量单位	工程量计算规则	工程内容
030108001	离心式通风机	1. 名称 2. 型号 3. 规格 4. 质量 5. 材质 6. 减振底座形式、数量 7. 灌浆配合比 8. 单机试运转要求	台	按设计图示数量计算	1. 本体安装 2. 拆装检查 3. 减振台座制作 4. 二次灌浆 5. 单机试运转 6. 补刷（喷）油漆
030108002	离心式引风机				
030108003	轴流通风机				
030108004	回转式鼓风机				
030108005	离心式鼓风机				
030108006	其他风机				

2. 清单项目工程量计算

风机的清单工程量应根据不同的型号、规格、质量和材质等特征分别依据设计图示数量，以"台"为计量单位。在计算设备质量时，直联式风机按风机本体及电动机、变速器和底座的总质量计算；非直联式风机以风机本体和底座的总质量计算，不包括电动机质量，但包括电动机安装。

【例4-1】 某车间通风工程共安装柜式离心风机4台，$Q=19600\text{m}^3/\text{H}$，功率为7.5kW；低噪声轴流通风机6台，$Q=5870\text{m}^3/\text{H}$，功率0.55kW，PA轴流式排烟风机400-CMH 2台，功率1.1kW。试编制分部分项工程量清单。

【解】 分部分项工程量清单见表4-7。

表4-7 分部分项工程量清单

序号	项目编码	项目名称	计量单位	工程数量
1	030108002001	柜式离心机-$Q=19600\text{m}^3/\text{H}$-7.5kW	台	4
2	030108003001	低声音轴流通风机-$Q=5870\text{m}^3/\text{H}$-0.55kW	台	6
3	030108003002	PA轴流式排烟风机-400-CMH-1.1kW	台	2

4.4.2 泵安装工程工程量清单编制要点

1. 清单项目设置

泵类安装工程量清单项目设置见表4-8。泵类安装工程量清单项目未包括下列内容：负荷试运转、无负荷试运转所用的动力。当这些内容或者还有其他内容发生时，应增加工程内容列项，组成完整的工程实体项目。设置泵类安装工程量清单项目时，必须按照设计图、设备说明书等有关技术资料，明确描述设备名称、种类、型号、质量。

表4-8 泵类安装工程量清单项目设置（编码：030109）

项目编码	项目名称	项目特征	计量单位	工程量计算规则	工作内容
030109001	离心式泵	1. 名称 2. 型号 3. 规格 4. 质量 5. 材质 6. 减振装置形式、数量 7. 灌浆配合比 8. 单机试运转要求	台	按设计图示数量计算	1. 本体安装 2. 泵拆装检查 3. 电动机安装 4. 二次灌装 5. 单机试运转 6. 补刷（喷）油漆
030109002	旋涡泵				
030109003	电动往复泵				
030109004	柱塞泵				
030109005	蒸汽往复泵				
030109006	计量泵				
030109007	螺杆泵				
030109008	齿轮油泵				
030109009	真空泵				
030109010	屏蔽泵				
030109011	潜水泵				
030109012	其他泵				

2. 清单项目工程量计算

1) 泵的清单工程量应根据不同型号、质量和材质等特征分别依据设计图示数量，以"台"为计量单位。

2) 直联式泵按泵本体、电动机以及底座的总质量计算；非直联式泵按泵本体及底座的总质量计算，不包括电动机质量，但包括电动机安装。

3) 离心式深水泵按本体、电动机、底座及吸水管的总质量计算。

【例4-2】某水泵房共安装4台水泵，分别为：IS80-50-200单级离心泵2台，转速$n=2900r/min$，水泵单台质量51kg，电机功率$N=15kW$；IS65-40-200单级离心泵2台，转速$n=2900r/min$，水泵单台质量48kg，电机功率$N=7.5kW$。试编制一类地区分部分项工程量清单。

【解】水泵安装应另列电动机接线与调试清单项目，分部分项工程量清单见表4-9。

表4-9 分部分项工程量清单

序号	项目编码	项目名称	计量单位	工程数量
1	030109001001	单级离心泵安装 IS65-40-200 单台质量48kg 电机安装	台	2
2	030109001002	单级离心泵安装 IS80-50-200 单台质量51kg 电机安装	台	2
3	030406006001	低压交流异步电机检查接线与调试-功率7.5kW	台	2
4	030406006002	低压交流异步电机检查接线与调试-功率15kW	台	2

4.4.3 压缩机安装工程工程量清单的编制要点

1. 清单项目设置

压缩机安装工程量清单项目设置见表4-10。

表 4-10 压缩机安装工程量清单项目设置（编码：030110）

项目编码	项目名称	项目特征	计量单位	工程量计算规则	工作内容
030110001	活塞式压缩机	1. 名称 2. 型号 3. 质量 4. 结构形式 5. 驱动方式 6. 灌浆配合比 7. 单机试运转要求	台	按设计图示数量计算	1. 本体安装 2. 拆装检查 3. 二次灌浆 4. 单机试运转 5. 补刷（喷）油漆
030110002	回转式螺杆压缩机				
030110003	离心式压缩机				
030110004	透平式压缩机				

2. 清单项目工程量计算

1）压缩机工程量清单计算应根据不同型号、质量、结构形式和驱动方式等特征分别依据设计图示数量，以"台"为计算单位。

2）整体安装压缩机的设备质量，按同一底座上的压缩机本体、电动机、仪表盘及附件、底座等的总质量计算；解体安装压缩机按压缩机本体、附件、底座及随本体到货的附属设备的总质量计算，不包括电动机、汽轮机及其他动力机械的质量。

3）DMH 型对称平衡式压缩机的质量，按压缩机本体、随本体到货的附属设备的总质量计算，但不包括附属设备的安装。附属设备的安装按相应项目另行计算。

4.5 机械设备安装工程工程量清单计价实例

机械设备安装工程的清单计价除对清单项目工程内容进行计价外，还应依据招标文件或合同，对以下招标文件或合同中另行约定的工作内容进行计价：

1）设备的基础及螺栓孔的标高尺寸不符合安装要求，需对其进行铲磨、修整、预压以及在木砖地层上安装设备所需增加的费用。

2）特殊垫铁（如球形垫铁）及自制垫铁的费用。

3）非设备带有的地脚螺栓费用。

4）设备构件、机件、零件、附件需要在施工现场进行修理、加工制作的费用。

5）单机试运转所需的水、电、燃料等，以及负荷试运转（起重设备除外）。

6）起重设备负荷试运转时，所需配重的供应和搬运费。

7）因场地狭小，有障碍物（沟、坑）等所引起的设备、材料、机具等增加的二次搬运、装拆工作所增加的费用。

8）特殊技术措施及大型临时设施以及大型设备安装所需的专用机具等费用。

【例 4-3】 试按清单计价方法计算【例 4-2】中的清单项目综合单价及分部分项工程费。

【解】 本例参照《湖北省通用安装工程消耗量定额及全费用基价表》第一册进行综合单价分析。水泵安装定额子目包括了电动机安装，故不再另列项目计算。人工综合工日的单价：普工每工日 92.00 元，技工每工日 142.00 元。本例安装工程类别按一类安装工程，费用及增值税参照《湖北省通用安装工程消耗量定额及全费用基价表》确定。单级离心泵安装 IS65-40-200、电动机接线检查与调试项目综合单价分析见表4-11和表4-12，IS80-50-200水泵安装和电动机接线检查与调试的项目综合单价表相似，本例从略。分部分项工程量清单计价见表4-13。

表4-11 分部分项工程量清单全费用综合单价计算表

工程名称：某泵房水泵安装工程　　　　　　　　　计量单位：台
项目编码：030109001001　　　　　　　　　　　　工程数量：2
项目名称：单级离心泵安装 IS65-40-200　单重48kg　综合单价：1359.37元/台

序号	定额编号	工程内容	单位	数量	综合单价组成（元）					小计（元）
					人工费	材料费	机械费	费用	增值税	
1	C1-8-1	单级离心泵安装 IS65-40-200	台	2	608.52	169.24	58.36	374.06	108.92	1319.10
2	C1-8-122	泵拆装检查	台	2	778.26	69.30		436.52	115.56	1399.64
		合计			1386.78	238.54	58.36	810.58	224.48	2718.74
		单价			693.39	119.27	29.18	405.29	112.24	1359.37

综合单价的计算过程如下：

1) 人工费 = 304.26元/台×2台 + 389.13元/台×2台 = 1386.78元。
2) 材料费 = 84.62元/台×2台 + 34.65元/台×2台 = 238.54元。
3) 机械费 = 29.18元/台×2台 = 58.36元。
4) 费用 = 187.03元/台×2台 + 218.26元/台×2台 = 810.58元。
5) 增值税 = (66.56元/台×2台 + 70.62元/台×2台) ÷ 11% × 9% = 224.48元。

综合单价 = (1386.78元 + 238.54元 + 58.36元 + 810.58元 + 224.48元) ÷ 2台
　　　　 = 1359.37元/台

表4-12 分部分项工程量清单全费用综合单价计算表

工程名称：某泵房水泵安装工程　　　　　　　　　计量单位：台
项目编码：030406006001　　　　　　　　　　　　工程数量：2
项目名称：低压交流异步电机检查接线与调试　功率7.5kW　综合单价：642.19元/台

序号	定额编号	工程内容	单位	数量	综合单价组成（元）					小计（元）
					人工费	材料费	机械费	费用	增值税	
1	C4-6-18	交流异步电动机检查接线 13kW以内	台	2	230.88	104.60	32.18	147.56	46.37	561.59
2	C4-17-113	交流异步电动机负载调试	台	2	287.38	7.58	132.60	235.56	59.68	722.80
		合计			518.26	112.18	164.78	383.12	106.05	1284.39
		单价			259.13	56.09	82.39	191.56	53.03	642.19

综合单价的计算过程如下：

1) 人工费 = 115.44元/台×2台 + 143.69元/台×2台 = 518.26元。

2) 材料费=52.30元/台×2台+3.79元/台×2台=112.18元。

3) 机械费=16.09元/台×2台+66.30元/台×2台=164.78元。

4) 费用=73.78元/台×2台+117.78元/台×2台=383.12元。

5) 增值税=(28.34元/台×2台+36.47元/台×2台)÷11%×9%=106.05元。

综合单价=(518.26元+112.18元+164.78元+383.12元+106.05元)÷2台
　　　　=642.19元/台

同理，"低压交流异步电机检查接线与调试　功率15kW"，套用C4-6-19和C4-17-113定额子目，可得综合单价为793.84元/台。

表4-13　分部分项工程量清单计价表

工程名称：某泵房水泵安装工程

序号	项目编码	项目名称	计量单位	工程数量	金额（元）	
					综合单价	合价
1	030109001001	单级离心泵安装 IS65-40-200 单重48kg	台	2	1359.37	2718.74
2	030109001002	单级离心泵安装 IS80-50-200 单重51kg	台	2	1359.37	2718.74
3	030406006001	低压交流异步电机检查接线与调试　功率7.5kW	台	2	642.19	1284.38
4	030406006002	低压交流异步电机检查接线与调试　功率15kW	台	2	793.84	1587.68
		合　计				8309.54

本章小结

通用机械设备的安装工序包括施工准备、安装、清洗、试运转。设备的搬运及安装广泛用于运输机械和起重机械作业。

机械设备安装工程的工程量清单分为13节122个清单项目，适用于切削设备、锻压设备、铸造设备、起重设备、起重机轨道、输送设备、电梯、风机、泵、压缩机、工业炉设备、煤气发生设备、制冷设备、其他机械等的设备安装工程。

通过本章的学习，学生要了解机械设备安装工程的基本知识、工程识图以及施工图预算的编制要点，熟悉机械设备安装工程工程量清单的编制要点及计价。

复习题

1. 简述通用机械设备的安装工序。
2. 机械设备安装施工图的种类有哪些？
3. 简述起重设备安装定额包括的内容。
4. 简述风机清单项目工程量计算规则及设备质量的计算方法。
5. 编制机械设备清单项目时应注意哪些问题？

第5章 电气设备安装工程

本章概要

一般的电气设备安装工程是指接收电能,经变换、分配电能到使用电能或从接收电能经过分配到用电设备所形成的工程系统。本章详细介绍电气设备安装工程的基本知识和施工识图、电气设备安装工程施工图预算的编制要点、电气设备安装工程工程量清单的编制要点和计价的相关知识。

5.1 电气设备安装工程基本知识和施工识图

5.1.1 电气设备安装工程基本知识

1. 变配电设备

变配电设备主要有变压器、高压开关设备和高压开关附属设备。变压器按用途和性能可分为电力变压器和特种变压器。变压器由器身、散热器、铁芯、线圈、油箱、引线、分接开关、测量装置、套管、吸湿器、气体继电器以及供绝缘和散热媒介质用的变压器油等组成。

2. 动力设备

动力设备包括高压电动机、低压电动机、动力箱(柜、板)、电抗器等。

3. 照明设备

照明设备包括各类灯具、钢管、电线管、塑料管、金属软管、开关、插座、接线盒等。

4. 电缆

电缆的种类包括控制电缆、动力电缆、移动电缆、通信电缆等。

5. 防雷接地装置

防雷接地装置是指建筑物、构筑物的防雷接地,变配电系统接地、设备接地等。防雷接地装置包括雷电接收装置、引下线、接地装置（接地线和接地体）。

5.1.2 电气设备安装工程施工图的组成与识图

电气施工图是安装工程施工图的重要组成部分。它以统一规定的图形符号辅以简要的文字说明，把电气设计内容明确地表达出来。电气设备安装工程常用图例见表5-1。

表5-1 电气设备安装工程常用图例

序号	符号名称	图形符号
1	变配电系统图符号	
1.1	发电站（厂）	□ 规划(设计)的 ▨ 运行的
1.2	变电所（示出改变电压）	○ 规划(设计)的 ◍ 运行的
1.3	杆上变电所（站）	⟟ 规划(设计)的 ⟠ 运行的
1.4	电阻器	─▭─
1.5	可变电阻器	─▱─
1.6	压敏电阻器	─▱─ U
1.7	滑线式绕组器	─▭─
1.8	电容器	─╢─
1.9	极性电容器	─╢├─
1.10	可变电容器	─⫤─
1.11	电感器	⌒⌒⌒

(续)

序号	符号名称	图形符号
1.12	带铁心（磁心）电感器	
1.13	电流互感器	
1.14	双绕组变压器或电压互感器	
1.15	三绕组变压器或电压互感器	
1.16	动合（常开）触点	
1.17	动断（常闭）触点	
1.18	手动开关的一般符号	
1.19	按钮开关（不闭锁）（动合、动断触点）	
1.20	按钮开关（闭锁）（动合、动断触点）	
1.21	接触器（在非动作位置触点断开、闭合）	

(续)

序号	符号名称	图形符号
1.22	断路器	
1.23	隔离开关	
1.24	负荷开关	
1.25	熔断器的一般符号	
1.26	熔断器式开关	
1.27	熔断器式隔离开关	
1.28	熔断器式负荷开关	
1.29	避雷器	
2	动力照明设备图形符号	
2.1	屏、台、箱、柜 一般符号	
2.2	动力或动力-照明配电箱 注：需要时符号内可表示电流种类	
2.3	照明配电箱（屏）	
2.4	事故照明配电箱（屏）	

(续)

序号	符号名称	图形符号
2.5	电机的一般符号	星号用字母代替: M——电动机 MS——同步电动机 SM——伺服电机 G——发电机 GS——同步发电机 GT——测速发电机
2.6	热水器（示出引线）	
2.7	风扇一般符号 注：若不会引起混淆，方框可省略不画	
2.8	单相插座：明、暗、密闭（防水）、防爆	
2.9	带接地插孔的单相插座	
2.10	带接地插孔的三相插座	
2.11	插座箱（板）	
2.12	多个插座（示出三个）	
2.13	带熔断器的插座	
2.14	开关一般符号	
2.15	单极开关：明、暗、密闭（防水）、防爆	
2.16	双极开关：明、暗、密闭（防水）、防爆	

(续)

序号	符号名称	图形符号
2.17	三极开关：明、暗、密闭（防水）、防爆	
2.18	单极拉线开关	
2.19	单极双控拉线开关	
2.20	双控开关（单极三线）	
2.21	灯的一般符号 信号灯的一般符号	灯的颜色：RD 红　YE 黄 GN 绿　BU 蓝　WH 白 灯的类型：Ne 氖　Na 钠 Hg 汞　IN 白炽　FL 荧光 IR 红外线　UV 紫外线
2.22	投光灯一般符号	
2.23	聚光灯	
2.24	泛光灯	
2.25	示出配线的照明引出线位置	
2.26	在墙上引出照明线（示出配线向左边）	

第 5 章　电气设备安装工程

（续）

序号	符号名称	图形符号
2.27	荧光灯一般符号	
2.28	三、五管荧光灯	
2.29	防爆荧光灯	
2.30	自带电源的事故照明灯（应急灯）	
2.31	深照型灯	
2.32	广照型灯（配照型灯）	
2.33	防水防尘灯	
2.34	球形灯	
2.35	局部照明灯	
2.36	矿山灯	
2.37	安全灯	
2.38	隔爆灯	
2.39	天棚灯	

(续)

序号	符号名称	图形符号
2.40	花灯	
2.41	弯灯	
2.42	壁灯	
2.43	闪光型信号灯	
2.44	电喇叭	
2.45	电铃	
2.46	电警笛　报警器	
2.47	电动汽笛	
2.48	蜂鸣器	
3	导线和线路敷设符号	
3.1	导线、电线、电缆母线的一般符号	
3.2	多根导线	3根　　n根
3.3	软导线　软电缆	
3.4	地下线路	

（续）

序号	符号名称	图形符号
3.5	水下（海底）线路	
3.6	架空线路	
3.7	管道线路	一般；6孔管道
3.8	中性线	
3.9	保护线	
3.10	保护和中性共用线	
3.11	具有保护线和中性线的三相配线	
3.12	向上配线	
3.13	向下配线	
3.14	垂直通过配线	
3.15	导线的电气连接	
3.16	端子	
3.17	导线的连接	

（续）

序号	符号名称	图形符号
4	电缆及敷设图形符号	
4.1	电缆终端	◁—
4.2	电缆铺砖保护	— — — —
4.3	电缆穿管保护	—[▭]—
4.4	电缆预留	—⌒—
4.5	电缆中间接线盒	—◇—
4.6	电缆分支接线盒	—◈—
5	仪表图形符号	
5.1	电流表	Ⓐ
5.2	电压表	Ⓥ
5.3	电能表（瓦特小时计）	▯Wh
6	电杆及接地	
6.1	电杆的一般符号 （单杆，中间杆）	○ $A\text{-}B \atop C$ A——杆材或所属部门 B——杆长 C——杆号

(续)

序号	符号名称	图形符号
6.2	带照明灯的电杆（a—编号；b—杆型；c—杆高；d—容量；A—连接顺序）	$a\dfrac{b}{c}Ad$ 一般画法 $a\dfrac{b}{c}Ad$ 需要示出灯具的投射方向时 $a\dfrac{b}{c}Ad$ 需要时允许加画灯具本身图形
6.3	接地的一般符号	
6.4	保护接地	
7	电气设备的标注方法	
7.1	用电设备 a—设备编号；b—额定功率（kW）；c—线路首端熔断体或低压断路器脱扣器的电流（A）；d—标高（m）	$\dfrac{a}{b}$ 或 $\dfrac{a}{b}\bigg\| \dfrac{c}{d}$
7.2	电力和照明设备 a—设备编号；b—设备型号；c—设备功率（kW）；d—导线型号；e—导线根数；f—导线截面面积（mm²）；g—导线敷设方式及部位	1. 一般标注方法 $a\dfrac{b}{c}$ 或 $a\text{-}b\text{-}c$ 2. 当需要标注引入线的规格时 $a\dfrac{b\text{-}c}{d(e\times f)\text{-}g}$
7.3	电力和照明设备 a—设备编号；b—设备型号；c—额定电流（A）；i—整定电流（A）；d—导线型号；e—导线根数；f—导线截面面积（mm²）；g—导线敷设方式及部位	1. 一般标注方法 $a\dfrac{b}{c/i}$ 或 $a\text{-}b\text{-}c/i$ 2. 当需要标注引入线的规格时 $a\dfrac{b\text{-}c/i}{d(e\times f)\text{-}g}$

（续）

序号	符号名称	图形符号
7.4	照明变压器 a——次电压（V）；b—二次电压（V）； c—额定容量（V·A）	$a/b-c$
7.5	照明灯具 a—灯数；b—型号或编号；c—每盏照明灯具的灯泡数；d—灯泡容量（W）；e—灯泡安装高度（m）；f—安装方式；L—光源种类	(1) 一般标注方法 $a-b\dfrac{c\times d\times L}{e}f$ (2) 灯具吸顶安装 $a-b\dfrac{c\times d\times L}{-}$
7.6	电缆与其他设施交叉点 a—保护管根数；b—保护管直径（mm）；c—管长（m）；d—地面标高（m）；e—保护管埋设深度（m）；f—交叉点坐标	$\dfrac{a-b-c-d}{e-f}$
7.7	安装或敷设标高（m）	(1) 用于室内平面剖面图上 ±0.000 ▽ (2) 用于总平面图上的室外地面 ±0.000 ▼
7.8	导线根数	——/// —— 表示3根 ——/³ —— 表示3根 ——/ⁿ —— 表示n根
7.9	导线型号规格或敷设方式的改变	(1) 3mm×16mm 改为 3mm×10mm ——$\dfrac{3\times16}{}\times\dfrac{3\times10}{}$—— (2) 无穿管敷设改为导线穿管（φ2″）敷设 ——×$\phi2''$——
7.10	交流电 m—保护管根数；f—保护管直径（mm）；v—管长（m） 例：示出交流，三相带中性线 50Hz 380V	$m-fv$ 3N-50Hz 380V
7.11	照明灯具安装方式	线吊式 — SW
		链吊式 — CS
		管吊式 — DS
		壁装式 — W

(续)

序号	符号名称		图形符号
7.12	线路敷设方式	用钢索敷设	M
		穿焊接钢管	SC
		穿电线管	MT
		穿硬塑料管	PC
		用塑料线槽敷设	PR
		用电缆桥架敷设	CT
		暗敷在墙内	WC
		暗敷在地面内	FC
		暗敷在顶板内	CC
		沿天棚面或顶板面敷设	CE

注：本表根据《电气简图用图形符号》（GB/T 4728）编制。

电气施工图一般可分为变配电工程施工图、动力工程施工图、照明工程施工图、防雷接地工程施工图、弱电工程施工图等。电气施工平面图和系统图是计算清单和预算工程量的主要依据。电气工程所安装的电气设备、元件的种类、数量、安装位置，管线的敷设方式、走向、材质、型号、规格、数量等都可以通过平面图表示。电气设备安装工程的识图要结合系统图和控制图弄清楚系统电气设备、元件的连接关系；对整个单位工程选用的各种电气设备的数量及其作用有全面的了解；对采用的电压等级，高、低压电源进出回路及电力的具体分配情况确立清楚的概念；对各种类型的电缆、管道、导线的根数、长度、起始位置、敷设方式有详细的了解；对防雷、接地装置的布置，材料的品种、规格、型号、数量有清楚的了解；对需要进行调试、试验的设备系统，结合定额规定及项目划分有明确的数量概念。

5.2 电气设备安装工程施工图预算的编制要点

5.2.1 变压器安装工程施工图预算的编制要点

1. 定额适用范围

变压器安装分为油浸式电力变压器安装、干式变压器安装、消弧线圈安装及绝缘油过滤等项目。

2. 有关说明

1）设备安装定额包括放注油、油过滤所需的临时油罐等设施摊销费，不包括变压器防振措施安装、端子箱与控制箱的制作与安装，变压器干燥、二次喷漆、变压器铁梯及母线铁构件的制作与安装，工程实际发生时，执行相关定额。

2）油浸式变压器安装定额同样适用于自耦式变压器、带负荷调节变压器的安装；电炉变压器安装执行同容量变压器定额人工、材料、机械乘以系数1.6；整流变压器安装执行同容量变压器人工、材料、机械乘以系数1.2。

3）变压器安装中的器身检查：4000kV·A以下是按吊芯检查考虑，4000kV·A以上按吊钟罩考虑，如果4000kV·A以上的变压器需吊芯检查时，定额中机械台班乘以系数2.0。

4）干式变压器如果带有保护罩，人工和机械乘以系数1.2。

3. 定额不包括的工作内容

1）变压器干燥棚的搭设工作，若发生时可按实计算。

2）变压器铁梯及母线铁构件的制作、安装，执行《湖北省通用安装工程消耗量定额及全费用基价表　第四册　电气设备安装工程》第十三章相关定额。

3）瓦斯继电器的检查及试验已列入变压器系统调试试验定额内。

4）端子箱、控制箱的制作、安装，执行《湖北省通用安装工程消耗量定额及全费用基价表　第四册　电气设备安装工程》有关章节相应定额。

5）二次喷漆发生时另执行《湖北省通用安装工程消耗量定额及全费用基价表　第四册　电气设备安装工程》第十三章相关定额。

6）杆上变压器安装不包括变压器调试、抽芯、干燥工作。

4. 工程量计算规则

1）三相变压器、单相变压器、消弧线圈安装根据设备容量及结构性能，按照设计安装数量以"台"为计量单位。

2）绝缘油过滤不分次数至油过滤合格止。按照设备载油量以"t"为计量单位。

5.2.2　配电装置安装工程施工图预算的编制要点

1. 定额适用范围

配电装置安装包括各种断路器、隔离开关、负荷开关、互感器、电抗器、电容器、交流滤波装置组架（TJL系列）、开闭所成套配电装置、成套配电柜、成套配电箱、组合式成套箱式变电站、配电智能设备安装及单体调试等项目。

2. 定额不包括的工作内容

端子箱安装、控制箱安装、设备支架制作及安装、绝缘油过滤、电抗器干燥、基础槽（角）钢安装、配电设备的端子板外部接线、预埋地脚螺栓、二次灌浆。

3. 有关说明

1）配电设备安装调试定额不包括光缆敷设、设备电源电缆（线）的敷设、配线架跳线的安装、焊（绕、卡）接与钻孔等；不包括系统试运行、电源系统安装测试、通信测试、软件生产和系统组态以及因设备质量问题而进行的修配改工作；应按相应的定额另行计算费用。

2）互感器安装定额按单相考虑，不包括抽芯及绝缘油过滤，特殊情况另做处理。

3）电抗器安装定额按三相叠放、三相平放和二叠一平的安装方式综合考虑，不论何种安装方式，均不计算，一律执行本定额。

4）干式电抗器安装定额适用于混凝土电抗器、铁芯干式电抗器和空心电抗器等干式电抗器的安装。

5）空气断路器的储气罐及储气罐泵断路器的管道安装，执行第《湖北省通用安装工程消耗量定额及全费用基价表　第八册　工业管道工程》。

6）高压成套配电柜安装定额是综合考虑的，不分容量大小；定额中不包括母线配制及设备干燥，发生时另执行《湖北省通用安装工程消耗量定额及全费用基价表　第四册　电气设备安装工程》有关定额。

7）组合式成套箱式变电站主要是指电压等级≤10kV的箱式变电站，一般布置形式为变压器位于箱的中间，箱的一端为高压开关位置，另一端为低压开关位置。

4. 工程量计算规则

1）断路器、电流互感器、电压互感器、油浸电抗器、电力电容器的安装，根据设备容量或重量，按照设计安装数量以"台"或"个"为计量单位。

2）隔离开关、负荷开关、熔断器、避雷器、干式电抗器的安装，根据设备重量或容量，按照设计安装数量以"组"为计量单位，每三相为一组。

3）并联补偿电抗器组架安装根据设备布置形式，按照设计安装数量以"台"为计量单位。

5.2.3 绝缘子、母线安装工程施工图预算的编制要点

1. 定额适用范围

绝缘子、母线的安装包括绝缘子、软母线、带形母线、槽形母线、共箱母线、低压封闭式插接母线槽、重型母线、车间母线等各种母线安装目录。

2. 有关说明

1）软母线、带形母线、槽形母线的安装定额内母线、金具、绝缘子等未计价材的含量、组合软导线安装定额不包括两端铁构件制作、安装和支持瓷瓶、带形母线的安装，发生时另执行《湖北省通用安装工程消耗量定额及全费用基价表 第四册 电气设备安装工程》相应定额。其跨距是按标准跨距综合考虑的，如果实际跨距与定额不符则不进行换算。

2）软母线安装定额是按单串绝缘子考虑的，如设计为双串绝缘子，其定额人工含量乘以系数1.14。

3）软母线引下线、跳线、经终端耐张线夹引下（不经过T形线夹或并沟线夹引下）与设备连接的部分应按照导线截面分别执行定额。软母线跳线安装定额综合考虑了耐张线夹的连接方式，执行定额时不做调整。

3. 定额不包括的工作内容

支架、铁构件的制作、安装，发生时执行《湖北省通用安装工程消耗量定额及全费用基价表 第七册 金属构件、穿墙套板安装工程》相应子目。

4. 工程量计算规则

1）悬垂绝缘子安装是指垂直或V形安装的提挂导线、跳线、引下线、设备连线或设备所用的绝缘子串安装，根据工艺布置，按照设计图示安装数量以"串"为计量单位。V形串按照两串计算工程量。

2）支持绝缘子安装根据工艺布置和安装固定孔数，按照设计图示安装数量以"个"为计量单位。

3）穿墙套管安装不分水平、垂直安装，按照设计图示数量以"个"为计量单位。

5.2.4 配电控制、保护、直流装置安装工程施工图预算的编制要点

1. 定额适用范围

控制设备、控制开关、小电器、其他电气等安装项目。

2. 定额不包括的工作内容

1) 支架制作与安装。
2) 二次喷漆及喷字。
3) 电器及设备干燥。
4) 焊、压接线端子。
5) 端子板外部（二次）接线。
6) 基础槽（角）钢安装。
7) 设备上开孔。

3. 有关说明

1) 设备安装定额包括屏、柜、台、箱设备本体及其辅助设备安装，辅助设备包括：标签框、光字牌、信号灯、附加电阻、连接片等。定额不包括支架制作与安装、二次喷漆及喷字、设备干燥、焊（压）接线端子、端子板外部（二次）接线、基础槽（角）钢制作与安装、设备上开孔。

2) 接线端子定额只适用于导线，电力电缆终端头制作安装定额中包括压接线端子，控制电缆终端头制作安装定额中包括终端头制作及接线至端子板，不得重复计算。

3) 直流屏（柜）不单独计算单体调试，其费用综合在分系统调试中。

4. 工程量计算规则

1) 控制设备安装根据设备性能和规格，按照设计图示安装数量以"台"为计量单位。
2) 端子板外部接线根据设备外部接线图，按照设计图示接线数量以"个"为计量单位。
3) 高频开关电源、硅整流柜、可控硅柜安装根据设备电流容量，按照设计图示安装数量以"台"为计量单位。

5.2.5 蓄电池安装工程施工图预算的编制要点

1. 定额适用范围

蓄电池安装包括蓄电池防振支架、碱性蓄电池、密闭式铅酸蓄电池、免维护铅酸蓄电池安装、蓄电池组充放电、UPS 安装，太阳能光伏发电等内容。

蓄电池安装包括 220V 以下各种容量的碱性和酸性固定型蓄电池及其防振支架安装、蓄电池充放电等项目。

2. 有关说明

1) 蓄电池防振支架安装按随设备供货考虑，安装按地坪打孔、装膨胀螺栓固定编制。
2) 蓄电池防振支架、电极连接条、紧固螺栓、绝缘垫均按设备供货考虑。
3) 定额不包括蓄电池抽头连接用电缆及电缆保护管的安装，发生时应执行《湖北省通用安装工程消耗量定额及全费用基价表 第四册 电气设备安装工程》相应项目。
4) 碱性蓄电池补充电解液由厂家随设备供货。铅酸蓄电池的电解液已包括在定额内，不另行计算。

蓄电池充放电电量已计入定额，不论酸性、碱性电池均按其电压和容量执行相应项目。

3. 工程量计算规则

1) 蓄电池防振支架安装根据设计布置形式，按照设计图示安装成品数量以"m"为计量单位。

2）碱性蓄电池和铅酸蓄电池安装，根据蓄电池容量，按照设计图示安装数量以"个"为计量单位。

3）免维护铅酸蓄电池安装根据设计图，区分不同电压和容量，以"组件"为计量单位。

5.2.6 发电机、电动机检查接线工程施工图预算的编制要点

1. 定额适用范围

发电机、电动机检查接线工程包括发电机、直流发电机检查接线及直流电动机、交流电动机、立式电动机、大（中）型电动机、微型电动机、变频机组、电磁调速电动机检查接线及空负荷试运转等内容。

2. 有关说明

1）发电机检查接线定额包括发电机干燥。电动机检查接线定额不包括电动机干燥，工程实际发生时，另行计算费用。

2）电机空转电源是按照施工电源编制的，定额中包括空转所消耗的电量及6000V电机空转所需的电压转换设施费用。空转时间按照安装规范综合考虑，工程实际施工与定额不同时不做调整。当工程采用永久电源进行空转时，应根据定额中的电量进行费用调整。

3）单台质量在3t以下的电动机为小型电机，单台质量3~30t的电动机为中型电机，单台质量在30t以上的电动机为大型电机。大中型电动机不分交流、直流电机一律按电动机质量执行相应定额。

4）微型电机分三类：驱动微型电机是指微型异步电动机、微型同步电动机、微型交流换向器电动机、微型直流电动机等；控制微型电机是指自整角机、旋转变压器、交直流测速发电机、交直流伺服电动机、步进电动机、力矩电动机等；电源微型电机系指微型电动发电机组和单枢变流机等。其他小型电机凡功率在0.75kW以下的电机均执行微型电机定额，设备出厂时电动机带出线的，不计算电动机检查接线费用（如排风机、电风扇等）。

5）各类电机的检查接线定额均不包括控制装置的安装和接线。

6）电机的接地线定额是按镀锌扁钢编制的，当采用铜接地线时，可以调整接地材料费，但安装人工和机械不变。

7）本系统工程定额不包括发电机与电动机的安装，包括电动机空载试运转所消耗的电量，当工程实际与定额不同时，不做调整。

8）电动机控制箱安装执行《湖北省通用安装工程消耗量定额及全费用基价表 第四册 电气设备安装工程》第二章"成套配电箱"的相应定额。

3. 工程量计算规则

1）发电机、电动机检查接线，根据设备容量，按照设计图示安装数量以"台"为计量单位。单台电动机质量在30t以上时，按照质量计算检查接线工程量。

2）电机电源线为导线时，其接线端子分导线截面按照"个"为单位计算工程量，执行"配电控制、保护、直流装置安装工程"相应定额。

5.2.7 滑触线安装工程施工图预算的编制要点

1. 定额适用范围

滑触线装置安装包括轻型滑触线、安全节能型滑触线，型钢类滑触线支架的安装及滑触

线拉紧装置、挂式支持器的制作与安装及移动软电缆等项目。

2. 有关说明

1）滑触线及滑触线支架安装定额包括下料、除锈、刷防锈漆与防腐漆，伸缩器、坐式电车绝缘子支持器安装。定额不包括预埋铁件与螺栓、辅助母线安装。

2）滑触线及支架安装定额按照安装高度≤10m 编制，当安装高度>10m 时，超出部分的安装工程量按照定额人工费乘以系数 1.1。

3）安全节能型滑触线安装不包括滑触线导轨、支架、集电器及其附件等材料，安全节能型滑触线为三相式时，执行单相滑触线安装定额人工、材料、机械乘以系数 2.0。

4）移动软电缆安装定额不包括轨道安装及滑轮制作。

3. 工程量计算规则

滑触线安装根据材质及性能要求，按照设计图示安装成品数量以"m/单相"为计量单位，计算长度时，应考虑滑触线挠度和连接需要增加的工程量，不计算下料、安装损耗量。

5.2.8 配电、输电电缆敷设工程施工图预算的编制要点

1. 定额适用范围

配电、输电电缆敷设工程包括直埋电缆辅助设施、电缆保护管敷设、电缆桥架与槽盒安装、电力电缆敷设、电力电缆头制作安装、控制电缆敷设、控制电缆终端头制作安装、电缆防火设施安装等内容。

2. 有关说明

（1）关于直埋电缆辅助设施

1）直埋电缆辅助设施包括开挖与修复路面、沟槽挖填、铺砂与保护、揭或盖或移动盖板等内容。

2）揭、盖、移动盖板定额综合考虑了不同的工序，执行定额时不因工序的多少而调整。

3）电缆沟盖板采用金属盖板时，根据设计图分工执行相应的定额。属于电气安装专业设计范围的电缆沟金属盖板制作与安装，执行《湖北省通用安装工程消耗量定额及全费用基价表 第四册 电气设备安装工程》中"金属构件、穿墙套板安装工程"相应定额人工、材料、机械乘以系数 0.6。

4）定额不包括电缆沟与电缆井的砌砖或浇筑混凝土、隔热层与保护层制作与安装，工程实际发生时，厂区内执行建筑工程相应定额，厂区外执行市政工程相应定额。

5）开挖路面、修复路面，执行市政工程相应定额。

6）沟槽挖填、渣土、余土（余石）外运执行《湖北省建设工程公共专业消耗量定额及全费用基价表》相应定额。

（2）关于电缆保护管敷设

1）电缆保护管敷设定额分为地下敷设、地上敷设两个部分。入室后需要敷设电缆保护管时，执行《湖北省通用安装工程消耗量定额及全费用基价表 第四册 电气设备安装工程》中"配管工程"相应定额。

2）地下敷设不分人工或机械敷设、敷设深度，均执行定额，不做调整。

3）地下顶管、拉管定额不包括入口、出口施工，应根据施工措施方案另行计算。

4) 地上敷设保护管定额不分角度与方向，综合考虑了不同壁厚与长度，执行定额时不做调整。

(3) 关于电缆桥架、槽盒安装

1) 桥架安装定额适用于输电、配电及用电工程电力电缆与控制电缆的桥架安装。通信、热工及仪器仪表、建筑智能等弱电工程控制电缆桥架安装，根据其定额说明执行相应桥架安装定额。

2) 梯式桥架安装定额是按照不带盖考虑的，若梯式桥架带盖，则执行相应的槽式桥架定额。

3) 钢制桥架主结构设计厚度>3mm时，执行相应安装定额的人工、机械乘以系数1.20。

4) 不锈钢桥架安装执行相应的钢制桥架定额人工、材料、机械乘以系数1.10。

5) 电缆槽盒安装根据材质与规格，执行相应的槽式桥架安装定额，其中：人工、机械乘以系数1.08。

(4) 关于电缆敷设

1) 电力电缆敷设定额包括输电电缆敷设与配电电缆敷设项目，根据敷设环境执行相应定额。定额综合了裸包电缆、铠装电缆、屏蔽电缆等电缆类型，适用于电压等级≤10kV电力电缆和控制电缆敷设。

2) 输电电力电缆敷设环境分为直埋式、电缆沟（隧）道内、排管内、街码金具上。输电电力电缆起点为电源点或变（配）电站，终点为用户端配电站。

3) 配电电力电缆敷设环境分为室内、竖井通道内。配电电力电缆起点为用户端配电站，终点为用电设备。室内敷设电力电缆定额综合考虑了用户区内室外电缆沟、室内电缆沟、室内桥架、室内支架、室内线槽、室内管道等不同环境敷设，执行定额时不做调整。

4) 竖井通道内敷设电缆定额适用于单段高度>3.6m的竖井。在单段高度≤3.6m的竖井内敷设电缆时，应执行"室内敷设电力电缆"相应定额。

5) 当电缆布放穿过高度>20m的竖井时，需要计算电缆布放增加费。电缆布放增加费按照穿过竖井电缆长度计算工程量，执行竖井通道内敷设电缆相应的定额人工、材料、机械乘以系数0.3。对于其他敷设方式的电缆，定额中已综合考虑了电缆布放费用。

6) 预制分支电缆敷设定额综合考虑了不同的敷设环境，执行定额时不做调整。定额中包括电缆吊具、每个长度≤10m的分支电缆安装；不包括分支电缆头的制作安装，应根据设计图示数量与规格执行相应的电缆接头定额；每个长度>10m的分支电缆，应根据超出的数量与规格及敷设的环境执行相应的电力电缆敷设定额。

7) 室外电力电缆敷设定额是按照平原地区施工条件编制的，未考虑在积水区、水底、深井下等特殊条件下的电缆敷设。电缆在一般山地、丘陵地区敷设时，其定额人工乘以系数1.30。该地段施工所需的额外材料（如固定桩、夹具等）应根据施工组织设计另行计算。

8) 电力电缆敷设定额与接头定额是按照三芯（包括三芯连地）编制的，电缆每增加一芯相应定额增加15%。单芯电力电缆敷设与接头定额按照同截面电缆相应定额人工、材料、机械乘以系数0.7，两芯电缆按照同截面电缆相应定额人工、材料、机械乘以系数0.85。

9) 截面面积在400~800mm^2的单芯电力电缆敷设，按照400mm^2电力电缆敷设定额人工、材料、机械乘以系数1.35。截面面积在800~1600mm^2的单芯电力电缆敷设，按照400mm^2电力电缆敷设定额人工、材料、机械乘以系数1.85。

(5) 关于电力电缆头制作与安装

1) 电缆头制作安装定额中包括镀锡裸铜线、扎索管、接线端子、压接管、螺栓等消耗性材料。定额不包括终端盒、中间盒、保护盒、插接式成品头、铅套管主材及支架安装。

2) 矿物绝缘电力电缆头制作与安装按电缆截面执行相应的电力电缆头定额。

3) 双屏蔽电缆头制作安装执行相应定额人工乘以系数 1.05。若接线端子为异型端子，需要单独加工时，应另行计算加工费。

(6) 电缆分支器安装

电缆分支器安装按分支电缆截面执行相应定额。

(7) 电缆防火设施安装

电缆防火设施安装不分规格、材质，执行定额时不做调整。

(8) 电缆防火设施中的阻燃槽盒安装

电缆防火设施中的阻燃槽盒安装按照单件槽盒 2.05m 长度考虑，定额中包括槽盒、接头部件的安装，包括接头防火处理。执行定额时不得因阻燃槽盒的材质、壁厚、单件长度而调整。

配电、输电电缆敷设工程定额是按照区域内（含厂区、站区、生活区等）施工考虑，当工程在区域外施工时，相应定额人工、材料、机械乘以系数 1.065。区域外是指区域内所在的城市范围内，不包含在区域内的部分。

3. 工程量计算规则

1) 直埋电缆沟槽挖填根据电缆敷设路径，除特殊要求外，按照表 5-2 规定计量。沟槽开挖长度按照电缆敷设路径长度计算。

表 5-2 直埋电缆沟槽土石方挖填计算表

项 目	电缆根数	
	1~2 根	每增 1 根
每米沟长挖方量/m³	0.45	0.153

注：1. 2 根电缆以内的电缆沟，按照上口宽度 600mm、下口宽度 400mm、深 900mm 计算常规土方量（深度按规范的最低标准）。

2. 每增加 1 根电缆，其宽度增加 170mm。

3. 土石方量从自然地坪挖起，若挖深>900mm 时，按照开挖尺寸另行计算。

2) 电缆沟揭、盖、移动盖板定额是按揭一次并盖一次或者移出一次并移回一次编制的，如实际施工需重复多次时，应按照实际次数乘以其长度，以"m"为单位计量。

3) 电缆保护管铺设根据电缆敷设路径，应区别不同敷设方式、敷设位置、管材材质、规格，按照设计图示敷设数量以"m"为单位计量。

4. 定额使用注意事项

1) 电缆敷设定额未考虑因波形敷设增加的长度、弛度增加的长度、电缆绕梁（柱）增加的长度以及电缆与设备连接、电缆接头等必要的预留长度，该增加长度应参考《湖北省通用安装工程消耗量定额及全费用基价表 第四册 电气设备安装工程》定额第九章"配电、输电电缆敷设工程"章说明中的"电缆敷设附加长度计算表"相关内容计算，并计入工程量之内。

2）电缆敷设系综合定额，已将裸包电缆、铠装电缆、屏蔽电缆等因素考虑在内，因此凡 10kV 以下的电力电缆和控制电缆均不分结构形式和型号，一律按相应的电缆截面面积和芯数执行定额。

3）电缆敷设定额及其相配套的定额中均未列装置性材料，另按设计和工程量计算规则加上规定的损耗率计算费用。

4）预制分支电缆联结体按设计数量据实结算，旁支电缆另执行电缆敷设定额，定额中未包括预分支电缆主干线吊挂金具的制作安装。

5.2.9 防雷与接地装置安装工程施工图预算的编制要点

1. 定额适用范围

防雷与接地装置安装工程包括避雷针制作与安装、避雷引下线敷设、避雷网安装、接地极（板）制作与安装、接地母线敷设、接地跨接线安装、桩承台接地、设备防雷装置安装、阴极保护接地、等电位装置安装及接地系统测试等内容。

2. 有关说明

1）"防雷与接地装置安装工程"定额适用于建筑物与构筑物的防雷接地、变配电系统接地、设备接地以及避雷针（塔）接地等装置安装。

2）接地极安装与接地母线敷设定额不包括采用爆破法施工、接地电阻率高的土质换土、接地电阻测定工作。工程实际发生时，执行相关定额。

3）避雷针制作、安装定额不包括避雷针底座及埋件的制作与安装。工程实际发生时，应根据设计划分，分别执行相应定额。

4）避雷针安装定额综合考虑了高空作业因素，执行定额时不做调整。避雷针安装在木杆和水泥杆上时，包括了其避雷引下线安装。

5）独立避雷针安装包括避雷针塔架、避雷引下线安装，不包括基础浇筑。

6）利用建筑结构钢筋作为接地引下线安装定额是按照每根柱子内焊接两根主筋编制的，当焊接主筋超过两根时，可按照比例调整定额人工费、材料费、机械费。防雷均压环是利用建筑物梁内主筋作为防雷接地连接线考虑的，每一梁内按焊接两根主筋编制，当焊接主筋数超过两根时，可按比例调整定额人工、材料、机械费。采用单独扁钢或圆钢明敷设作为均压环时，可执行户内接地母线敷设相应定额。

7）利用铜绞线作为接地引下线时，其配管、穿铜绞线执行同规格配管、配线相应定额。

8）高层建筑物屋顶防雷接地装置安装应执行避雷网安装定额。避雷网安装沿折板支架敷设定额包括了支架制作与安装，不得另行计算。电缆支架的接地线安装执行"户内接地母线敷设"定额。

9）"防雷与接地装置安装工程"定额不包括固定防雷接地设施所用的预制混凝土块制作（或购置混凝土块）与安装费用。工程实际发生时，执行《湖北省房屋建筑与装饰工程消耗量定额及全费用基价表》相应项目。

3. 工程量计算规则

1）避雷针制作根据材质及针长，按照设计图示安装成品数量以"根"为计量单位。

2）避雷针、避雷小短针安装根据安装地点及针长，按照设计图示安装成品数量以"根"为计量单位。

3) 独立避雷针安装根据安装高度,按照设计图示安装成品数量以"基"为计量单位。

4) 避雷引下线敷设根据引下线采取的方式,按照设计图示敷设数量以"m"为计量单位。

5) 断接卡子制作与安装按照设计规定装设的断接卡子数量以"套"为计量单位。检查井内接地的断接卡子安装按照每井一套计算。

6) 均压环敷设长度按照设计需要作为均压接地梁的中心线长度以"m"为计量单位。

7) 接地极制作安装根据材质与土质,按照设计图示安装数量以"根"为计量单位。接地极长度按照设计长度计算,设计无规定时,每根按照2.5m计算。

8) 避雷网、接地母线敷设按照设计图示敷设数量以"m"为计量单位。计算长度时,按照设计图示水平和垂直规定长度的3.9%计算附加长度(包括转弯、上下波动、避绕障碍物、搭接头等长度),当设计有规定时,按照设计规定计算。

9) 接地网测试。具体如下:

① 工程项目连成一个母网时,按照一个系统计算测试工程量;单项工程或单位工程自成母网、不与工程项目母网相连的独立接地网,单独计算一个系统测试工程量。

② 工厂、车间、大型建筑群各自有独立的接地网(按照设计要求),在最后将各接地网连在一起时,需要根据具体的测试情况计算系统测试工程量。

5.2.10 电压等级≤10kV架空线路输电工程施工图预算的编制要点

1. 定额适用范围

10kV以下架空配电线路包括工地运输工程、杆(塔)位辅助工程、基础与地基工程、杆及塔组立、横担与绝缘子安装、拉线制作安装、架线工程、杆上变配电设备安装等项目。定额中已包括需要搭拆脚手架的费用,执行定额时不做调整。

2. 有关说明

1) 计价中,全线地形分几种类型时,可按各种类型长度所占百分比求出综合系数进行计算。

2) 导线跨越架设。具体如下:

① 每个跨越间距均按50m以内考虑,大于50m而小于100m时按2处计算,以此类推。

② 在同跨越档内,有多种(或多次)跨越物时,应根据跨越物种类分别执行定额。

③ 跨越定额仅考虑因跨越而多耗用的人工、材料和机械台班,在计算架线工程量时,不扣除跨越档的长度。

3) 地形划分的特征。

平地:地形比较平坦、开阔,地面比较干燥(土质含水率≤40%)的地带。

丘陵:地形有起伏的矮岗、土丘等地带。

一般山地:指一般山岭或沟谷地带、高原台地等。

泥沼地带:指经常积水的田地或泥水淤积的地带。

5.2.11 配管工程和配线工程施工图预算的编制要点

1. 定额适用范围

配管工程和配线工程包括电气工程中不同材质、不同敷设方式的配管、线槽、桥架敷设,管内穿线、绝缘子配线、线槽配线、塑料护套线明敷设、车间配线、接线箱安装、接线盒安装、盘（柜、箱、板）配线等项目。

2. 有关说明

1）配管定额中钢管材质是按照镀锌钢管考虑的，焊接钢管敷设执行镀锌钢管定额，定额不包括采用焊接钢管刷油漆、刷防火漆或防火涂料、管外壁防腐保护以及接线箱、接线盒、支架的制作与安装。焊接钢管刷油漆、刷防火漆或涂防火涂料、管外壁防腐保护执行《湖北省通用安装工程消耗量定额及全费用基价表 第十二册 刷油、防腐蚀、绝热工程》相应定额；接线箱、接线盒安装执行《湖北省通用安装工程消耗量定额及全费用基价表》第四册《电气设备安装工程》第十三章"配线工程"相关定额；支架的制作与安装执行《湖北省通用安装工程消耗量定额及全费用基价表 第四册 电气设备安装工程》第七章"金属构件、穿墙套板安装工程"相应定额。

2）工程采用镀锌电线管时，执行镀锌钢管定额；镀锌电线管主材费按照镀锌钢管用量另行计算。

3）工程采用扣压式薄壁钢导管（KBG）时，执行套接紧定式镀锌钢导管（JDG）定额；计算管材主材费时，应包括管件费用。

4）管内穿线定额包括扫管、穿线、焊接包头；绝缘子配线定额包括埋螺钉、钉木楞、埋穿墙管、安装绝缘子、配线、焊接包头；线槽配线定额包括清扫线槽、布线、焊接包头；导线明敷设定额包括埋穿墙管、安装瓷通、安装街码、上卡子、配线、焊接包头。

5）照明线路中导线截面面积>6mm² 时，执行"穿动力线"相应的定额。

3. 工程量计算规则

1）配管敷设根据配管材质与直径，区别敷设位置、敷设方式，按照设计图示安装数量以"m"为计量单位。计算长度时，不计算安装损耗量，不扣除管路中的接线箱、接线盒、灯头盒、开关盒、插座盒、管件等所占长度。

2）管内穿线根据导线材质与截面面积，区别照明线与动力线，按照设计图示安装数量以"10m"为计量单位；管内穿多芯软导线根据软导线芯数与单芯软导线截面面积，按照设计图示安装数量以"10m"为计量单位。管内穿线的线路分支接头线长度已综合考虑在定额中，不得另行计算。

3）绝缘子配线根据导线截面面积，区别绝缘子形式（针式、鼓形、碟式）、绝缘子配线位置（沿屋架、梁、柱、墙，跨屋架、梁、柱、木结构、顶棚内、砖、混凝土结构，沿钢支架及钢索），按照设计图示安装数量以"10m"为计量单位。当绝缘子暗配时，计算引下线工程量，其长度从线路支持点计算至天棚下缘距离。

4）线槽配线根据导线截面面积，按照设计图示安装数量以"10m"为计量单位。

5.2.12 照明器具安装工程施工图预算的编制要点

1. 定额适用范围

照明器具安装工程包括普通灯具、装饰灯具、荧光灯具、嵌入式地灯、工厂灯、医院灯具、霓虹灯、景观灯的安装，开关、按钮、插座的安装，艺术喷泉照明系统安装，太阳光导入照明系统安装等内容。

2. 有关说明

1）灯具引导线是指灯具吸盘到灯头的连线，除注明者外，均按照灯具自备考虑。当引导线需要另行配置时,其安装费不变,主材费另行计算。

2) 投光灯、氙气灯、烟囱或水塔指示灯的安装定额考虑了超高安装(操作超高)因素;装饰灯具安装定额考虑了超高安装因素和脚手架搭拆费用。其他照明器具的安装高度>5m时,按照《湖北省通用安装工程消耗量定额及全费用基价表 第四册 电气设备安装工程》"册说明"中的规定另行计算操作高度增加费。

3) 吊式艺术装饰灯具的灯体直径为装饰灯具的最大外缘直径,灯体垂吊长度为灯座底部到灯梢之间的总长度。

4) 吸顶式艺术装饰灯具的灯体直径为吸盘最大外缘直径,灯体半周长为矩形吸盘的半周长,灯体垂吊长度为吸盘到灯梢之间的总长度。

5) 照明灯具安装除特殊说明外,均不包括支架制作安装。工程实际发生时,执行"金属构件、穿墙套板安装工程"相应定额。

6) 定额包括灯具组装、安装、利用摇表测量绝缘及一般灯具的试亮工作。

7) 小区路灯安装执行《湖北省市政工程消耗量定额及全费用基价表》相应定额,成品小区路灯基础安装包括基础土方施工、现浇混凝土基础等执行《湖北省建设工程公共专业消耗量定额及全费用基价表》相应定额。

8) 普通灯具安装定额适用范围见表5-3。

表5-3 普通灯具安装定额适用范围

定额名称	灯具种类
圆球吸顶灯	材质为玻璃、塑料等独立的半圆球吸顶灯、扁圆罩吸顶灯、平圆形吸顶灯
方形吸顶灯	材质为玻璃、塑料等独立的矩形罩吸顶灯、方形罩吸顶灯、大口方罩吸顶灯
软线吊灯	材质为玻璃、塑料等独立的,利用软线为垂吊材料的各式吊线灯
吊链灯	材料为玻璃、塑料等独立的,利用吊链作为辅助悬吊材料的各式吊链灯
防水吊灯	一般防水吊灯
一般弯脖灯	圆球弯脖灯、风雨壁灯
一般墙壁灯	各种材质的一般壁灯、镜前灯
软线吊灯头	一般吊灯头
声光控座灯头	一般声控、光控座灯头
座头灯	一般塑料、瓷质座灯头

3. 工程量计算规则

1) 普通灯具安装根据灯具种类、规格,按照设计图示安装数量以"套"为计量单位。

2) 吊式艺术装饰灯具安装根据装饰灯具示意图所示,区别不同装饰物以及灯体直径和灯体垂吊长度,按照设计图示安装数量以"套"为计量单位。

3) 吸顶式艺术装饰灯具安装根据装饰灯具示意图所示,区别不同装饰物、吸盘几何形状、灯体直径、灯体周长和灯体垂吊长度,按照设计图示安装数量以"套"为计量单位。

5.2.13 电气设备调试工程施工图预算编制要点

1. 定额适用范围

电气设备调试工程包括发电、输电、配电、太阳能光伏电站、用电工程中电气设备的分系统调试、整套启动调试、特殊项目测试与性能验收试验内容。电动机负载调试定额包括带负载设备的空转、分系统调试期间电动机调试工作。

2. 有关说明

1）调试定额是按照现行的发电、输电、配电、用电工程启动试运及验收规程进行编制的，标准与规程未包括的调试项目和调试内容所发生的费用，应结合技术条件及相应的规定另行计算。

2）调试定额中已经包括熟悉资料、编制调试方案、核对设备、现场调试、填写调试记录、保护整定值的整定、整理调试报告等工作内容。

3）本章定额所用到的电源是按照永久电源编制的，定额中不包括调试与试验所消耗的电量，其电费已包含在其他费用（甲方费用）中。当工程需要单独计算调试与试验电费时，应按照实际表计电量计算。

4）输配电装置系统调试中电压等级≤1kV 的定额适用于所有低压供电回路，如从低压配电装置至分配电箱的供电回路（包括照明供电回路）；从配电箱直接至电动机的供电回路已经包括在电动机的负载系统调试定额内。凡供电回路中带有仪表、继电器、电磁开关等调试元件（不包括刀开关、保险器）的，均按照调试系统计算。输配电设备系统调试包括系统内的电缆试验、绝缘耐压试验等调试工作。桥形接线回路中的断路器、母线分段接线回路中断路器均作为独立的供电系统计算。配电箱内只有开关、熔断器等不含调试元件的供电回路，则不再作为调试系统计算。

5）定额是按照新的且合格的设备考虑的。当调试经更换修改的设备、拆迁的旧设备时，定额人工、材料、机械乘以系数 1.15。

6）发电机、变压器、母线、线路的分系统调试中均包括了相应保护调试，"保护装置系统调试"定额适用于单独调试保护系统。

7）调试带负荷调压装置的电力变压器时，调试定额人工、材料、机械乘以系数 1.12；三线圈变压器、整流变压器、电炉变压器调试按照同容量的电力变压器调试定额人工、材料、机械乘以系数 1.2。

8）3~10kV 母线系统调试定额中包含一组电压互感器，电压等级≤1kV 母线系统调试定额中不包含电压互感器，定额适用于低压配电装置的各种母线（包括软母线）的调试。

3. 工程量计算规则

1）电气调试系统根据电气布置系统图，结合调试定额的工作内容进行划分，按照定额计量单位计算工程量。

2）电气设备常规试验不单独计算工程量，特殊项目的测试与试验根据工程需要按照实际数量计算工程量。

3）一般民用建筑电气工程中，户用配电箱供电不计算系统调试费。电量计量表一般是由供应单位经有关检验校验后进行安装，不计算调试费。

4）具有较高控制技术的电气工程（包括照明工程中由程控调光的装饰灯具），应按照控制方式计算系统调试工程量。

5）成套开闭所根据开关间隔单元数量，按照成套的单个箱体数量计算工程量。

6）成套箱式变电站根据变压器容量，按照成套的单个箱体数量计算工程量。

7）配电智能系统调试根据间隔数量，以"系统"为计量单位。一个站点为一个系统。一个柱上配电终端若接入主（子）站，可执行两个以下间隔的分系统调试定额，若就地保护则不能执行系统调试定额。

5.3 电气设备安装工程工程量清单的编制要点

5.3.1 变压器安装工程工程量清单的编制要点

1. 清单项目设置

变压器安装工程工程量清单项目设置（部分）见表5-4。

表5-4 变压器安装工程工程量清单项目设置（部分）（编码：030401）

项目编码	项目名称	项目特征	计量单位	工程量计算规则	工程内容
030401001	油浸电力变压器	1. 名称 2. 型号 3. 容量/(kV·A) 4. 电压/kV 5. 油过滤要求 6. 干燥要求 7. 基础型钢形式、规格 8. 网门、保护门材质、规格	台	按设计图示数量计算	1. 本体安装 2. 基础型钢制作、安装 3. 油过滤 4. 干燥 5. 接地 6. 网门、保护门制作、安装 7. 补刷（喷）油漆
030401002	干式变压器	1. 名称 2. 型号 3. 容量/(kV·A) 4. 电压/kV 5. 油过滤要求 6. 干燥要求 7. 基础型钢形式、规格 8. 网门、保护门材质、规格 9. 温控箱型号、规格	台	按设计图示数量计算	1. 本体安装 2. 基础型钢制作、安装 3. 温控箱安装 4. 接地 5. 网门、保护门制作、安装 6. 补刷（喷）油漆
030401005	有载调压变压器	1. 名称 2. 型号 3. 容量/(kV·A) 4. 电压/kV 5. 油过滤要求 6. 干燥要求 7. 基础型钢形式、规格 8. 网门、保护门材质、规格	台	按设计图示数量计算	1. 本体安装 2. 基础型钢制作、安装 3. 油过滤 4. 干燥 5. 网门、保护门制作、安装 6. 补刷（喷）油漆

2. 清单工程量计算

按设计图示数量，区别不同容量以"台"计算。

【例5-1】 某工程的设计图示需要安装4台变压器，分别为：①油浸电力变压器S9-1000kV·A/10kV 2台。并且需要进行干燥处理，其绝缘油需要过滤，变压器绝缘油的过滤量为750kg。基础型钢为10#槽钢，共20m；②空气自冷干式变压器SG10-400kV·A/10kV 1台，基础型钢为10#槽钢，共10m；③有载调压电力变压器SZ9-800kV·A/10kV 1台，基础型钢为 10# 槽钢，共 15m。

试编制变压器安装分部分项工程量清单。

【解】变压器安装分部分项工程量清单见表 5-5。

表 5-5 变压器安装分部分项工程量清单

序号	项目编码	项目名称	计量单位	工程数量
1	030401001001	油浸电力变压器安装 S9-1000kV·A/10kV 1. 需要进行干燥处理 2. 绝缘油需要过滤 750kg/台 3. 10# 基础槽钢制作安装 10m	台	2
2	030401002001	空气自冷干式变压器 SG10-400kV·A/10kV 10# 基础槽钢制作安装 10m	台	1
3	030401005001	有载调压电力变压器 SZ9-800kV·A/10kV 10# 基础槽钢制作安装 15m	台	1

5.3.2 配电装置安装工程工程量清单的编制要点

1. 清单项目设置

配电装置安装工程工程量清单项目设置（部分）见表 5-6。

表 5-6 配电装置安装工程量清单项目设置（部分）（编码：030402）

项目编码	项目名称	项目特征	计量单位	工程量计算规则	工程内容
030402001	油断路器	1. 名称 2. 型号 3. 容量/A 4. 电压等级/kV 5. 安装条件	台	按设计图示数量计算	1. 本体安装、调试 2. 基础型钢制作、安装 3. 油过滤 4. 补刷（喷）油漆 5. 接地
030402003	SF₆ 断路器	6. 操作机构名称及型号 7. 基础型钢规格 8. 接线材质、规格 9. 安装部位 10. 油过滤要求			1. 本体安装、调试 2. 基础型钢制作、安装 3. 补刷（喷）油漆 4. 接地
030402007	负荷开关	1. 名称 2. 型号 3. 容量/A 4. 电压等级/kV 5. 安装条件 6. 操作机构名称及型号 7. 接线材质、规格 8. 安装部位	组		1. 本体安装、调试 2. 补刷（喷）油漆 3. 接地

(续)

项目编码	项目名称	项目特征	计量单位	工程量计算规则	工程内容
030402011	干式电抗器	1. 名称 2. 型号 3. 规格 4. 质量 5. 安装部位 6. 干燥要求	组	按设计图示数量计算	1. 本体安装 2. 干燥

设置清单项目时需注意以下几点：

1）在项目特征中，有一特征为"质量"，该"质量"是规范对"重量"的规范用语，它不是表示设备质量的优良或合格，而指设备的自重。

2）油断路器、SF_6断路器等清单项目描述时，一定要说明SF_6气体是否设备带有绝缘油，以便计价时确定是否计算此部分费用。

3）设备安装如果有地脚螺栓者，清单中应注明是由土建预埋还是由安装者浇筑，以便确定是否计算二次灌浆费用（包括抹面）。

4）绝缘油过滤的描述和过滤油量的计算参照"变压器安装"的绝缘油过滤的相关内容。

5）高压设备的安装没有综合绝缘台安装。如果设计有此要求，其内容一定要表述清楚，避免漏项。

2. 清单工程量计算

均按设计图示数量计算。

5.3.3 母线安装工程工程量清单的编制要点

1. 清单项目设置

母线安装工程工程量清单项目设置（部分）见表5-7。

表5-7 母线安装工程量清单项目设置（部分）（编码：030403）

项目编码	项目名称	项目特征	计量单位	工程量计算规则	工程内容
030403001	软母线	1. 名称 2. 材质 3. 型号 4. 规格 5. 绝缘子类型、规格	m	按设计图示尺寸以单相长度计算（含预留长度）	1. 母线安装 2. 绝缘子耐压试验 3. 跳线安装 4. 绝缘子安装

(续)

项目编码	项目名称	项目特征	计量单位	工程量计算规则	工程内容
030403008	重型母线	1. 名称 2. 型号 3. 规格 4. 容量/A 5. 材质 6. 绝缘子类型、规格 7. 伸缩器及导板规格	t	按设计图示尺寸以质量计算	1. 母线制作、安装 2. 伸缩器及导板制作、安装 3. 支承绝缘子安装 4. 补刷（喷）油漆

2. 清单工程量计算

1）重型母线按设计图示尺寸以质量计算，其余均为按设计图示尺寸以单线长度计算。

2）有关预留长度，在做清单项目综合单价时，按设计要求或施工及验收规范的规定长度一并考虑。

3）清单的工程量为实体的净值，其损耗量由报价人根据自身情况而定。无论是报价适宜还是做标底，在参考定额时，要注意主要材料及辅材的消耗量在定额中的有关规定。如母线安装定额中没有包括主辅材的消耗量。

5.3.4 控制设备及低压电器安装工程工程量清单的编制要点

1. 清单项目设置

控制设备及低压电器安装工程工程量清单项目设置（部分）见表5-8。

表5-8 控制设备及低压电器安装工程工程量清单项目设置（部分）（编码：030404）

项目编码	项目名称	项目特征	计量单位	工程量计算规则	工程内容
030404001	控制屏	1. 名称 2. 型号 3. 规格 4. 种类 5. 基础型钢形式、规格 6. 接线端子材质、规格 7. 端子外部接线材质、规格 8. 小母线材质、规格 9. 屏边规格	台	按设计图示数量计算	1. 本体安装 2. 基础型钢制作、安装 3. 端子板安装 4. 焊、压接线端子 5. 盘柜配线、端子接线 6. 小母线安装 7. 屏边安装 8. 补刷（喷）油漆 9. 接地
030404017	配电箱	1. 名称 2. 型号 3. 规格 4. 基础型钢形式、材质、规格 5. 接线端子材质、规格 6. 端子外部接线材质、规格 7. 安装方式	台	按设计图示数量计算	1. 本体安装 2. 基础型钢制作、安装 3. 焊、压接线端子 4. 补刷（喷）油漆 5. 接地

设置清单项目时需注意以下几点：

1) 清单项目描述时，各种铁构件如需镀锌、镀锡、喷塑等，须予以描述，以便计价。

2) 凡导线进出屏、柜、箱、低压电器的，该清单项目描述时均应描述是否要焊、压接线端子。而电缆进出屏、柜、箱、低压电器的，可不描述焊、压接线端子，因为已综合在电力电缆头的清单项目中。

3) 凡需要做盘（屏、柜）配线的，清单项目必须予以描述。

2. 清单工程量计算

1) 均按设计图示数量计算。

2) 盘、柜、屏、箱等进出线的预留量（按设计要求或施工及验收规范规定的长度）均不作为实物但必须在综合单价中体现。

【例 5-2】 某工程设计内容中，安装 1 台控制屏，该屏为成品，内部配线已配好，设计要求需做基础槽钢和进出的接线。试编制控制屏安装分部分项工程量清单。

控制屏安装分部分项工程量清单见表 5-9。

表 5-9 控制屏安装分部分项工程量清单

序号	项目编码	项目名称	计量单位	工程数量
1	030404001001	控制屏安装 基础槽钢制作、安装 焊、压接线端子	台	1

5.3.5 电缆安装工程工程量清单的编制要点

1. 清单项目设置

电缆安装工程工程量清单项目设置（部分）见表 5-10。

表 5-10 电缆安装工程工程量清单项目设置（部分）（编码：030408）

项目编码	项目名称	项目特征	计量单位	工程量计算规则	工程内容
030408001	电力电缆	1. 名称 2. 型号 3. 规格 4. 材质 5. 敷设方式、部位 6. 电压等级/kV 7. 地形	m	按设计图示尺寸以长度计算（含预留长度及附加长度）	1. 电缆敷设 2. 揭（盖）盖板
030408003	电缆保护管	1. 名称 2. 材质 3. 规格 4. 敷设方式	m	按设计图示尺寸以长度计算	保护管敷设
030408004	电缆槽盒	1. 名称 2. 材质 3. 规格 4. 型号			槽盒安装
030408005	铺砂、盖保护板（砖）	1. 种类 2. 规格			1. 铺砂 2. 盖板（砖）

(续)

项目编码	项目名称	项目特征	计量单位	工程量计算规则	工程内容
030408006	电力电缆头	1. 名称 2. 型号 3. 规格 4. 材质、类型 5. 安装部位 6. 电压等级/kV	个	按设计图示数量计算	1. 电力电缆头制作 2. 电力电缆头安装 3. 接地

设置清单项目时需注意以下几点：

1) 电缆安装项目的规格是指电缆截面；电缆保护管敷设项目的规格是指管径。

2) 电缆沟土方工程量清单按《房屋建筑与装饰工程工程量计算规范》（GB 50854—2013）附录 A 设置编码。项目表述时，要表明沟的平均深度、土质和铺砂盖砖的要求。

3) 电缆安装需要综合的项目，一定要描述清楚。如工程内容一栏所示：揭（盖）盖板；电缆敷设；电力电缆头制作、安装；保护管敷设；槽盒安装；铺砂；盖板；接地等。

2. 清单工程量计算

1) 电缆按设计图示单根尺寸计算（含预留长度及附加长度），电缆敷设尺度、波形弯度、交叉的预留（附加）长度一般按电缆全长的 2.5% 计算。

2) 电力电缆头按设计图示数量计算。

3) 电缆敷设中所有预留量，应按设计要求或规范规定的长度在综合单价中考虑。

【例 5-3】 建筑内某低压配电柜与配电箱之间的水平距离为 20m，配电线路采用五芯电力电缆 1kV-VV（3×25+2×16），在电缆沟内敷设，电缆沟的深度为 1m、宽度为 0.8m，配电柜为落地式，配电箱为悬挂嵌入式，箱底边距地面为 1.5m。试编制电力电缆分部分项工程量清单。

清单工程量：

20m（柜与箱的水平距离）+1m（柜底至沟底）+1m（沟底至地面）+1.5m（地面至箱底）= 23.5m

电力电缆分部分项工程量清单见表 5-11。

表 5-11 电力电缆分部分项工程量清单

序号	项目编码	项目名称	计量单位	工程数量
1	030408001001	电力电缆 1kV-VV（3×25+2×16）电缆沟盖盖板	m	23.5

5.3.6 防雷及接地装置工程工程量清单的编制要点

1. 清单项目设置

防雷及接地装置工程工程量清单项目设置见表 5-12。

表 5-12　防雷及接地装置工程工程量清单项目设置（编码：030409）

项目编码	项目名称	项目特征	计量单位	工程量计算规则	工作内容
030409001	接地极	1. 名称 2. 材质 3. 规格 4. 土质 5. 基础接地形式	根（块）	按设计图示数量计算	1. 接地极（板、桩）制作、安装 2. 基础接地网安装 3. 补刷（喷）油漆
030409002	接地母线	1. 名称 2. 材质 3. 规格 4. 安装部位 5. 安装形式	m	按设计图示尺寸以长度计算（含附加长度）	1. 接地母线制作、安装 2. 补刷（喷）油漆
030409003	避雷引下线	1. 名称 2. 材质 3. 规格 4. 安装部位 5. 安装形式 6. 断接卡子、箱材质、规格			1. 避雷引下线制作、安装 2. 断接卡子、箱制作、安装 3. 利用主钢筋焊接 4. 补刷（喷）油漆
030409004	均压环	1. 名称 2. 材质 3. 规格 4. 安装形式			1. 均压环敷设 2. 钢铝窗接地 3. 柱主筋与圈梁焊接 4. 利用圈梁钢筋焊接 5. 补刷（喷）油漆
030409005	避雷网	1. 名称 2. 材质 3. 规格 4. 安装形式 5. 混凝土块标号			1. 避雷网制作、安装 2. 跨接 3. 混凝土块制作 4. 补刷（喷）油漆
030409006	避雷针	1. 名称 2. 材质 3. 规格 4. 安装形式、高度	根		1. 避雷针制作、安装 2. 跨接 3. 补刷（喷）油漆
030409007	半导体少长针消雷装置	1. 型号 2. 高度	套	按设计图示数量计算	
030409008	等电位端子箱、测试板	1. 名称 2. 材质 3. 规格	台（块）		本体安装

(续)

项目编码	项目名称	项目特征	计量单位	工程量计算规则	工作内容
030409009	绝缘垫	1. 名称 2. 材质 3. 规格	m²	按设计图示尺寸以展开面积计算	1. 制作 2. 安装
030409010	浪涌保护器	1. 名称 2. 规格 3. 安装形式 4. 防雷等级	个	按设计图示数量计算	1. 本体安装 2. 接线 3. 接地
030409011	降阻剂	1. 名称 2. 类型	kg	按设计图示以质量计算	1. 挖土 2. 施放降阻剂 3. 回填土 4. 运输

设置清单项目时需注意以下几点：

1) 利用桩基础作接地极时，应描述桩台下桩的根数。
2) 利用柱筋作引下线的，一定要描述柱筋焊接根数。

2. 清单工程量计算

1) 接地母线、避雷引下线、避雷网均按设计图示尺寸以长度计算（含附加长度），附加长度包括转弯、上下波动、避绕障碍物、搭接头所占长度，按接地母线、引下线、避雷网全长的 3.9% 计算。

2) 接地极、避雷针等按设计图示数量计算。

5.3.7　10kV 以下架空配电线路工程工程量清单的编制要点

1. 清单项目设置

10kV 以下架空配电线路工程工程量清单项目设置（部分）见表 5-13。

接地母线工程量计算

表 5-13　10kV 以下架空配电线路工程工程量清单项目设置（部分）（编码：030410）

项目编码	项目名称	项目特征	计量单位	工程量计算规则	工程内容
030410001	电杆组立	1. 名称 2. 材质 3. 规格 4. 类型 5. 地形 6. 土质 7. 底盘、拉盘、卡盘规格 8. 拉线材质、规格、类型 9. 现浇基础类型、钢筋类型、规格、基础垫层要求 10. 电杆防腐要求	根（基）	按设计图示数量计算	1. 施工定位 2. 电杆组立 3. 土（石）方挖填 4. 底盘、拉盘、卡盘安装 5. 电杆防腐 6. 拉线制作、安装 7. 现浇基础、基础垫层 8. 工地运输

(续)

项目编码	项目名称	项目特征	计量单位	工程量计算规则	工程内容
030410003	导线架设	1. 名称 2. 型号 3. 规格 4. 地形 5. 跨越类型	km	按设计图示尺寸以单线长度计算（含预留长度）	1. 导线架设 2. 导线跨越及进户线架设 3. 工地运输

设置清单项目时需注意以下几点：

1）在电杆组立的项目特征中，材质指电杆的材质，如木电杆还是混凝土电杆；规格指杆长；类型指单杆、接腿杆、撑杆。

2）在导线架设的项目特征中，导线的型号表示材质，如铝导线还是铜导线；规格是指导线的截面。

3）杆坑挖填土清单项目按《房屋建筑与装饰工程工程量计算规范》的附录A规定设置、编码。

4）在需要时，对杆坑的土质情况、沿途地形予以描述。

2. 清单工程量计算

1）电杆组立按设计图示数量计算，导线架设按设计图示尺寸，以单根长度计算，计量单位为"km"。

2）架空线路的各种预留长度，按设计要求根据高压（转角预留2.5m，分支或终端预留2.0m）、低压（分支或终端预留0.5m，交叉跳线转角预留1.5m）与设备连线（预留0.5m）、进户线（预留2.5m）分别计算。

5.3.8 配管、配线工程工程量清单的编制要点

1. 清单项目设置

配管、配线工程工程量清单项目设置（部分）见表5-14。

表5-14 配管、配线工程工程量清单项目设置（部分）（编码：030411）

项目编码	项目名称	项目特征	计量单位	工程量计算规则	工程内容
030411001	配管	1. 名称 2. 材质 3. 规格 4. 配置形式 5. 接地要求 6. 钢索材质、规格	m	按设计图示尺寸以长度计算	1. 电线管路敷设 2. 钢索架设（拉紧装置安装） 3. 预留沟槽 4. 接地
030411002	线槽	1. 名称 2. 材质 3. 规格			1. 本体安装 2. 补刷（喷）油漆

(续)

项目编码	项目名称	项目特征	计量单位	工程量计算规则	工程内容
030411004	配线	1. 名称 2. 配线形式 3. 型号 4. 规格 5. 材质 6. 配线部位 7. 配线线制 8. 钢索材质、规格	m	按设计图示尺寸以单线长度计算（含预留长度）	1. 配线 2. 钢索架设（拉紧装置安装） 3. 支持体（夹板、绝缘子、槽板等）安装
030411005	接线箱	1. 名称 2. 材质 3. 规格 4. 安装形式	个	按设计图示数量计算	本体安装
030411006	接线盒				

设置清单项目时需注意以下几点：

1）在配管清单项目中，名称和材质有时是一体的，如穿焊接钢管敷设，"焊接钢管"既是名称，又代表了材质，它就是项目的名称。规格指管的直径，如SC25。配置形式在这里表示明配或暗配（明、暗敷设）。部位表示敷设位置：①砖、混凝土结构上；②钢结构支架上；③钢索上；④钢模板内；⑤吊棚内；⑥埋地敷设。

2）在配线工程中，清单项目名称要紧紧与配线形式连在一起，因为配线的方式会决定选用的导线，因此对配线形式的表述更显得重要。

配线形式有：①管内穿线；②瓷夹板或塑料夹板配线；③鼓形、针式、蝶式绝缘子配线；④木槽板或塑料槽板配线；⑤塑料护套线明敷设；⑥线槽配线。

电气配线项目特征中的"敷设部位或线制"也很重要。

敷设部位一般指：①木结构上；②砖、混凝土结构；③顶棚内；④支架或钢索上；⑤沿屋架、梁、柱；⑥跨屋架、梁、柱。

线制要在夹板和槽板配线中注明，因为同样长度的线路，由于两线制与三制主材导线的量就相差约30%。辅材也有差别，因此描述线制。

3）金属软管敷设不单独设清单项目，在相关设备安装或电机检查接线清单项目的综合单价中考虑。

4）根据配管工艺的需要和计量的连续性，规范的接线箱（盒）、拉线盒、灯位盒综合在配管工程中，关于接线盒、拉线盒的设置按施工及验收规范的规定执行。

2. 清单工程量计算

1）电气配管按设计图示尺寸以延长米计算。不扣除管路中间的接线箱（盒）、灯头盒、开关盒所占长度。

2）线槽按设计图示尺寸以延长米计算。

3）电气配线按设计图示尺寸以单线延长米计算。

4）在配线工程中，所有的预留量（指与设备连接）均应依据设计要求或施工及验收规范规定的长度在综合单价中考虑。

5）计算方法：

① 配管工程量计算。计算要领是从配电箱算起，沿各回路计算，或按建筑物自然层划分计算，或按建筑形状分片计算。

A. 水平方向敷设的线管，当沿墙暗敷设时，按相关墙轴线尺寸计算。沿墙明敷时，按相关墙面净空尺寸计算。

B. 在顶棚内敷设，或者在地坪内暗敷，可用比例尺斜量，或按设计定位尺寸计算。

C. 垂直方向敷设的线管，其工程量计算与楼层高度及箱、柜、盘、板、开关等设备安装高度有关。引下线管长度计算示意图如图5-1所示。

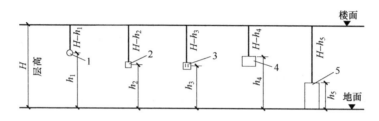

图5-1 引下线管长度计算示意图

1—拉线开关　2—开关　3—插座　4—配电箱或电度表　5—配电柜

② 管内穿线工程量计算。

$$管内穿线长度 = 配管长度 \times 同截面导线根数$$

【例5-4】 一栋7层建筑，各层层高为3.6m。图5-2和图5-3为该建筑6层某一房间的照明平面图和系统图。

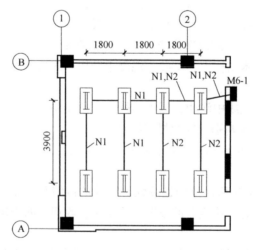

图5-2 照明平面图

图中：照明平面图比例为1∶100；灯具为2×40W双管荧光灯盘，采用嵌入式安装；照明配电箱箱底距楼面1.5m，暗装，箱外形尺寸为：宽×高×厚=430mm×280mm×90mm，配电

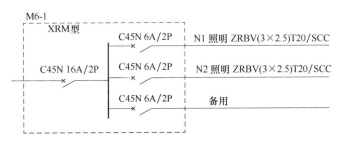

图 5-3 照明系统图

箱与最近的荧光灯的水平距离为 1500mm；吊顶内电线管的安装高度为 3.2m，垂直布管暗敷设在墙内。要求计算配管和管内穿线的清单工程量，并编制配管和管内穿线分部分项工程量清单。

【解】1. 配管清单工程量计算

(1) 电线管明敷设工程量计算

计算方法：

N1 回路电线管明敷设工程量 = 1.5m+1.8m×3+3.9m×2 = 14.7m

N2 回路电线管明敷设工程量 = 1.5m+1.8m+3.9m×2 = 11.1m

电线管明敷设工程量 = 14.7m+11.1m = 25.8m

(2) 电线管暗敷设工程量计算

电线管暗敷设工程量 = (3.2−1.5−0.28)m×2 = 2.84m

2. 管内穿线清单工程量计算

管内穿线工程量 = (25.8+2.84+0.43+0.28)m×3 = 88.05m

配管和管内穿线分部分项工程量清单见表 5-15。

表 5-15 配管和管内穿线分部分项工程量清单

序号	项目编码	项目名称	计量单位	工程数量
1	030411001001	电线管 吊顶内明敷设 支架制作、安装 接线盒、灯头盒式安装	m	25.8
2	030411001002	电线管 砖结构内暗敷设 刨沟槽	m	2.84
3	030411004001	管内穿线 ZRBV-2.5mm^3	m	88.05

5.3.9 照明器具安装工程工程量清单的编制要点

1. 清单项目设置

照明器具安装工程工程量清单项目设置（部分）见表 5-16。

表 5-16 照明器具安装工程工程量清单项目设置（部分）（编码：030412）

项目编码	项目名称	项目特征	计量单位	工程量计算规则	工程内容
030412001	普通灯具	1. 名称 2. 型号 3. 规格 4. 类型	套	按设计图示数量计算	本体安装
030412002	工厂灯	1. 名称 2. 型号 3. 规格 4. 安装形式			
030412005	荧光灯	1. 名称 2. 型号 3. 规格 4. 安装形式			

设置清单项目时需注意以下几点：

灯具没带引导线的，应予以说明，并提供报价依据。

2. 清单工程量计算

均按设计图示数量计算。

5.3.10 电气调整试验工程工程量清单的编制要点

1. 清单项目设置

电气调整试验工程工程量清单项目设置（部分）见表5-17。

表 5-17 电气调整试验工程工程量清单项目设置（部分）（编码：030414）

项目编码	项目名称	项目特征	计量单位	工程量计算规则	工程内容
030414001	电力变压器系统	1. 名称 2. 型号 3. 容量/(kV·A)	系统	按设计图示系统计算	系统调试
030414002	送配电装置系统	1. 名称 2. 型号 3. 电压等级/kV 4. 类型			
030414003	特殊保护装置	1. 名称 2. 类型	台（套）		调试

(续)

项目编码	项目名称	项目特征	计量单位	工程量计算规则	工程内容
030414011	接地装置	1. 名称 2. 类别	1. 系统 2. 组	1. 以系统计量，按设计图示系统计算 2. 以组计量，按设计图示数量计算	接地电阻测试

设置清单项目时需注意以下几点：

1）本部分内容的项目特征基本上是以系统名称或保护装置及设备本体名称来设置的。如变压器系统调试就以变压器的名称、型号、容量来设置。

2）供电系统的项目设置：1kV 以下和直流供电系统均以电压来设置，而 10kV 以下的交流供电系统则以供电用的负荷隔离开关、断路器和带电抗器分别设置。

3）特殊保护装置调试的清单项目按其保护名称设置，其他均按需要调试的装置或设备的名称设置。

4）调整试验项目是指一个系统的调整试验，它是由多台设备、组件（配件）、网络连在一起，经过调整试验才能完成某一特定的生产过程，这个工作（调试）无法综合考虑在某一实体（仪表、设备、组件、网络）上，因此不能用物理计量单位或一般的自然计量单位来计量，只能用"系统"为单位计量。

2. 清单工程量计算

按设计图示数量计算。

5.4 电气设备安装工程工程量清单计价实例

5.4.1 变压器安装工程工程量清单计价

在编制标底，或者施工单位参照《湖北省通用安装工程消耗量定额及全费用基价表》进行投标报价时，必须注意本节定额的有关说明（见本书 5.2.1 节有关说明）。防止计价时多算或少算，其要点如下：

1）单体调试包括熟悉施工图及相关资料、核对设备、填写试验记录、整理试验报告等工作内容。

① 变压器单体调试内容包括测量绝缘电阻、直流电阻、极性组别、电压变比、交流耐压及空载电流和空载损耗、阻抗电压和负载损耗试验；包括变压器绝缘油取样、简化试验、绝缘强度试验。

② 消弧线圈单体调试包括测量绝缘电阻、直流电阻和交流耐压试验；包括油浸式消弧线圈绝缘油取样、简化试验、绝缘强度试验。

2）绝缘油是按照设备供货考虑的。

3）非晶合金变压器、电工钢带变压器安装根据容量执行相应的油浸变压器安装定额。

【例 5-5】 以【例 5-1】的油浸式电力变压器 S9-1000kV·A/10kV 安装为例，参照《湖北省通用安装工程消耗量定额及全费用基价表》试计算该变压器清单项目的综合单价。

【解】1. 清单项目综合单价（表5-18）。

表5-18 分部分项工程量清单全费用综合单价计算表

工程名称：某电气安装工程　　　　　　　　　　　　　计量单位：台
项目编码：030401001001　　　　　　　　　　　　　　工程数量：2
项目名称：油浸式电力变压器 S9-1000kV·A/10kV 安装　　综合单价：6124.62 元/台

序号	定额编号	工程内容	单位	数量	综合单价组成（元）					小计（元）
					人工费	材料费	机械费	费用	增值税	
1	C4-1-3	油浸式电力变压器 S9-1000kV·A/10kV 安装	台	2	3083.98	596.70	1853.72	2769.56	747.36	9051.32
2	C4-1-34	变压器油过滤	t	1.5	348.78	258.70	370.01	403.22	124.27	1504.98
3	C4-7-1	基础槽钢制作、安装	m	20	280.60	93.30	7.60	161.60	48.87	591.97
	主材	10#槽钢	m	20.2		1010.00			90.9	1100.9
		合计			3713.36	1958.70	2231.33	3334.38	1011.46	12249.23
		单价			1856.68	979.35	1115.67	1667.19	505.70	6124.62

2. 综合单价计算

1) 人工费 = 1541.99 元/台×2 台+232.52 元/t×1.5t+14.03 元/m×20m
   = 3713.36 元。

2) 材料费 = 298.35 元/台×2 台+172.47 元/t×1.5t +4.66 元/m×20m+50 元/m×20m×1.01
   = 1958.70 元。

3) 机械费 = 926.86 元/台×2 台+246.73 元/t×1.5t+0.38 元/m×20m
   = 2231.33 元。

4) 费用 = 1384.78 元/台×2 台+268.81 元/t×1.5t+8.08 元/m×20m
   = 3334.38 元。

5) 增值税 = (456.72 元/台×2 台+101.26 元/t×1.5t+2.99 元/m×20m)÷11%×9%+
   1010 元×9% = 1011.46 元。

综合单价 = (3713.36 元+1958.70 元+2231.33 元+3334.38 元+1011.46 元)÷2 台
   = 6124.62 元/台

5.4.2 配电装置安装工程工程量清单计价

在参照《湖北省通用安装工程消耗量定额及全费用基价表》进行计价时，必须注意以下几点：

1) 设备所需的绝缘油、六氟化硫 SF_6 气体、液压油等均按设备带有考虑，也就是定额并不包括，如果工程量清单中注明设备没有自带，需承包商提供时，不能把这几项费用漏项。

2) 设备安装所需的地脚螺栓按土建预埋考虑，不包括二次灌浆。如果清单中注明是由安装单位浇筑，应计算二次灌浆费用（包括抹面）。

3）互感器安装定额是按单相考虑的，不包括抽芯及绝缘油过滤，特殊情况另做处理。

4）电抗器安装定额系统是按三相叠放、三相平放和二叠一平的安装方式综合考虑的。不论何种安装方式，均不做换算，一律执行《湖北省通用安装工程消耗量定额及全费用基价表　第四册　电气设备安装工程》定额。

5）高压成套配电柜安装定额是综合考虑的，不分容量大小，也不包括母线配制及设备干燥，发生时另执行《湖北省通用安装工程消耗量定额及全费用基价表　第四册　电气设备安装工程》相关定额。

6）定额不包括内容：端子箱安装、控制箱安装、设备支架制作及安装、绝缘油过滤、电抗器干燥、基础槽（角）钢安装、配电设备的端子板外部接线、预埋地脚螺栓、二次灌浆。

【例5-6】 根据表5-19计算该清单项目综合单价。

表5-19　分部分项工程量清单

工程名称：某综合楼电气安装工程

序号	项目编码	项目名称	计量单位	工程量
1	030404017001	落地式配电箱 XL—21 10#基础槽钢制作、安装 10m 2.5mm² 无端子接线 60 个 焊 16mm² 铜接线端子 25 个 压 70mm² 铜接线端子 30 个	台	5

【解】 查市场信息价 10#槽钢为 50 元/m，参照《湖北省通用安装工程消耗量定额及全费用基价表》定额消耗量及材料价格，该分部分项工程量清单综合单价见表5-20。

表5-20　分部分项工程量清单全费用综合单价计算表

工程名称：某综合楼电气安装工程　　　　　　　　　　计量单位：台
项目编码：030404017001　　　　　　　　　　　　　　工程数量：5
项目名称：落地式配电箱 XL-21 安装　　　　　　　　综合单价：2014.54 元/台

序号	定额编号	工程内容	单位	数量	人工费	材料费	机械费	费用	增值税	小计（元）
1	C4-2-74	落地式配电箱 XL-21 安装	台	5	1243.45	202.00	317.20	875.35	237.44	2875.44
2	C4-7-1	基础槽钢制作、安装	m	50	701.50	232.50	19	404.00	122.32	1479.32
	主材	10#槽钢	m	50.5		2525			227.25	2752.25
3	C4-4-14	2.5mm² 无端子外部接线	个	300	435.00	255.00		243.00	83.46	1016.46
4	C4-4-18	焊 16mm² 铜接线端子	个	125	238.75	158.75		133.75	48.07	579.32
5	C4-4-20	压 70mm² 铜接线端子	个	150	454.5	547.5		255	112.91	1369.91
		合计			3073.20	3920.75	336.2	1911.10	831.44	10072.69
		单价			614.64	784.15	67.24	382.22	166.29	2014.54

综合单价的计算过程如下：

1) 人工费 = 248.69 元/台×5 台 + 14.03 元/m×50m + 1.45 元/个×300 个 + 1.91 元/个×
125 个 + 3.03 元/个×150 个
= 3073.20 元。

2) 材料费 = 40.40 元/台×5 台 + 4.65 元/m×50m + 50 元/m×50m×1.01 + 0.85 元/个×
300 个 + 1.27 元/个×125 个 + 3.65 元/个×150 个
= 3920.75 元。

3) 机械费 = 63.44 元/台×5 台 + 0.38 元/m×50m = 336.20 元。

4) 费用 = 175.07 元/台×5 台 + 8.08 元/m×50m + 0.81 元/个×300 个 + 1.07 元/个×
125 个 + 1.70 元/个×150 个
= 1911.10 元。

5) 增值税 = (58.04 元/台×5 台 + 2.99 元/m×50m + 0.34 元/个×300 个 + 0.47 元/个×
125 个 + 0.92 元/个×150 个) ÷11%×9% + 2525 元×9%
= 831.44 元。

综合单价 = (3073.20 元 + 3920.75 元 + 336.20 元 + 1911.10 元 + 831.44 元) ÷5 台
= 2014.54 元/台

5.4.3 绝缘子母线安装工程工程量清单计价

工程量清单中的工程量为实体的净值，它不考虑设计要求或施工及验收规范规定的预留长度，也不考虑材料的施工损耗量。计价时必须一并考虑。施工损耗量因不同施工企业的施工方案和技术水平不同而不同，具有竞争性。

中介在编制标底，或者施工单位投标报价时可以参照《湖北省通用安装工程消耗量定额及全费用基价表》的定额消耗量。在参考定额时，要注意主要材料及辅材的消耗量在定额中的有关规定。有些主要材料在定额中没有编入消耗量，必须按定额附录的损耗率表执行。与本节相关的主要材料损耗率见表 5-21。

表 5-21 主要材料损耗率

序 号	材料名称	损耗率（%）
1	硬母线（包括钢、铝、铜；带形、管形、棒形、槽形）	2.3
2	裸软导线（包括铜、铝、钢、铜芯铝线）	1.3

表 5-20 中硬母线、用于母线的裸软导线，其损耗率中不包括为连接电气设备、器具而预留的长度，也不包括因各种弯曲（包括弧度）而增加的长度。这些长度在计价时应在预算工程量的基本长度中计算。预留长度见表 5-22 和表 5-23。

表 5-22 软母线安装预留长度 （单位：m/根）

项 目	耐张	跳线	引下线、设备连接线	设备连接线
预留长度	2.5	0.8	0.6	0.8

第 5 章 电气设备安装工程

表 5-23 硬母线配置安装预留长度 （单位：m/根）

序 号	项 目	预留长度	说 明
1	矩形、带形、槽形母线终端	0.3	从最后一个支持点算起
2	矩形、槽形、管形母线与分支线连接	0.5	分支线预留
3	矩形、槽形与设备连接	0.5	从设备端子接口算起
4	多片重型母线与设备连接	1.0	从设备端子接口算起

【例 5-7】 根据表 5-24 计算该清单项目综合单价。

表 5-24 分部分项工程量清单

序号	项目编码	项目名称	计量单位	工程数量
1	030403006001	低压封闭式插接母线槽 CFW-2-400 进、出分线箱 400A 3 台型钢支吊架制作安装 800kg，以上工作内容安装高度为 5m	m	300.5

【解】 1. 清单中的低压封闭式插接母线槽安装定额中没有包括主材的消耗量。假定该母线槽与设备相连，预留长度取 0.5m，母线槽单价为 500 元/m，型钢主材费用为 3400 元/1000kg。参照《湖北省通用安装工程消耗量定额及全费用基价表》的定额消耗量及材料价格，该项分部分项工程量清单综合单价见表 5-25。

表 5-25 分部分项工程量清单全费用综合单价计算表

工程名称：某综合楼电气安装工程　　　　　　　　计量单位：m
项目编码：030403006001　　　　　　　　　　　　工程数量：300.5
项目名称：低压封闭式插接母线槽 CFW-2-400　　　综合单价：685.01 元/m

序号	定额编号	工程内容	单位	数量	人工费	材料费	机械费	费用	增值税	小计（元）
1	C4-3-108	低压封闭式插接母线槽安装 CFW-2-400 安装	m	300.5	6136.21	6971.60	1202	4116.85	1659.58	20086.24
	主材	母线槽	m	300.5		150250			13522.5	163772.5
2	C4-7-10	支架制作	100kg	8	6113.92	738.08	148.32	3512.48	946.15	11458.95
	主材	型钢	kg	748.8		2545.92			229.13	2775.05
3	C4-7-11	支架安装	100kg	8	3964.88	923.04		2223.92	640.08	7751.92
		合计			16215.01	161428.64	1350.32	9853.25	16997.44	205844.66
		单价			53.96	537.20	4.49	32.79	56.56	685.01

2. 综合单价计算过程

1) 人工费 = 20.42 元/m×300.5m + 764.24 元/100kg×800kg + 495.61 元/100kg×
　　　　　800kg÷100

= 16215.01 元。

2）材料费 = 23.20 元/m×300.5m+500 元/m×300.5m×1.00+92.26 元/100kg×800kg+3400 元/1000kg×800kg×93.60kg/100kg+115.38 元/100kg×800kg
= 161428.64 元。

3）机械费 = 4.00 元/m×300.5m +18.54 元/100kg×800kg
= 1350.32 元。

4）费用 = 13.70 元/m×300.5m +439.06 元/100kg×800kg+277.99 元/100kg×800kg
= 9853.25 元。

5）增值税 = （6.75 元/m×300.5m +144.55 元/100kg×800kg+97.79 元/100kg×800kg）÷11%×9%+（150250+2545.92）元×9%
= 16997.44 元。

综合单价 = （16215.01 元+161428.64 元+1350.32 元+9853.25 元+16997.44 元）÷300.5m
= 685.01 元/m

综合单价包括了为完成该低压封闭式插接母线槽安装的全部工作内容所需的分部分项工程单价。在套用《湖北省通用安装工程消耗量定额及全费用基价表》时，必须注意以下几点：

1）绝缘子、母线安装工程定额不包括支架、铁构件的制作、安装。发生时执行《湖北省通用安装工程消耗量定额及全费用基价表 第四册 电气设备安装》中"金属构件、穿墙套板安装工程"相应定额。

2）软母线、带形母线、槽形母线的安装定额内不包括母线、金具、绝缘子等主材。具体可按设计数量加损耗计算。

3）组合软导线安装定额不包括两端铁构件制作、安装和支持瓷瓶、带形母线的安装，发生时应执行《湖北省通用安装工程消耗量定额及全费用基价表 第四册 电气设备安装》中"金属构件、穿墙套板安装工程"相应定额。其跨距是按标准跨距综合考虑的，如实际跨距与定额不符时，不做换算。

4）软母线安装定额是按单串绝缘子考虑的，如设计为双串绝缘子，其定额人工费乘以系数 1.14。

5）软母线的引下线、跳线、设备连线均按导线截面分别执行定额，不区分引下线、跳线和设备连接。

6）矩形钢母线安装执行铜母线安装定额。

7）矩形母线伸缩节头和铜过渡板安装定额是按照成品安装编制，定额不包括加工配制及主材费。

8）矩形母线、槽形母线安装定额不包括支持瓷瓶安装和钢构件配置安装，工程实际发生时，执行相应定额。

9）高压共箱式母线和低压封闭式插接母线槽均按制造厂供应的成品考虑，定额只包含现场安装。

5.4.4 配电控制保护、直流装置安装工程工程量清单计价

在编制标底或投标报价时，必须正确处理工程量清单的"实物工程量"与"预算量"的关系。前面多次提到工程量清单的工程数量不考虑施工损耗及按规范应该增加的预留量，

而计价时必须把盘、柜、屏、箱等进出线的预留量（按设计要求或施工及验收规范规定的长度）以及施工损耗考虑进去，必须在综合单价中体现。盘、柜、屏、箱的外部进出线的预留长度见表5-26。

表5-26　盘、柜、屏、箱的外部进出线的预留长度　　　　（单位：m/根）

序号	项　　　　目	预留长度	说　　　明
1	各种箱、柜、盘、板、盒	高+宽	盘面尺寸
2	单独安装的铁壳开关、自动开关、刀开关、启动器、箱式电阻器、变阻器	0.5	从安装对象中心算起
3	继电器、控制开关、信号灯、按钮、熔断器等小电器	0.3	从安装对象中心算起
4	分支接头	0.2	分支线预留

5.4.5　配电、输电电缆敷设工程工程量清单计价

在参照《湖北省通用安装工程消耗量定额及全费用基价表》进行配电、输电电缆敷设工程清单报价时，需要注意以下几个问题：

1）直埋电缆沟槽挖填根据电缆敷设路径，除特殊要求外，按照表5-27规定以"m^3"为计量单位。沟槽开挖长度按照电缆敷设路径长度计算。

表5-27　直埋电缆沟槽土石方挖填

项　　目	电缆根数	
	1~2根	每增1根
每米沟长挖方量/m^3	0.45	0.153

注：1. 2根电缆以内的电缆沟，按照上口宽度600mm、下口宽度400mm、深900mm计算常规土方量（深度按规范的最低标准）。
　　2. 电缆根数大于2根，每增加1根电缆，其宽度增加170mm。
　　3. 土石方量从自然地坪挖起，若挖深>900mm，按照开挖尺寸另行计算。

2）电缆沟揭、盖、移动盖板定额是按揭一次井盖或者移出一次并移回一次编制的，当实际施工需重复多次时，应按照实际次数乘以其长度，以"m"为计量单位。

3）电缆保护管敷设根据电缆敷设路径，应区别不同敷设方式、敷设位置、管材材质、规格，按照设计图示敷设数量以"m"为计量单位。计算电缆保护管长度时，设计无规定者按照以下规定增加保护管长度。

① 横穿马路时，按照路基宽度两端各增加2m。
② 保护管需要出地面时，弯头管口距地面增加2m。
③ 穿过建（构）筑物外墙时，从基础外缘起增加1m。
④ 穿过沟（隧）道时，从沟（隧）道壁外缘起增加1m。

4）电缆保护管地下敷设，其土石方量施工有设计图的，按照设计图计算；无设计图的，沟深按照0.9m计算，沟宽按照保护管边缘每边各增加0.3m工作面计算。

5）电缆桥架安装根据桥架材质与规格，按照设计图示安装数量，以"m"为计量单位。

6) 组合式桥架安装按照设计图示安装数量，以"片"为计量单位；电缆复合支架安装按照设计图示安装数量，以"副"为计量单位。

7) 电缆敷设根据电缆敷设环境与规格，按照设计图示单根敷设数量，以"m"为计量单位。

① 竖井通道内敷设电缆长度按照电缆敷设在竖井通道垂直高度以延长米计算工程量。

② 预制分支电缆敷设长度按照敷设主电缆长度计算工程量。

③ 计算电缆敷设长度时，应考虑因波形敷设、弛度、电缆绕梁（柱）所增加的长度以及电缆与设备连接、电缆接头等必要的预留长度。预留长度按照设计规定计算，设计无规定时按照表5-28的规定计算。

表5-28 电缆敷设附加长度计算

序号	项目	预留长度（附加）	说明
1	电缆敷设弛度、波形弯度、交叉	2.5%	按电缆全长计算
2	电缆进入建筑物	2.0m	规范规定最小值
3	电缆进入沟内或吊架时引上（下）预留	1.5m	规范规定最小值
4	变电所进线、出线	1.5m	规范规定最小值
5	电力电缆终端头	1.5m	检修余量最小值
6	电缆中间接头盒	两端各留2.0m	检修余量最小值
7	电缆进控制、保护屏及模拟盘等	高+宽	按盘面尺寸
8	高压开关柜及低压配电盘、柜	2.0m	盘下进出线
9	电缆至电动机	0.5m	从电机接线盒算起
10	厂用变压器	3.0m	从地坪算起
11	电缆绕过梁柱等增加长度	按实计算	按被绕物的断面情况计算增加长度
12	电梯电缆与电缆架固定点	每处0.5m	范围最小值

8) 电力电缆头制作安装根据电压等级与电缆头形式及电缆截面，控制电缆终端头制作安装根据控制电缆芯数，按照设计图示单根电缆接头数量以"个"为计量单位。

① 电力电缆和控制电缆均按照一根电缆有两个终端头计算。

② 电力电缆中间头按照设计规定计算；设计没有规定的以单根长度400m为标准，每增加400m计算一个中间头，增加长度<400m时计算一个中间头。

9) 电缆防火设施安装根据防火设施的类型及材料，按照设计用量分别以"m""m²""t""kg"计算工程量。

【例5-8】 某综合楼（一类工程）电气安装工程，需敷设铜芯电力电缆YJV22-4×120+1×70共150m，直接埋地敷设，其中埋地部分120m；土壤类别为二类土，沟槽深度为0.8m，底宽为0.4m，上口宽0.6m，电缆沟铺砂厚10cm，盖240mm×115mm×53mm红砖；户内干包式电力电缆终端头2个（电缆沟挖填土不计）；铜芯电缆YJV22-4×120+1×70市场信息价为242.60元/m，其余人工、计价材料、机械台班单价按《湖北省通用安装工程消耗量定额及全费用基价表》中的价格取定，计算该清单项目的综合单价。

【解】 电力电缆工程量=(150+1.5+1.5+2+1.5)m×(1+2.5%)=160.41m

电缆挖沟、填工程量 = $[1/2(0.4+0.6) \times 0.8 \times 120]\ m^3 = 48\ m^3$

参照《湖北省通用安装工程消耗量定额及全费用基价表》定额消耗量及材料价格，该分部分项工程量清单综合单价见表5-29~表5-32。

表5-29 分部分项工程量清单

工程名称：某综合楼电气安装工程

序号	项目编码	项目名称	计量单位	工程数量
1	010101003001	挖沟槽土方 1. 土壤类别：二类土 2. 挖土深度：0.8m	m^3	48
2	030408001001	电力电缆安装 1. 型号：铜芯电缆 2. 规格：YJV22-4×120+1×70 3. 敷设方式：直接埋地敷设	m	160.41
3	030408005001	铺砂、盖保护砖 1. 铺砂10cm厚； 2. 盖砖：240mm×115mm×53mm 红砖	m	120

表5-30 分部分项工程量清单全费用综合单价计算表（一）

工程名称：某综合楼电气安装工程　　　　　　　　　计量单位：m^3
项目编码：010101003001　　　　　　　　　　　　工程数量：48
项目名称：挖沟槽土方　　　　　　　　　　　　　　综合单价：32.44 元/m^3

序号	定额编号	工程内容	单位	数量	综合单价组成（元）					合计（元）
					人工费	材料费	机械费	费用	增值税	
1	G1-9	人工挖沟槽土方槽深≤2m	$10m^3$	4.8	990.05			438.38	128.56	1556.99
		合计			990.05			438.38	128.56	1556.99
		单价			20.63			9.13	2.68	32.44

表5-31 分部分项工程量清单全费用综合单价计算表（二）

工程名称：某综合楼电气安装工程　　　　　　　　　计量单位：m
项目编码：030408001001　　　　　　　　　　　　工程数量：160.41
项目名称：YJV22-4×120+1×70 铜芯电缆敷设　　　　综合单价：281.59 元/m

序号	定额编号	工程内容	单位	数量	综合单价组成（元）					合计（元）
					人工费	材料费	机械费	费用	增值税	
1	C4-9-107	直埋式电力电缆敷设电缆	10m	16.04	1031.37	196.49	213.49	698.22	192.53	2332.1
	主材	铜芯电缆	m	162.00		39301.2			3537.11	42838.31
		合计			1031.37	39497.69	213.49	698.22	3729.64	45170.41
		单价			6.43	246.23	1.33	4.35	23.25	281.59

表 5-32　分部分项工程量清单全费用综合单价计算表（三）

工程名称：某综合楼电气安装工程　　　　　　　　　计量单位：m
项目编码：030408005001　　　　　　　　　　　　　工程数量：120
项目名称：铺砂、盖砖电缆 1~2 根　　　　　　　　　综合单价：26.29 元/m

序号	定额编号	工程内容	单位	数量	综合单价组成（元）					合计（元）
					人工费	材料费	机械费	费用	增值税	
1	C4-9-1	铺砂、盖砖电缆 1~2 根	10m	12	484.80	2137.80		271.92	260.48	3155
		合计			484.80	2137.80		271.92	260.48	3155
		单价			4.04	17.82		2.27	2.17	26.29

5.4.6　防雷与接地装置安装工程工程量清单计价

由于接地装置及防雷装置的计量单位为"项"，计价时必须弄清每"项"所包含的工程内容。每"项"的综合单价，要包括特征和"工程内容"中所有的各项费用之和。

在参照《湖北省通用安装工程消耗量定额及全费用基价表》进行报价时，需要注意以下几点：

1) 接地母线、避雷网在清单中的工程量均为实物工程量，计价时预算工程量必须考虑附加长度（包括转弯、上下波动、避绕障碍物、搭接头等长度），附加比例可按 3.9%，计算主材费应另增加规定的损耗率（型钢损耗率为 5%）。

2) 户外接地母线敷设定包括地沟的挖填土和夯实工作。户外接地沟挖深为 0.75m，每米沟长的土方量为 $0.34m^3$。当设计要求埋深不同时，可按实际土方量计算调整。土质按一般土综合考虑的，如遇有石方、矿渣、积水、障碍等情况时可另行计算。

3) 防雷均压环安装定额是按利用建筑物圈梁主筋作为防雷接地连接线考虑的，焊接按 2 根主筋考虑，超过时可按比例调整。长度按设计需要做均压接地的圈梁中心线长度，以延长米计算。如果采用单独扁钢或圆钢明敷作均压环时，可执行"户内接地母线敷设"定额。

4) 利用建筑物柱子内主筋做接地引下线定额是按每一根柱子内里有 2 根主筋考虑的，连接方式采用焊接。

5) 柱子主筋与圈梁连接安装定额是按两根主筋与两根圈梁钢筋分别焊接考虑的，超过时可按比例调整。

6) 利用电缆、电线铜绞线作接地引下线时，配管、穿铜绞线执行《湖北省通用安装工程消耗量定额及全费用基价表　第四册　电气设备安装工程》中"配管工程"和"配线工程"中同规格的相应项目。

7) 避雷针的安装、半导体少长针消雷装置安装已经考虑了高空作业的因素。

8) 独立避雷针的加工制作执行《湖北省通用安装工程消耗量定额及全费用基价表　第四册　电气设备安装工程》中"一般铁构件"制作定额。

【例 5-9】　根据表 5-33 分部分项工程量清单，计算该清单项目综合单价。查询市场价，中厚钢板为 4250 元/1000kg，φ25 镀锌钢管为 14.37 元/m，镀锌扁钢接地母线-40mm×4mm 为 4850 元/1000kg。镀锌角钢 50mm×50mm×5mm 4800 元/1000kg。

第 5 章 电气设备安装工程

表 5-33 分部分项工程量清单

工程名称：某综合楼电气安装工程

序号	项目编码	项目名称	计量单位	工程数量
1	030409006001	钢管避雷针 φ25，针长 2.5m，平屋面上安装 利用建筑物柱筋引下（2 根柱筋）15m 角钢接地极 50mm×50mm×5mm，3 根，长 2.5m/根 镀锌扁钢接地母线 −40mm×4mm，埋深 0.7m，长 20m	根	1

【解】套用《湖北省通用安装工程消耗量定额及全费用基价表》，分部分项工程量清单综合单价见表 5-34。

表 5-34 分部分项工程量清单全费用综合单价计算表

工程名称：某综合楼电气安装工程　　　　　　　　计量单位：根

项目编码：030409002001　　　　　　　　　　　　工程数量：1

项目名称：避雷装置　　　　　　　　　　　　　　综合单价：517.67 元/根

序号	定额编号	工程内容	单位	数量	综合单价组成（元）					小计（元）
					人工费	材料费	机械费	费用	增值税	
1	C4-10-2	2.5m 钢管避雷针制作	根	1	125.80	36.95	5.87	73.85	21.82	264.29
	主材	避雷针（φ25 镀锌钢管）	根	1		35.93			3.23	39.16
	主材	中厚钢板 综合	kg	6.5		27.63			2.49	30.12
2	C4-10-15	避雷针装在平屋面上	根	1	60.63	67.85	4.11	36.31	15.20	184.10
		合计			186.43	168.36	9.98	110.16	42.74	517.67
		单价			186.43	168.36	9.98	110.16	42.74	517.67

综合单价的计算过程如下：

1）人工费 = 125.80 元/根×1 根 + 60.63 元/根×1 根 = 186.43 元。
2）材料费 = 36.95 元/根×1 根 + 14.37 元/m×2.5m + 4250 元/1000kg×
　　　　　6.5kg + 67.85 元/根×1 根
　　　　= 168.36 元。
3）机械费 = 5.87 元/根×1 根 + 4.11 元/根×1 根 = 9.98 元。
4）费用 = 73.85 元/根×1 根 + 36.61 元/根×1 根 = 110.16 元。
5）增值税 = (26.67 元/根×1 根 + 18.58 元/根×1 根)÷11%×9% + (35.93 + 27.63) 元×9%
　　　　= 42.74 元。

综合单价 = (186.43 + 168.36 + 9.98 + 110.16 + 42.74) 元/1 根
　　　　= 520.67 元/根。

5.4.7 电压等级≤10kV架空线路输电工程工程量清单计价

由于"电杆组立"和"导线架设"综合的工作内容较多,计价时必须分析工程量清单所描述的内容,做到既不漏项,也不重复计价。在参照《湖北省通用安装工程消耗量定额及全费用基价表》进行报价时,需要注意以下几点:

1)计价表是按平地施工条件考虑的,如在其他地形条件下施工时,人工费和机械费可参照地形调整系数(表5-35)。

表5-35 地形调整系数

地形类别	丘陵(市区)	一般山地、泥沼地带	高山
调整系数	1.20	1.60	2.20

2)工地运输是指定额内未计从材料堆放点或工地仓库运至杆位上的工程运输,分人力运输和汽车运输。运输量计算公式如下:

工程运输量=施工图用量×(1+损耗率)

预算运输量=工程运输量+包装物质量(不需要包装的可不计算包装物质量)

运输质量可按表5-36的规定进行计算。

表5-36 运输质量

材料名称		单位	运输质量/kg	备注
混凝土制品	人工浇制	m³	2600	包括钢筋
	离心浇制	m³	2860	包括钢筋
线材	导线	kg	$W×1.15$	有线盘
	避雷线、拉线	kg	$W×1.07$	无线盘
木杆材料		m³	500	包括木横担
金具、绝缘子		kg	$W×1.07$	
螺栓、垫圈、脚钉		kg	$W×1.01$	
土方		m³	1500	实挖量
块石、碎石、卵石		m³	1600	
黄砂(干中砂)		m³	1550	自然砂1200kg/m³
水		kg	$W×1.2$	

注:1. W为理论质量。
　　2. 未列入者均按净重计算。

3)土石方工程,杆坑挖填土清单项目按《房屋建筑与装饰工程工程量清单计算规范》(GB 50500—2013)附录A的规定设置、编码列项。土石方工程量计算可按照以下规定执行;

① 无底盘、卡盘的电杆坑,挖方体积:

$$V = 0.8 × 0.8 × h$$

式中 h——设计坑深0.8m为边长。

在报价时，不同施工单位对于边长的取定可能不一样。

② 电杆坑的马道土石方量按每坑0.2m³计算；施工操作裕度按底、拉盘底宽每边增加0.1m。各类土质的放坡系数按表5-37计算。

表5-37 各类土质的放坡系数

土质	普通土、水坑	坚土	松砂石	泥水、流沙、岩石
放坡系数	1：0.3	1：0.25	1：0.2	不放坡

土方计算公式：

$$V=\frac{h}{6\times[ab+(a+a_1)(b+b_1)(a_1b_1)]}$$

式中 V——土石方体积（m³）；

h——坑深（m）；

$a(b)$——坑底宽（m），$a(b)=$底（拉）盘底宽+2×每边操作裕度；

$a_1(b_1)$——坑口宽（m），$a_1(b_1)=a(b)+2\times h\times$边坡系数。

由于施工方法不同，或出于竞争考虑，各施工企业对于马道的土石方量以及土壤的放坡系数的取定不完全相同。

4) 接线定额按单根考虑，且包括拉线盘的安装。若设计采用 V 形、Y 形或双拼型拉线时，按 2 根计算。拉线长度按设计全根拉线的展开长度计算（含为制作上、中、下把所需的预留长度），设计无规定时，可按表5-38计算。计算主材耗费时应另增加规定的损耗率。

表5-38 拉线长度　　　　　　　　　　　（单位：m/根）

项 目		普通拉线	V（Y）形拉线	弓形拉线
杆高/m	8	11.47	22.94	9.33
	9	12.61	25.22	10.10
	10	13.74	27.48	10.92
	11	15.10	30.20	11.82
	12	16.14	32.28	12.63
	13	18.69	37.38	13.42
	14	19.68	39.36	15.12
水平拉线		26.47		

5) 如果发生钢管杆的组立，可按同高度混凝土杆组立的人工、机械台班含量乘以系数1.4，材料不调整。

6) 线路一次施工工程量按5根以上电杆考虑。如在5根以内者，其全部人工、机械台班分别乘以系数1.3。

7) 导线的架设分导线类型和不同截面以"km/单线"为计量单位计算，工程量清单中的导线长度为净量，如果出现钢管杆的组合，报价时必须按规定增加预留长度。导线预留长度按表 5-39 的规定计算。

表 5-39 导线预留长度　　　　　　　　　　　　　　　（单位：m/根）

项目名称		预留长度
高压	转角	2.5
	分支、终端	2.0
低压	分支、终端	0.5
	交叉跳线转角	1.5
与设备连接		0.5
进户线		2.5

导线长度按线路总长度和预留长度和计算，计算主材费时应另增加规定的损耗率。主要材料损耗率见表 5-40。

表 5-40　主要材料损耗率

序号	材料名称	损耗率（%）
1	拉线材料（包括钢绞线、镀锌铁线）	1.5
2	裸软导线（包括铜、铝、钢线、钢芯铝线）	1.3

10kV 以下架空线路中的裸软导线的损耗率中已包括因弧垂及杆位高低差而增加的长度。

8）导线跨越架设。具体如下：

① 每个跨越间距均按 50m 以内考虑，大于 50m 而小于 100m 时按 2 处计算，以此类推。

② 在同跨越档内，有多种（或多次）跨越物时，应根据跨越物分别执行定额。

③ 跨越定额仅考虑而多耗的人工、机械台班和材料，在计算架线工程量时，不扣除跨越档的长度。

9）杆上变压器安装不包括变压器调试、抽芯、干燥工作。

10）套用定额时要注意未计价材料（主材）的有关说明，防止主材漏项。

5.4.8　配管工程和配线工程工程量清单计价

1）在配线工程中，所有的预留量均应依据设计要求或施工及验收规范规定的长度在综合单价中考虑，而不作为实物量计算。连接设备导线预留长度见表 5-41。

表 5-41　连接设备导线预留长度

序号	项目	预留长度（m）	说明
1	各种开关、柜、板	高+宽	盘面尺寸
2	单独安装（无箱、盘）的铁壳开关、闸刀开关、启动器、母线槽进出线盒等	0.3	以安装对象中心算
3	由地平管子出口引至动力接线箱	1.0	以管口计算

(续)

序号	项　　目	预留长度（m）	说　　明
4	电源与管内导线连接（管内穿线与软、硬母线接头）	1.5	以管口计算
5	出户线	1.5	以管口计算

2）配电线保护管遇到下列情况之一时，中间应增设接线盒和拉线盒，且接线盒或拉线盒的位置应便于穿线：①管长度每超过 30m，无弯曲；②管长度每超过 20m 有 1 个弯曲；③管长度每超过 15m 有 2 个弯曲；④管长度超过 8m 有 3 个弯曲。

垂直敷设的电线保护管遇下列情况之一时，应增设固定导线用的拉线盒：①管内导线截面为 500mm² 及以下，长度每超过 30m；②管内导线截面为 70~95mm²，长度每超过 20m；③管内导线截面为 120~240mm²，长度每超过 18m。

在配管清单项目计量时，若设计无要求，则上述规定可以作为计量接线箱（盒）、拉线盒的依据。

3）配管定额均未包括以下内容：①接线箱、盒及支架制作、安装；②钢索架设及拉紧装置制作、安装；③配管支架。发生上述工作内容时应另套有关定额。

4）暗配管定额已包含刨沟槽工作内容；电线管、钢管、防爆钢管已包含刷漆、接地工作内容。

5）瓷夹板配线、塑料槽板配线、木槽板配线，以单线延长米计算。而上塑料夹板、塑料槽板、木槽板配线定额单位均是 100m 线路长度计算，与规范有显著差异，要注意按线制进换算。

6）套接紧定式电器钢导管（JDG 管）安装的塑料护口按实际发生的数量计算。

【例 5-10】 如图 5-4 所示，楼层层高 3.0m，M1 和 M2 配电箱安装高度均为 1.5m，M1 配电箱高 0.8m、宽 0.8m，M2 配电箱高 0.6m、宽 0.4m。查市场信息价镀锌钢管 SC25 单价为 15 元/m，绝缘导线 BV-6mm² 单价为 5 元/m。根据表 5-42 分部分项工程量清单，试计算其配管、配线工程量，并计算分部分项工程量综合单价。

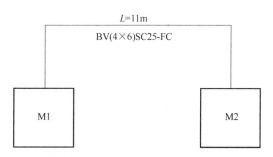

图 5-4　某综合楼电配电箱安装示意图

表 5-42　分部分项工程量清单

工程名称：某综合楼电气安装工程

序号	项目编码	项目名称	计量单位	工程数量
1	030411001001	配管，镀锌钢管 SC25，沿砖、混凝土结构暗配	m	14
2	030411004001	配线，管内穿线，BV-6mm²，接线端子安装	m	66.4

【解】参照《湖北省通用安装工程消耗量定额及全费用基价表》定额消耗量及材料价格，该分部分项工程量清单综合单价见表5-43和表5-44。

清单工程量计算：

镀锌钢管SC25 工程量 = 11m+1.5m+1.5m = 14m

导线BV-6mm² 工程量 = (14m+0.8m+0.8m+0.6m+0.4m)×4 = 66.4m

表5-43 分部分项工程量清单全费用综合单价计算表（一）

工程名称：某综合楼电气安装工程　　　　　　　　计量单位：m
项目编码：030411004001　　　　　　　　　　　　工程数量：14
项目名称：配管，镀锌钢管SC25，沿砖、混凝土结构暗配　　综合单价：32.32元/m

序号	定额编号	工程内容	单位	数量	综合单价组成（元）					小计（元）
					人工费	材料费	机械费	费用	增值税	
1	C4-12-36	镀锌钢管SC25沿砖、混结构暗敷	10m	1.40	83.33	68.70		46.73	17.89	216.65
	主材	镀锌钢管SC25	m	14.20		216.30			19.47	235.77
		合计			83.33	285.00		46.73	37.36	452.42
		单价			5.95	20.36		3.34	2.67	32.32

综合单价的计算过程如下：

1）人工费 = 59.52元/10m×14m÷10 = 83.33元。

2）材料费 = 49.07元/10m×14m÷10 + 15元/m×14m×10.30m/10m
　　　　　 = 285.00元。

3）费用 = 33.38元/10m×14m = 46.73元。

4）增值税 = (15.62元/10m×14m)÷11%×9% + 216.30×9% = 37.36元。

综合单价 = (83.33元+285.00元+46.73元+37.36元)÷14m
　　　　　= 32.32元/m

表5-44 分部分项工程量全费用清单综合单价计算表（二）

工程名称：某综合楼电气安装工程　　　　　　　　计量单位：m
项目编码：030411004001　　　　　　　　　　　　工程数量：66.4
项目名称：配线，管内穿线，BV-6mm²，接线端子安装　　综合单价：6.82元/m

序号	定额编号	工程内容	单位	数量	综合单价组成（元）					小计（元）
					人工费	材料费	机械费	费用	增值税	
1	C4-13-26	管内穿线BV-6mm²	10m	6.64	37.32	8.90		20.92	6.03	73.17
	主材	绝缘导线BV-6mm²	m	69.72		348.60			31.37	379.97
		合计			37.32	357.50		20.92	37.40	453.14
		单价			0.56	5.38		0.32	0.56	6.82

综合单价的计算过程为：
1) 人工费＝5.62元/10m×66.40m＝37.32元。
2) 材料费＝1.34元/10m×66.40m＋5元/m×66.40m×10.50m/10m
   ＝357.50元。
3) 费用＝3.15元/10m×66.40m＝20.92元。
4) 增值税＝(1.11元/10m×66.40m)÷11%×9%＋348.6元×9%＝37.40元。
综合单价＝(37.32元＋357.50元＋20.92元＋37.40元)÷66.4m
　　　　＝6.82元/m

5.4.9 照明器具安装工程工程量清单计价

照明器具安装工程的计价可以参照《湖北省通用安装工程消耗量定额及全费用基价表》执行，应注意以下几点：

1) 灯具引导线是指灯具吸盘到灯头的连线，各型灯具的引线，除注明者外，均以综合考虑在定额内。
2) 投光灯、碘钨灯、氙气灯、烟囱或水塔指示灯的安装定额，均已考虑了一般工程的高空作业因素，其他器具安装高度如超过5m，则可按"册说明"中规定另行计算超高费。
3) 定额中装饰灯具项目均已考虑了一般工程的超高作业因素和脚手架搭拆费用。
4) 定额内已包括利用摇表测量绝缘及一般灯具的试亮工作（但不包括调试工作）。
5) 装饰灯具定额项目与示意图另配套使用。
6) 艺术喷泉照明系统安装定额包括程序控制柜、程序控制箱、音乐喷泉控制设备、喷泉特技效果控制设备、喷泉防水配件、艺术喷泉照明等系统安装。

【例5-11】 某教学楼需装吊管式1×40W荧光灯（成套型）240套，荧光灯安装高度4m，荧光灯单价为80元/套，灯具吊杆为8元/根。试计算其分部分项综合单价。

【解】 参照《湖北省通用安装工程消耗量定额及全费用基价表》定额消耗量及材料价格，该分部分项工程量清单综合单价见表5-45。

表5-45 分部分项工程量清单全费用综合单价计算表

工程名称：某教学楼电气安装工程　　　　　　　　　　计量单位：套
项目编码：030412005001　　　　　　　　　　　　　　工程数量：240
项目名称：1×40W吊杆式成套型荧光灯安装　　　　　综合单价：144.61元/套

序号	定额编号	工程内容	单位	数量	综合单价组成（元）					小计（元）
					人工费	材料费	机械费	费用	增值税	
1	C4-14-203	1×40W吊管式成套型荧光灯安装	套	240	3847.20	2527.20		2157.60	767.78	9299.78
	主材	1×40W吊管式成套型荧光灯主材费	套	242.40		19392.00			1745.28	21137.28
	主材	灯具吊杆φ15	根	489.60		3916.80			352.51	4269.31
		合计			3847.20	25836.00		2157.60	2865.57	34706.37
		单价			16.03	107.65		8.99	11.94	144.61

综合单价的计算过程如下：
1) 人工费＝16.03元/套×240套＝3847.20元。
2) 材料费＝10.53元/套×240套+80元/套×240套×1.01+8元/套×240套×2.04
   ＝25836.00元。
3) 费用＝8.99元/套×240套＝2157.60元。
4) 增值税＝(3.91元/套×240套)÷11%×9%+(19392元+3916.8元)×9%＝2865.57元。
综合单价＝(3847.20+25836.00+2157.60+2865.57)元÷240套
   ＝144.61元/套

5.4.10 电气调整试验工程工程量清单计价

由于电气调整试验的工程量清单划分与《湖北省通用安装工程消耗量定额及全费用基价表》定额子目的划分基本相同，中介在编制标底或施工企业在投标报价时可以参照其进行计价，在使用该基价表时应注意以下几点：

1) 调试定额是按照现行的发电、输电、配电、用电工程启动试运及验收规程进行编制的，标准与规程未包括的调试项目和调试内容所发生的费用，应结合技术条件及相应的规定另行计算。

2) 调试定额中已经包括熟悉资料、编制调试方案、核对设备、现场调试、填写调试记录、保护整定值的整定、整理调试报告等工作内容。

3) 电气调试系统根据电气布置系统图，结合调试定额的工作内容进行划分，按照定额计量单位计算工程量。

本 章 小 结

电气设备安装工程主要包括工业与民用电压等级小于或等于10kV变配电设备及线路安装、车间动力电气设备及电气照明器具、防雷及接地装置安装、配管配线、电气调整试验等安装工程。

电气施工图一般可分为变配电工程施工图、动力工程施工图、照明工程施工图、防雷接地工程施工图、弱电工程施工图等。电气施工平面图是计算清单和预算工程量的主要依据。电气工程所安装的电气设备及元件的种类、数量、安装位置，管线的敷设方式、走向、材质、型号、规格、数量等都可以通过平面图计算出来。同时要结合系统图和控制图弄清楚系统电气设备、元件的连接关系。

通过本章的学习，学生要了解建筑电气设备安装工程识图的基本知识，熟悉电气设备安装工程消耗量定额的内容及使用定额的注意事项，掌握电气设备安装工程工程量清单项目设置的内容，能独立编制其分部分项工程量清单并计价。

复 习 题

1. 试述电气设备安装工程预算的编制程序和注意事项。
2. 试述电缆保护管的定额工程量计算规则及相关规定。
3. 试述 BV-3×4-PVC25-WC/FC 的含义。

4. 如图 5-5 和图 5-6 所示,电缆架空引入,标高 3.0m,穿 SC50 的钢管至 AP 箱,AP 箱尺寸为 1000mm×2000mm×500mm。从 AP 箱分出两条回路 WP1、WP2,其中,WP1 回路进入设备,再连开关箱(AK),即 WP1 箱,其配管线为:BV-4×6 SC32 FC;WP2 回路连接照明箱(AL),WP2 的配管线为:BV-4×4 SC25 FC,AL 配电箱尺寸为 800mm×500mm×200mm。试按工程量清单计价表列出该工程所有分项工程名称,并计算出各分项工程量。

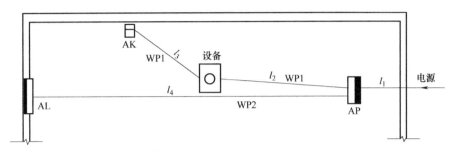

图 5-5 某综合楼用电设备平面示意图

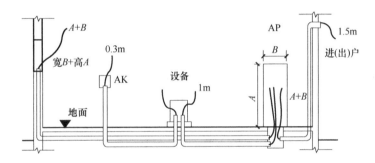

图 5-6 某综合楼用电设备安装高度示意图

5. 如图 5-7 和图 5-8 所示,配电箱 AL1 尺寸是 800mm×500mm×160mm,AL2 尺寸为 500mm×300mm×120mm,WL1 回路的配管线为 BV-2×2.5SC15,WL2 回路的配管线为 BV-4×2.5PC20。试按工程量清单计价表列出该工程所有分项工程名称,计算出各分项工程量并计算其工程费用。

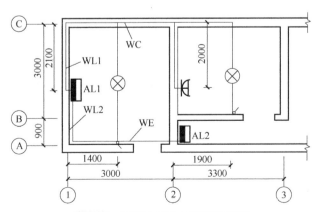

图 5-7 某综合楼电气照明平面图

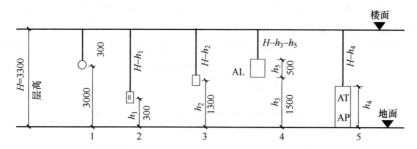

图 5-8　某综合楼电气照明安装高度示意图

第6章

工业管道工程

本章概要

工业管道工程在工业建设工程中占有非常重要的地位,特别在石油化工、冶金工业工程中尤为突出。本章详细介绍工业管道基本知识及施工识图、工业管道工程施工图预算的编制要点、工业管道工程工程量清单的编制要点和计价的相关知识。

6.1 工业管道工程基本知识及施工识图

6.1.1 工业管道工程基本知识

1. 工业管道施工应具备的条件

1)管道施工前,应提前向施工单位提供施工图和有关技术文件,以便施工单位编制施工方案和材料计划等,做好施工前的一切准备工作。

2)管道施工前,施工图必须经过会审,对会审中发现的问题,有关部门应提出明确的解决办法。

3)工程所需的管材、阀门和管件等,以及各种消耗材料的储备,应能满足连续施工的需要。

4)现场的土建工程、金属结构和设备安装工程,已具备管道安装施工条件。

5)现场施工所用的水、电、气源及运输道路,应能满足施工需要。

6)对采用新技术、新材料的施工,应做好施工人员的培训工作,使其掌握技术操作要领,确保工程质量。

2. 施工班组的准备工作

1) 熟读施工图，搞好现场实测。由于目前工业管道安装施工图一般都不绘制工艺管道系统图（即轴测图，或称单线图），有些管道的安装尺寸在施工图上是无法标出的，或者标注与实际安装尺寸有较大误差，只能实测。实测的尺寸是否准确，直接影响管道加工预制的质量。为了保证实测尺寸的准确性，最好是在设备安装和金属结构安装基本结束时进行。

2) 建立管道加工预制厂。对于比较大的工程，管道组装一般采用工厂化施工，以充分发挥机械的作用。经验证明，采用工厂化施工，对于保证工程质量和进度行之有效。

3. 管道施工工序和方法

只要现场具备了安装条件，各项施工准备工作搞好以后，就可以进行工业管道安装工程施工。管道施工的工序很多，投入的人工、机械、材料也比较多，通常把施工中不可缺少且独立存在的操作过程理解为施工工序。

（1）管材、管件和阀门的检查

管材、管件和阀门在安装前应进行清理和检查，清除材料的污垢和杂质，并对材料的外观进行人工检查。主要检查以下几点：

1) 所有管材、成品管件和阀门，是否有制造厂的出厂合格证书，其标准是否符合国家相关规定。

2) 核对材料的材质、规格和型号是否符合要求。

3) 所有安装材料是否有裂纹、砂眼、夹渣和重皮现象。

4) 法兰和阀门的密封面是否保存完好。

如果是用于高温、高压和剧毒的材料，应严格执行施工及验收规范的有关规定。

（2）管材调直

管材出厂以后，一般要经过多次运输，最后才到达施工现场安装地点。在运输装卸过程中，管材的碰撞和摔压是很难避免的，容易造成管材弯曲变形。为了确保管道的安装质量，使其达到验收标准，基本上做到横平竖直，就必须对管材进行调直。

常用的调直的方法有人工调直和半机械化调直。一般对于直径较小的管材可采用人工调直。当管材直径大于50mm时，一般采用丝杠调直器冷调，特殊情况下需加热后调直。当管材直径大于200mm时，一般不易弯曲变形，很少需要调直。定额中管材调直方法的选定，根据管径、材质及连接方法的不同，各有差异。

（3）管材切割

管材切割是在较长的管材上切取一段有尺寸要求的管段，故其又称为管材下料。定额中选定的管材切割方法如下：

1) 中低压碳钢管的切割，公称直径小于或等于32mm的管材，采用人工手锯切割；公称直径大于32mm且小于或等于50mm的管材，采用砂轮切管机切割；公称直径大于50mm的管材，采用氧乙炔气切割。

2) 中低压不锈耐酸钢管，采用砂轮切管机切割。

3) 中低压铬钼钢管，公称直径小于或等于150mm的管材，采用弓形锯床切割；公称直径大于150mm的管材，采用9A151型切管机切割。

4) 有缝低温钢管和中低压钛管，均采用砂轮切管机切割。

5) 高压钢管，采用弓形锯床和9A151型切管机切割。

6) 铝、铜、铅等有色金属管和直径小于或等于51mm的硬聚氯乙烯塑料管，均采用手工锯切割；直径大于51mm的塑料管，采用木圆锯机切割。

管材切割是比较重要的一个工序，管材切口的质量对下一道工序（坡口加工和管口组对）有直接影响。

(4) 坡口加工

坡口加工是为了保证管口焊接质量而采取的有效措施。坡口的形式有多种，选择坡口形式要考虑以下几个方面：

1) 能够保证焊接质量。

2) 焊接时操作方便。

3) 能够节省焊条。

4) 防止焊接后管口变形。

管道焊接常采用的坡口形式有以下几种：

1) I形坡口，适用于管壁厚度在3.5mm以下的管口焊接。根据壁厚情况，调整对口的间隙，以保证焊接穿透力。

2) V形坡口，适用于中低压钢管焊接，坡口的角度为60°~70°，坡口根部有钝边，钝边厚度为1~2mm。

3) U形坡口，适用于高压钢管焊接，管壁厚度在20~60mm，坡口根部有钝边，厚度为2mm左右。

不同的材质应采取不同的坡口加工方法，对于有严格要求的管道，坡口应采用机械方法加工。对于低压碳钢管坡口，一般可以用氧乙炔气切割，但必须除净坡口表面的氧化层，并打磨平整。

(5) 焊接

焊接是管道连接的主要形式。管道在焊接以前，要检查管材切口和坡口是否符合质量要求，然后进行管口组对。两个管子对口时要同轴，不许错口。规范规定：Ⅰ、Ⅱ级焊缝内错边不能超过壁厚的10%，并且不大于1mm；Ⅲ、Ⅳ级焊缝内错边不能超过壁厚的20%，并且不能大于2mm。对口时还要按设计有关规定，管口中间要留有一定的间隙。对于组对好的管口，先要进行点焊固定，根据管径大小，点焊3~4处，点焊固定后的管口才能进行焊接。焊接的方法有很多种，常用的有气焊、电弧焊、氩弧焊和氩电联焊。

1) 气焊。气焊是利用氧气和乙炔气混合燃烧的高温火焰来熔接管口的，所以气焊也称为氧气乙炔焊或火焊。

气焊所用的氧气在正常状态下是一种无色无味的气体，它本身不能燃烧，但它是一种很好的助燃气体。施工常用的氧气一般分为两个级别，一级氧气的纯度不低于99.2%，二级氧气的纯度不低于98.5%。当焊接质量有特殊要求时，应尽量采用一级纯度的氧气。

气焊所用的乙炔气，在正常状态下是一种无色无味的气体。乙炔气本身具有爆炸性，当压力在0.15MPa时，如果温度达到550~600℃，就可能发生爆炸。为了避免乙炔发生器温度过高发生爆炸，要求乙炔发生器应有较好的散热性能。常用的电石是由生石灰和焦炭在电炉中熔炼而成的。

气焊所用焊条也称焊丝，直径为2.5mm、3mm、3.5mm的焊丝是管道焊接常用的，使用时根据管材壁厚选择。气焊适用于管壁厚3.5mm以下的碳素钢管、合金钢管和各种壁厚的有色金属管的焊接。公称直径在50mm以下的焊接钢管，用气焊焊接的较多。

2）电弧焊。电弧焊是利用电弧把电能转变成热能，使焊条金属和母材熔化形成焊缝的一种焊接方法。电弧焊所用的电焊机分为交流电焊机和直流电焊机两种。交流电焊机多用于碳素钢管的焊接；直流电焊机多用于不锈耐酸钢和低合金钢管的焊接。电弧焊所用的电焊条种类很多，应按不同材质分别选用。电焊条的规格也有多种，管道安装常用的为直径2.5mm、3mm、2.4mm的。

管道电弧焊接应有良好的焊接环境，要避免在大风、雨、雪中进行焊接，无法避免时要采取有效的防护措施，以保证焊接质量。管道焊口在施工中分为活动焊口和固定焊口两种。活动焊口是管口组对后经点固焊，仍能自由转动焊接，使熔接点始终处于最佳位置。管道在加工预制过程中，多数是活动焊口。固定焊口是管口组对后，不能转动的焊口，需要靠电焊工人移动焊接位置来完成焊接，这种焊口多发生在安装现场。

3）氩弧焊。氩弧焊是用氩气作保护气体的一种焊接方法。在焊接过程中，氩气在电弧周围形成气体保护层，使焊接部位、钨极端头和焊丝不与空气接触。由于氩气是惰性气体，不与金属发生化学反应，因此在焊接过程中焊件和焊丝中的合金元素不易损坏；另外，氩气不溶于液态金属，因此不产生气孔。由于上述这些特点，采用氩弧焊可提高焊接质量。有些管材的管口焊接难度较大，质量要求很高，为了防止焊缝背面产生氧化、穿瘤、气孔等缺陷，在氩弧焊打底焊接的同时，要求在管内充氩气保护。氩弧焊和充氩保护所用的氩气纯度，不能低于99.9%，杂质过多会影响焊缝质量。氩弧焊多用于焊接易氧化的有色金属管（如铝管等）、不锈耐酸钢管和各种材质的高压、高温管道。

4）氩电联焊。氩电联焊是在一个焊缝的底部和上部分别采用两种不同的焊接方法的焊接，即在焊缝的底部采用氩弧焊打底，焊缝的上部采用电弧焊盖面。这种焊接方法既能保证焊缝质量，又能节省很多费用，适用于各种钢管的Ⅰ、Ⅱ级焊缝和管内要求洁净的管道，因而越来越被广泛应用。

(6) 焊口的检验

管道上每个焊口焊完以后，都应对焊口进行外观检查，打掉焊缝上的药皮和两边的飞溅物。查看焊缝是否有裂纹、气孔、夹渣等缺陷；焊缝的宽度以每边超过坡口边缘2mm为宜；咬肉的深度不得大于0.5mm。

按规定管道必须进行无损探伤检验的焊口，要对参加焊接的每个焊工所焊的焊缝，按规定比例抽查检验，在每条管线上不得少于一个焊口。如果发现某焊工所焊的焊口不合格，应对其所焊的焊缝按规定比例加倍抽查探伤；如果仍不合格，应对其在该管线所焊的焊缝全部进行无损探伤。所有经过无损探伤检验不合格的焊缝必须进行返修，返修的焊缝仍按原规定进行检验。

(7) 管道其他连接方法

焊接是管道连接最常用的方法，但除此之外还有很多其他连接方法。

1）螺纹连接。螺纹连接也称丝扣连接，主要用于焊接钢管、铜管和高压管道的连接。焊接钢管的螺纹大部分可用人工套丝，目前多种型号的套丝机被广泛应用，基本上代替了过去的人工操作。对于螺纹加工精度和粗糙度要求很高的高压管道，必须用车床加工。

2）承插口连接。承插口连接适用于承插铸铁管、水泥管和陶瓷管。承插铸铁管所用的接口材料有石棉水泥、水泥、膨胀水泥和青铅等，使用最多的是石棉水泥。此种接口操作简便，质量可靠。青铅接口操作比较复杂，费用较高，且铅对人体有害，因此除用于重要部位抢修或有特殊要求时，其他工程一般不采用。

3）法兰连接。法兰连接主要用于法兰铸铁管、衬胶管、有色金属管和法兰阀门等连接，工艺设备与管道的连接也都采用法兰连接。

法兰连接的主要特点是拆卸方便。安装法兰时要求两个法兰保持平行，法兰的密封面不能损伤，并且要清理干净。法兰所用的垫片要根据设计规定选用。

4. 管道压力试验及吹扫清洗

在一个工程项目中，某个系统的工艺管道安装完毕以后，就要按设计规定对管道进行系统强度试验和气密性试验，其目的是检查管道承受压力情况和各个连接部位的严密性。一般输送液体介质的管道多采用水压试验，输送气体介质的管道多采用气体进行试验。

管道系统试验以前应具备以下条件：

1）管道系统安装完毕，经检查符合设计要求和施工验收规范的有关规定。

2）管道的支、托、吊架全部安装完毕。

3）管道的所有连接口焊接和热处理完毕，并经有关部门检查合格，应接受检查的管口焊缝尚未涂漆和做保温处理。

4）埋地管道的坐标、标高、坡度及基础垫层等经复查合格。

5）试验用的压力表最少要准备2块，并要经过校验，其压力范围应为最大试验压力的1.5~2倍。

6）较大的工程应编制压力试验方案，并经有关部门批准后方可实施。

（1）液压试验

液压试验在一般情况下都是用清洁的水做，如果设计有特殊要求，按设计规定进行。水压试验的程序如下：

1）做好试验前的准备工作：安装好试验用临时注水和排水管线；在试验管道系统的最高点和管道末端安装排气阀；在管道的最低处安装排水阀；压力表应安装在最高点，试验压力以此表显示数据为准。

管道上已安装完的阀门及仪表，如果不允许与管道同时进行水压试验，应先将阀门和仪表拆下，阀门所占的长度用临时短管连接起来；管道与设备相连接的法兰中间要加上盲板，使整个试验的管道系统成为封闭状态。

2）准备工作完成以后，就可开始向管道内注水，注水时要打开排气阀，当发现管道末端的排气阀流水时，立即把排气阀关闭，当全系统管道最高点的排气阀也见到流水时，说明全系统管道已经注满水，此时把最高点的排气阀关好。对全系统管道进行检查。如果没有明显的漏水现象就可升压。升压时应缓慢进行，达到规定的试验压力以后，停压应不少于10min，经检查无泄漏，目测管道无变形为合格。

各种管道试验时的压力标准，一般设计都有明确规定，如果没有明确规定，可按管道施工及验收规范的规定执行。

3）管道经试验检查合格以后，要把管内的水放掉，排放水以前应先打开管道最高点处的排气阀，再打开排水阀，把水放入排水管道；最后拆除试压用临时管道和连通管及盲板，拆下的阀门和仪表复位，接好所有法兰，填写好管道系统试验记录。

如果环境气温在0℃以下，管道系统水压试验放水以后，要即时用压缩空气吹除，避免管内积水冻结损坏管道。

(2) 气压试验

气压试验大体上分为两种情况：一种是用于输送气体介质管道的强度试验；一种是用于输送液体介质管道的严密性试验。气压试验所用的气体大多数为压缩空气或惰性气体。

使用气压做管道强度试验时，其压力应逐级缓升，当压力升到规定试验压力一半的时候，应暂停升压，对管道进行一次全面检查，若无泄漏或其他异常现象，可继续按规定试验压力的10%逐级升压，每升一级要稳压3min，一直到规定的试验压力，再稳压5min，经检查无泄漏、无变形为合格。

管道的气压严密性试验，应在液压强度试验以后进行，且试验的压力要按规定执行。若气压强度试验和气压严密性试验结合进行，可以节省很多时间。其具体做法是：当气压强度试验检查合格后，将管道系统内的气压降至设计压力，然后用肥皂水涂刷管道所有焊缝和接口，如果没有发现气泡现象，说明无泄漏，再稳压0.5h，如压力不下降，则气压严密性试验合格。

对于工业管道，除强度试验和严密性试验以外，有些管道还要做特殊试验，如真空管道要做真空度试验；输送剧毒及有火灾危险的介质的管道，要进行泄漏量试验。这些试验都要按设计规定进行，如设计无明确规定，可按管道施工及验收规范的规定进行。

(3) 管道的吹扫和清洗

工业管道的每个管段在安装前都必须清除管道内的杂物，但也难免有些锈蚀物、泥土等遗留在管内，这些遗留物必须清除。清除的方法一般是用压缩空气吹除或水冲洗，所以统称为吹洗。

1) 水冲洗。管道吹洗的方法很多，要根据管道输送介质使用时的要求及管道内脏污程度来确定。工业管道中，凡是输送液体介质的管道，一般设计都要求进行水冲洗。冲洗所用的水，常选用饮用水、工业用水或蒸汽冷凝水。冲洗水在管内的流速不应小于1.5m/s，排放管的截面面积不应小于被冲洗管截面面积的60%，并要保证排放管道的畅通和安全。水冲洗要连续进行，冲洗达到设计规定的程度为合格，若设计无明确规定，则以目测出口的水色和透明度与入口一致为合格。定额中是按冲洗3次、每次20min考虑计算水的消耗量。

2) 空气吹扫。工业管道中，凡是输送气体介质的管道，一般采用空气吹扫，忌油管道吹扫时要用不含油的气体。

空气吹扫的检查方法：在吹扫管道的排气口，安设白布或涂有白漆的靶板，如果5min内靶板上无铁锈、泥土或其他脏物即为合格。

3) 蒸汽吹扫。蒸汽吹扫适用于输送动力蒸汽的管道。因为蒸汽吹扫温度较高，管道受热后有膨胀和位移，因此设计时就考虑这些因素，在管道上安装补偿器，管道支架、吊架也都要考虑受热后位移的需要。输送其他介质的管道，设计时一般不考虑这些因素，所以不适用蒸汽吹扫，如果必须使用蒸汽吹扫，一定要采取必要的补偿措施。

蒸汽吹扫时，先向管内输入少量蒸汽，缓慢升温暖管，经恒温1h以后再进行吹扫，然后停汽使管道降温至环境温度；再暖管升温、恒温，进行第二次吹扫；如此反复一般不少于

3 次。如果是在室内吹扫，蒸汽的排汽管一定要引到室外，并且要架设牢固。排汽管的直径应不小于被吹扫管的管径。

关于蒸汽吹扫的检查方法，中、高压蒸汽管道和蒸汽透平入口的管道要安设平面光洁的铝板靶，低压蒸汽管道要安设刨平的木板靶。靶板放置在排汽管出口，按规定检查靶板，无脏物为合格。

4) 油清洗。油清洗适用于大型机械的润滑油、密封油等油管道系统的清洗。这类油管道对管内的清洁程度要求较高，往往要花费很长时间来清洗。油清洗一般在设备及管道吹洗和酸洗合格以后，系统试运转之前进行。

油清洗是采用管道系统内油循环的方法，使用过滤网来检查，过滤网上的污物不超过规定的标准为合格。常用的过滤网规格有 100 目/cm^2 和 200 目/cm^2 两种。

5) 管道脱脂。管道在预制安装过程中，有时要接触到油脂，有些管道因输送介质的需要，要求管内不允许有任何油迹，这样就要进行脱脂处理，除掉管内的油迹。管道在脱脂前应根据油迹脏污情况制定脱脂施工方案，对有明显的油污或锈蚀严重的管材，应先用蒸汽吹扫或喷砂等方法除掉一些油污，然后进行脱脂。脱脂的方法有多种，可采用有机溶剂、浓硝酸和碱液进行脱脂，有机溶剂包括二氯乙烷、三氯乙烯等。

脱脂后应将管内的溶剂排放干净，经验收合格以后将管口封闭，避免在以后施工中再次污染；要填写好管道脱脂记录，经检验部门签字盖章后，作为交工资料的一部分。

管道的清洗除上面介绍的方法以外，还有酸洗、碱洗和化学清洗钝化。管道的清洗吹扫是施工中很重要的项目，编制施工图预算时容易遗漏。

6.1.2 工业管道工程施工图的组成和识图

看懂、熟悉施工图是正确提出工程量，编好施工图预算的先决条件。

识图要有一定的程序，当拿到一套生产装置的工艺管道施工图时，首先要按图纸目录的编号核对这套施工图是否齐全。看图时，先看首页图和设计说明书，以对这套施工图有大概的了解。有些设计说明和施工技术要求记录在首页图上，因此，首页图很重要。

对于多层生产装置，每层平面图上都标有楼层平面的高度，一般建筑结构以楼板高度划分，钢结构以钢平台高度划分。

平面图所画的管线是表明在一定高度的空间内基本平行于地面的管道。它除表明管道的走向位置、管道编号和规格以外，还按一定比例画出了工艺设备的位置。垂直于地平面的管道在平面图上只能表示管道安装位置而不能表示管道的长度，图上看到的只是一个圆圈或者是一个圆点。

剖面图有时也称立面图，在剖面图上能表明平行于剖面的管道长度和平行于地面管道的安装高度。

流程图是按生产过程中物料的流动情况，用直观的示意形式表明工艺设备与管道的关系，表明各种管道输送介质的流向。流程图上的管线走向和长度不代表管线实际的走向和长度，不能在流程图上丈量管线长度。

识图时要把各种图结合起来看，要搞清楚每条管线从哪里开始，到哪里结束。通过看图要达到以下几个目的：

1) 掌握生产装置内工艺管道大体的系统组成，如物料系统、循环水系统、蒸汽系统、压缩空气系统等，同时了解各系统管道安装的位置。

2) 了解各系统管道所用的材质，输送介质的工作压力、温度，是否有易燃易爆和剧毒物质，等等。与此同时，了解各类管道的焊缝等级。

3) 了解管道安装有哪些特殊技术要求，有哪些管道焊口要求进行无损探伤，哪些管道焊口要求进行焊后热处理。

4) 了解进行防腐保温的系统管道以及防腐保温所需的材料。

除了熟悉施工图以外，还应了解施工现场情况，如是否有由于施工进度的需要必须进行夜间施工的管道安装；地下管道的土方工程土质的区别，如普通土、坚土或硬质岩；施工现场的地下水位如何；沿管线施工地段有无障碍物需要清除……诸如此类与工程造价有关的问题都应事先查勘清楚。

6.2 工业管道工程施工图预算的编制要点

6.2.1 管道安装工程施工图预算的编制要点

1. 低压管道

(1) 低压管道安装包括的工作内容

碳钢管、低压不锈钢管、低压合金钢管及低压有色金属管、低压非金属管、低压生产用铸铁管安装及低压直管安装全部工序内容，以"10m"为计量单位。

(2) 低压管道安装不包括的工作内容

低压管件的连接工序。

(3) 定额使用注意事项

1) 低压工业管道压力适用范围：$0<p\leqslant 1.6$MPa。

2) 低压管道适用材质范围：

① 低压碳钢管定额子目适用于焊接钢管、无缝钢管、16Mn 钢管。

② 低压不锈钢管定额子目适用于各种不锈钢管。

③ 低压碳钢板卷管定额子目适用于各种低压螺旋钢管；16Mn 钢板卷管。

2. 中压管道

(1) 中压管道安装包括的工作内容

中压碳钢管、中压不锈钢管、中压合金钢管及中压有色金属安装及中压直管安装全部工序内容，以"10m"为计量单位。

(2) 中压管道安装不包括的工作内容

中压管件的管口连接工序。

(3) 定额使用注意事项

1) 中压工业管道压力适用范围：$1.6<p\leqslant 10$MPa。

2) 中压工业管道适用材质范围：

① 中压碳钢管定额子目适用于焊接钢管、无缝钢管、16Mn 钢管。

② 中压不锈钢管定额子目适用于各种不锈钢管。

③ 中压铜管定额子目适用于紫铜、黄铜、青铜管。

④ 中压合金钢管定额子目适用于各种材质合金钢管。

3. 高压管道

（1）高压管道安装包括的工作内容

高压碳钢管、高压不锈钢管、高压合金钢管安装及高压直管安装全部工序内容，以"10m"为计量单位。

（2）高压管道安装不包括的工作内容

高压管件的管口连接工序。

（3）定额使用注意事项

1）高压工业管道压力适用范围：$10<p\leqslant 42$MPa。蒸汽管道满足：$p\geqslant 9$MPa，工作温度$\geqslant 500$℃。

2）高压工业管道适用材质范围：

① 高压碳钢管定额子目适用于焊接钢管、无缝钢管、16Mn钢管。

② 高压不锈钢管定额子目适用于各种不锈钢管。

③ 高压合金钢管定额子目适用于各种材质合金钢管。

6.2.2 管件连接工程施工图预算的编制要点

1. 低压管件

（1）定额使用注意事项

1）管件连接定额与管道安装定额配套使用，适用范围与管道安装对应。

2）低压管件适用材质范围参照低压管道材质。

3）低压管件用法兰连接时，执行低压法兰安装相应项目，低压管件安装不再计取安装费。

（2）工程量计算规则

1）在管道上安装的仪表一次部件，按管件连接相应项目定额人工、材料、机械乘以系数 0.7 执行。

2）仪表的温度计扩大管制作安装，按管件连接相应项目定额人工、材料、机械乘以系数 1.5 执行。

3）管件连接不分种类以"10 个"为计量单位，包括弯头（含冲压、煨制、焊接弯头）、三通、异径管、管接头、管帽。

2. 中压管件

（1）定额使用注意事项

1）现场在主管上挖眼接管三通及摔制异径管，均按实际数量执行中压管件连接项目，但不得再执行管件制作定额。

2）中压管件适用材质范围参照中压管道材质。

（2）工程量计算规则

1）中压管件连接不分种类以"10 个"为计量单位，包括弯头、三通、异径管、管接头、管帽。

2）在管道上安装的仪表一次部件，按管件连接相应项目定额人工、材料、机械乘以系数 0.7 执行。

3）仪表的温度计扩大管制作安装，按管件连接相应项目定额人工、材料、机械乘以系数1.5执行。

3. 高压管件

（1）定额使用注意事项

1）现场在主管上挖眼接管三通及摔制异径管，均按实际数量执行高压管件连接项目，不得再执行管件制作定额。

2）高压管件适用材质范围参照高压管道材质。

3）高压管件用法兰连接时，执行高压法兰安装相应项目，高压管件安装不再计取安装费。

（2）工程量计算规则

1）在管道上安装的仪表一次部件，按管件连接相应项目定额人工、材料、机械乘以系数0.7执行。

2）仪表的温度计扩大管制作安装，按管件连接相应项目定额人工、材料、机械乘以系数1.5执行。

3）高压管件连接不分种类以"10个"为计量单位，包括弯头、三通、异径管、管接头、管帽。

6.2.3 阀门安装工程施工图预算的编制要点

1. 低压阀门

（1）低压阀门安装包括的工作内容

1）低压阀门安装项目综合考虑了壳体压力试验、解体检查及研磨工作内容。

2）低压调节阀门安装定额仅包括安装工序内容，配合安装工作内容由仪表专业考虑。

3）各种低压法兰阀门安装定额中包括一个垫片和一副法兰用的螺栓。

（2）定额使用注意事项

1）定额内垫片材质与实际不符时，可按实调整。

2）低压阀门壳体压力试验介质是按水考虑的，如果设计要求其他介质，可按实计算。

3）低压阀门适用材质范围参照低压管道材质。

（3）工程量计算规则

1）仪表的流量计安装，按阀门安装相应项目定额人工、材料、机械乘以系数0.6执行。

2）适用于低压管道上的各种阀门安装，以"个"为计量单位。

2. 中压阀门

（1）中压阀门安装包括的工作内容

1）中压阀门安装项目综合考虑了壳体压力试验、解体研磨工作内容。

2）中压调节阀门安装定额仅包括安装工序内容，配合安装工作内容由仪表专业考虑。

3）中压安全阀门包括壳体压力试验及调试内容。

4）中压电动阀门安装包括电动机的安装。

（2）定额使用注意事项

1）中压阀门适用材质范围参照中压管道材质。

2）各种中压法兰阀门安装，定额中包括一个垫片和一副法兰用的螺栓。

3）定额内垫片材质与实际不符时，可按实调整。

4）中压阀门壳体压力试验介质是按水考虑的，如设计要求其他介质，可按实计算。

（3）工程量计算规则

1）仪表的流量计安装，按阀门安装相应项目定额人工、材料、机械乘以系数0.6执行。

2）适用于低压管道上的各种阀门安装，以"个"为计量单位。

3. 高压阀门

（1）高压阀门安装包括的工作内容

阀门安装项目综合考虑了壳体压力试验、解体检查及研磨工作内容。

（2）定额使用注意事项

1）高压阀门适用材质范围参照高压管道材质。

2）高压对焊阀门是按碳钢焊接考虑的，如果设计要求其他材质，则其电焊条价格可换算，其他不变。本项目不包括壳体压力试验、解体检查及研磨工序，发生时应另行计算。

（3）工程量计算规则

1）仪表的流量计安装，按阀门安装相应项目定额人工、材料、机械乘以系数0.6执行。

2）适用于低压管道上的各种阀门安装，以"个"为计量单位。

6.2.4 法兰安装工程施工图预算的编制要点

1. 低压法兰

（1）定额使用注意事项

1）低压法兰适用材质范围参照低压管道材质。

2）定额内垫片材质与实际不符时，可按实调整。

3）盲板（法兰盖）安装只计算本身材料费，不计算安装费。

（2）工程量计算规则

1）适用于低压管道、管件、法兰阀门上的各种法兰安装，以"副"为计量单位。

2）全加热套管法兰安装，按内套管法兰径执行相应项目，定额人工、机械、材料乘以系数2.0。

3）单片法兰安装以"个"为单位计算时，按低压法兰安装定额人工、机械、材料乘以系数0.61执行，螺栓数量不变。

2. 中压法兰

（1）定额使用注意事项

1）中压法兰适用材质范围参照中压管道材质。

2）定额内垫片材质与实际不符时，可按实调整。

3）盲板（法兰盖）安装只计算本身材料费，不计算安装费。

（2）工程量计算规则

1）适用于中压管道、管件、法兰阀门上的各种法兰安装，以"副"为计量单位。

2）全加热套管法兰安装，按内套管法兰径执行相应项目，定额人工、机械、材料乘以系数2.0。

3）单片法兰安装以"个"为单位计算时，按中压法兰安装定额人工、机械、材料乘以系数0.61执行，螺栓数量不变。

3. 高压法兰

（1）定额使用注意事项

1）高压法兰适用材质范围参照高压管道材质。

2）盲板（法兰盖）安装只计算本身材料费，不计算安装费。

3）定额内垫片材质与实际不符时，可按实调整。

（2）工程量计算规则

1）适用于高压管道、管件、法兰阀门上的各种法兰安装，以"副"为计量单位。

2）全加热套管法兰安装，按内套管法兰径执行相应项目，定额人工、机械、材料乘以系数2.0。

3）单片法兰安装以"个"为单位计算时，按高压法兰安装定额人工、机械、材料乘以系数0.61执行，螺栓数量不变。

4）节流装置执行法兰安装相应项目，定额人工、机械、材料乘以系数0.7。

6.2.5 板卷管、管件制作工程施工图预算的编制要点

1. 板卷管、管件制作包括的工作内容

各种板卷管及管件制作。

2. 定额使用注意事项

碳钢卷直管和管件制作用卷筒式板材时，卷筒板材开卷、平直等另行计价。

3. 工程量计算规则

板卷管制作按图示尺寸以质量计算。

6.2.6 管道压力试验、吹扫与清洗工程施工图预算的编制要点

1. 管道压力试验、吹扫与清洗包括的工作内容

管道压力试验、管道系统清洗、管道脱脂、管道油清洗。

2. 定额使用注意事项

1）管道油清洗项目按系统循环清洗考虑，包括油冲洗、系统连接和滤油机用橡胶管的摊销。

2）管道液压试验是按普通水编制的，如设计要求其他介质，可按实计算。

3. 工程量计算规则

管道压力试验、泄漏性试验、吹扫与清洗按不同压力、规格，以"100m"为计量单位。

6.2.7 无损探伤与焊口热处理工程施工图预算的编制要点

1. 无损探伤与焊口热处理包括的工作内容

工业管道焊缝及母材的无损探伤。

2. 无损探伤与热处理不包括的工作内容

1）固定射线探伤仪器适用的各种支架的制作。

2）因超声波探伤检测各种对比试块的制作。

3. 定额使用注意事项

1）定额内已综合考虑了高空作业降效因素。

2) 电加热片是按履带式考虑的,实际与定额不同时可替换。

4. 工程量计算规则

1) 电加热片、电阻丝或电感预热及后热项目中,要求焊后立即进行热处理的,预热及后热项目定额人工、材料、机械应乘以系数 0.87。

2) 管材表面无损检测按规格,以"10m"为计量单位。

3) 焊缝射线检测区别管道不同壁厚、胶片规格,以"10张"为计量单位。

6.2.8 其他项目施工图预算的编制要点

1. 其他项目包括的工作内容

其他项目包括管道支吊架制作与安装、焊口充氮保护(管道内部),冷排管制作安装,钢带退火、加氨,蒸汽分汽缸制作、蒸汽分汽缸安装,集气罐制作、集气罐安装,空气分气筒制作安装等。

2. 其他项目不包括的工作内容

1) 分汽缸、集气罐和空气分气筒的附件安装。

2) 冷排管制作与安装定额中的钢带退火和冲、套翅片。

3) 木垫式管架不包括木垫重量。

3. 工程量计算规则

1) 一般管架制作与安装以"100kg"为计量单位。

2) 套管制作与安装按工作管道的不同规格,以"个"为计量单位。

3) 焊口充氩保护按管道不同规格,以"10口"为计量单位。

4) 冷排管制作与安装以"100m"为计量单位。

6.3 工业管道工程工程量清单的编制要点

工业管道工程的工程量清单分为17节,共129个清单项目。

6.3.1 管道、管件安装工程工程量清单的编制要点

1. 清单项目设置

1) 低压管道安装工程工程量清单项目设置(部分)见表6-1。

表6-1 低压管道安装工程工程量清单项目设置(部分)(编码:030801)

项目编码	项目名称	项目特征	计量单位	工程量计算规则	工程内容
030801001	低压碳钢管	1. 材质 2. 规格 3. 连接形式、焊接方法 4. 套管形式 5. 压力试验、吹扫与清洗设计要求 6. 脱脂设计要求	m	按设计图示管道中心线以长度计算	1. 安装 2. 套管制作、安装 3. 压力试验 4. 吹扫、清洗 5. 脱脂

(续)

项目编码	项目名称	项目特征	计量单位	工程量计算规则	工程内容
030801002	低压碳钢伴热管	1. 材质 2. 规格 3. 连接形式 4. 安装位置 5. 压力试验、吹扫设计要求	m	按设计图示管道中心线以长度计算	1. 安装 2. 套管制作、安装 3. 压力试验 4. 吹扫、清洗

注：1. 管道工程量计算不扣除阀门、管件所占长度；室外埋设管道不扣除附属构筑物（井）所占长度；方形补偿器以其所占长度列入管道安装工程量。
2. 衬里钢管预制安装包括直管、管件及法兰的预安装及拆除。
3. 压力试验按设计要求描述试验方法，如水压试验、气压试验、泄漏性试验、真空试验等。
4. 吹扫与清洗按设计要求描述吹扫与清洗方法和介质，如水冲洗、空气吹扫、蒸汽吹扫、化学清洗、油清洗等。
5. 脱脂按设计要求描述脱脂介质种类，如二氯乙烷、三氯乙烯、四氯化碳、动力苯、丙酮或酒精等。

2）中压管道安装工程工程量清单项目设置（部分）见表6-2。

表6-2 中压管道安装工程工程量清单项目设置（部分）（编码：030802）

项目编码	项目名称	项目特征	计量单位	工程量计算规则	工程内容
030802001	中压碳钢管	1. 材质 2. 规格 3. 连接形式、焊接方法 4. 压力试验、吹扫与清洗设计要求 5. 脱脂设计要求	m	按设计图示管道中心线以长度计算	1. 安装 2. 压力试验 3. 吹扫、清洗 4. 脱脂

注：1. 管道工程量计算不扣除阀门、管件所占长度；方形补偿器以其所占长度列入管道安装工程量。
2. 压力试验按设计要求描述试验方法，如水压试验、气压试验、泄漏性试验、真空试验等。
3. 吹扫与清洗按设计要求描述吹扫与清洗方法和介质，如水冲洗、空气吹扫、蒸汽吹扫、化学清洗、油清洗等。
4. 脱脂按设计要求描述脱脂介质种类，如二氯乙烷、三氯乙烯、四氯化碳、动力苯、丙酮或酒精等。

3）高压管道安装工程工程量清单项目设置（部分）见表6-3。

表6-3 高压管道安装工程工程量清单项目设置（部分）（编码：030803）

项目编码	项目名称	项目特征	计量单位	工程量计算规则	工程内容
030803001	高压碳钢管	1. 材质 2. 规格 3. 连接形式、焊接方法 4. 充氩保护方式部位 5. 压力试验、吹扫与清洗设计要求 6. 脱脂设计要求	m	按设计图示管道中心线以长度计算	1. 安装 2. 焊口充氩保护 3. 压力试验 4. 吹扫、清洗 5. 脱脂

注：1. 管道工程量计算不扣除阀门、管件所占长度；方形补偿器以其所占长度列入管道安装工程量。
2. 压力试验按设计要求描述试验方法，如水压试验、气压试验、泄漏性试验、真空试验等。
3. 吹扫与清洗按设计要求描述吹扫与清洗方法和介质，如水冲洗、空气吹扫、蒸汽吹扫、化学清洗、油清洗等。
4. 脱脂按设计要求描述脱脂介质种类，如二氯乙烷、三氯乙烯、四氯化碳、动力苯、丙酮或酒精等。

4）低压管件安装工程工程量清单项目设置（部分）见表6-4。

表6-4　低压管件安装工程工程量清单项目设置（部分）（编码：030804）

项目编码	项目名称	项目特征	计量单位	工程量计算规则	工程内容
030804001	低压碳钢管件	1. 材质 2. 规格 3. 连接方式 4. 补强圈材质、规格	个	按设计图示数量计算	1. 安装 2. 三通补强圈制作、安装
030804002	低压碳钢板卷管件				

注：1. 管件包括弯头、三通、四通、异径管、管接头、管帽、方形补偿器弯头、管道上仪表一次部件、仪表温度计扩大管制作安装等。
　　2. 管件压力试验、吹扫、清洗、脱脂均包括在管道安装中。
　　3. 在主管上挖眼接管的三通和摔制异径管，均以主管径按管件安装工程量计算，不另计制作费和主材费；挖眼接管的三通支线管径小于主管径1/2时，不计算管件安装工程量；在主管上挖眼接管的焊接接头、凸台等配件，按配件管径计算管件工程量。
　　4. 三通、四通、异径管均按大管径计算。
　　5. 管件用法兰连接时执行法兰安装项目，管件本身不再计算安装。
　　6. 半加热外套管摔口后焊接在内套管上，每处焊口按一个管件计算；外套碳钢管如焊接不锈钢内套管上时，焊口间需加不锈钢短管衬垫，每处焊口按两个管件计算。

5）中压管件安装工程工程量清单项目设置（部分）见表6-5。

表6-5　中压管件安装工程工程量清单项目设置（部分）（编码：030805）

项目编码	项目名称	项目特征	计量单位	工程量计算规则	工程内容
030805001	中压碳钢管件	1. 材质 2. 规格 3. 焊接方法 4. 补强圈材质、规格	个	按设计图示数量计算	1. 安装 2. 三通补强圈制作、安装
030805002	中压螺旋卷管件				

注：1. 管件包括弯头、三通、四通、异径管、管接头、管帽、方形补偿器弯头、管道上仪表一次部件、仪表温度计扩大管制作安装等。
　　2. 管件压力试验、吹扫、清洗、脱脂均包括在管道装中。
　　3. 在主管上挖眼接管的三通和摔制异径管，均以主管径按管件安装工程量计算，不另计制作费和主材费；挖眼接管的三通支线管径小于主管径1/2时，不计算管件安装工程量；在主管上挖眼接管的焊接接头、凸台等配件，按配件管径计算管件工程量。
　　4. 三通、四通、异径管均按大管径计算。
　　5. 管件用法兰连接时执行法兰安装项目，管件本身安装不再计算安装。
　　6. 半加热外套管摔口后焊接在内套管上，每处焊口按一个管件计算；外套碳钢管如焊接不锈钢内套管上时，焊口间需加不锈钢短管衬垫，每处焊口按两个管件计算。

6）高压管件安装工程工程量清单项目设置（部分）见表6-6。

表 6-6 高压管件安装工程工程量清单项目设置（部分）（编码：030806）

项目编码	项目名称	项目特征	计量单位	工程量计算规则	工程内容
030806001	高压碳钢管件	1. 材质 2. 规格 3. 焊接方法 4. 充氩保护方式	个	按设计图示数量计算	1. 安装 2. 管口焊接管内、外充氩保护
030806002	高压不锈钢管件				

注：1. 管件包括弯头、三通、异径管、管接头、管帽、方形补偿器弯头、管道上仪表一次部件、仪表温度计扩大制作安装等。
2. 管件压力试验、吹扫、清洗、脱脂、均包括在管道装中。
3. 三通、四通、异径管均按大管径计算。
4. 管件用法兰连接时执行法兰安装项目，管件本身安装不再计算安装。
5. 半加热外套管撑口后焊接在内套管上，每处焊口按一个管件计算；外套碳钢管如焊接不锈钢内套管上时，焊口间需加不锈钢短管衬垫，每处焊口按两个管件计算。

2. 清单项目工程量计算

（1）管道和管件安装工程

管道工程量按设计图示管道中心线长度延长米，以"m"为计量单位，不扣除阀门、管件所占长度，遇弯管时，按两管交叉的中心线交点计算。方形补偿器以其所占长度按管道安装工程量计算。管件均以"个"为计量单位，按设计图示数量计算。

（2）清单工程量计算应注意的问题

1）管道在计算压力试验、吹扫、清洗、脱脂、防腐蚀、绝热、保护层等工程量时，应将管件所占长度的工程量一并计入管道长度中。

2）法兰连接的管道（管材本身带有法兰的除外，如法兰铸铁管）与法兰分别列项。

3）套管的形式为一般钢套管、刚性防水套管、柔性防水套管。

4）管件安装需要做的压力试验、吹扫、清洗、脱脂、防锈、防腐蚀、绝热、保护层等工程内容已包括在管道安装中，管件安装不再计算。

5）管件为法兰连接时，按法兰安装列项，管件安装不再列项。

6）三通、四通、异径管均按大管径计算。

3. 清单项目编制应注意的问题

（1）工业管道安装

工业管道安装应按压力等级（低、中、高）、管径、材质（碳钢、铸铁、不锈钢等）、连接形式（丝接、焊接、法兰连接等）及管道压力检验、吹扫、吹洗方式等不同特征设置清单项目，编制工程量清单时应明确描述以下各项特征：

1）压力等级。管道安装的压力划分范围如下：

低压：$0 < p \leqslant 1.6\text{MPa}$

中压：$1.6\text{MPa} < p \leqslant 10\text{MPa}$

高压：$10\text{MPa} < p \leqslant 42\text{MPa}$

对于蒸汽管道，$p \geqslant 9\mathrm{MPa}$、工作温度$\geqslant 500℃$时为高压。

2）材质。工程量清单项目必须明确描述材质的种类、型号。如焊接钢管应标出一般管或加厚管；无缝钢管应标出冷拔、热轧、一般石油裂化管、化肥钢管、A3、10#、20#；合金钢管应标出16Mn、15MnV、Cr5Mo、Cr20Mo；不锈耐热钢管应标出1Cr13、1Cr18Ni9、Cr18Ni13Mo3Ti、Cr18NiMo2Ti；铸铁管应标出一般铸铁、球墨铸铁、硅铸铁；纯铜管应标出T1、T2、T3；黄铜管应标出H59~H96；一般铝管应标出L1~L6；防锈铝管应标出LF2~LF12；塑料管应标出PVC、UPVC、PPR等，以便投标人正确确定主材价格。

3）管径。焊接钢管、铸铁管、玻璃管、玻璃钢管、预应力混凝土管按公称直径表示；无缝钢管（碳素钢、合金钢等）、塑料管应以外径表示。用外径表示的应标出管材的壁厚，如$\phi 108 \times 4$、$\phi 133 \times 5$等。

4）连接形式。应按设计图或规范要求明确指出管道安装时的连接形式。连接形式包括丝接、焊接、承插连接（膨胀水泥、石棉水泥、青铅）、法兰连接等，焊接的还应标出氧乙炔焊、手工电弧焊、埋弧自动焊等。

5）管道压力试验、吹扫、清洗方式。工程量清单项目管道安装的压力试验、吹扫、清洗方式应确定。如压力试验采用液压、气压、泄漏性试验或真空试验；吹扫采用水冲洗、空气吹扫、蒸汽吹扫；清洗采用碱洗、酸洗、油清洗等。

6）除锈标准、刷油、防腐、绝热及保护层设计要求。应按设计图或规范要求标出锈蚀等级、防腐采用的防腐材料种类、绝热方式及材料种类，如岩棉瓦块、矿棉瓦块、超细玻璃棉毡缠裹绝热等。

7）套管形式。安装套管时要求采用一般穿墙套管、刚性套管或柔性套管。

（2）管件连接

管件连接按压力等级、材质、规格、口径、连接形式及焊接方式不同分别列项编制管件安装工程工程量清单；在编制管件安装工程工程量清单时，应确定该项目的特征，具体包括：

1）压力等级。压力等级分为低压、中压、高压。压力等级划分方法同管道。

2）材质。按材质可分为低压碳钢管件（包括焊接钢管管件、无缝钢管管件）、不锈钢管件、合金钢管件、铸铁管件（如一般铸铁、球墨铸铁）、铜管件、铝管件、塑料管件（如PVC、UPVC）等。

3）连接方式。连接方式包括丝接、焊接（如氧乙炔焊、电弧焊）、承插连接（如膨胀水泥、石棉水泥）等。

4）型号及规格。碳钢管件、不锈钢管件、合金钢管件、预应力管件、玻璃钢管件、玻璃管件、铸铁管件按公称直径表示；铝管件、铜管件、塑料管件按管外径表示。

5）管件名称。管件名称有弯头、三通、四通、异径管等。

6.3.2 阀门、法兰安装工程工程量清单的编制要点

1. 清单项目设置

低压阀门安装工程工程量清单项目设置（部分）见表6-7。

表 6-7　低压阀门安装工程工程量清单项目设置（部分）（编码：030807）

项目编码	项目名称	项目特征	计量单位	工程量计算规则	工程内容
030807001	低压螺纹阀门	1. 名称 2. 材质 3. 型号、规格 4. 连接形式 5. 焊接方法	个	按设计图示数量计算	1. 安装 2. 操纵装置安装 3. 壳体压力试验、解体检查及研磨 4. 调试
030807002	低压焊接阀门				

注：1. 减压阀直径按高压侧计算。
　　2. 电动阀门包括电动机安装。
　　3. 操纵装置安装按规范或设计技术要求计算。

中压阀门安装工程工程量清单项目设置（部分）见表 6-8。

表 6-8　中压阀门安装工程工程量清单项目设置（部分）（编码：030808）

项目编码	项目名称	项目特征	计量单位	工程量计算规则	工程内容
030808001	中压螺纹阀门	1. 名称 2. 材质 3. 型号、规格 4. 连接形式 5. 焊接方法	个	按设计图示数量计算	1. 安装 2. 操纵装置安装 3. 壳体压力试验、解体检查及研磨 4. 调试

注：1. 减压阀直径按高压侧计算。
　　2. 电动阀门包括电动机安装。
　　3. 操纵装置安装按规范或设计技术要求计算。

高压阀门安装工程工程量清单项目设置（部分）见表 6-9。

表 6-9　高压阀门安装工程工程量清单项目设置（部分）（编码：030809）

项目编码	项目名称	项目特征	计量单位	工程量计算规则	工程内容
030809001	高压螺纹阀门	1. 名称 2. 材质 3. 型号、规格 4. 连接形式 5. 法兰垫片材质	个	按设计图示数量计算	1. 安装 2. 壳体压力试验、解体检查及研磨
030809002	高压法兰阀门				

注：减压阀直径按高压侧计算。

低压法兰安装工程工程量清单项目设置（部分）见表 6-10。

表 6-10 低压法兰安装工程工程量清单项目设置（部分）（编码：030810）

项目编码	项目名称	项目特征	计量单位	工程量计算规则	工程内容
030810001	低压碳钢螺纹法兰	1. 材质 2. 结构形式 3. 型号、规格	副（片）	按设计图示数量计算	1. 安装 2. 翻边活动法兰短管制作

注：1. 法兰焊接时，要在项目特征中描述法兰的连接形式（平焊法兰、对焊法兰、翻边活动法兰及焊环活动法兰等），不同连接形式应分别列项。
2. 配法兰的盲板不计安装工程量。
3. 焊接盲板（封头）按管件连接计算工程量。

中压法兰安装工程工程量清单项目设置（部分）见表 6-11。

表 6-11 中压法兰安装工程工程量清单项目设置（部分）（编码：030811）

项目编码	项目名称	项目特征	计量单位	工程量计算规则	工程内容
030811001	中压碳钢螺纹法兰	1. 材质 2. 结构形式 3. 型号、规格	副（片）	按设计图示数量计算	1. 安装 2. 翻边活动法兰短管制作

注：1. 法兰焊接时，要在项目特征中描述法兰的连接形式（平焊法兰、对焊法兰等），不同连接形式应分别列项。
2. 配法兰的盲板不计安装工程量。
3. 焊接盲板（封头）按管件连接计算工程量。

高压法兰安装工程工程量清单项目设置（部分）见表 6-12。

表 6-12 高压法兰安装工程工程量清单项目设置（部分）（编码：030812）

项目编码	项目名称	项目特征	计量单位	工程量计算规则	工程内容
030812001	高压碳钢螺纹法兰	1. 材质 2. 结构形式 3. 型号、规格 4. 法兰垫片材质	副（片）	按设计图示数量计算	安装

注：1. 配法兰的盲板不计安装工程量。
2. 焊接盲板（封头）按管件连接计算工程量。

2. 清单项目工程量计算

（1）阀门和法兰安装工程

阀门工程量按设计图示数量计算，以"个"为计量单位。

法兰工程量按设计图示数量计算，以"副"为计量单位。

（2）清单工程量计算应注意的问题

1）各种形式补偿器（除方形补偿器外）、仪表流量计均按阀门安装工程量计算。

2）减压阀直径按高压侧计算。

3）电动阀门包括电动机安装。

4）单片法兰、焊接盲板和封头按法兰安装计算，但法兰盲板不计安装工程量。

3. 清单项目编制应注意的问题

（1）阀门安装

阀门安装按压力、材质、规格、型号、连接形式及绝热、保护层等不同分别列项设置清单项目。在编制阀门安装工程工程量清单项目时，应明确描述出下列特征：

1）压力等级。阀门压力等级划分同管道。
2）材质。材质可分为碳钢、不锈钢、合金钢、铜等。
3）连接形式。连接形式可分为丝接、焊接、法兰等。
4）型号及规格：阀门规格按公称直径。

（2）法兰安装

法兰安装按压力、材质、规格、型号、连接形式及绝热、保护层等不同分别列项编制清单项目，并明确标出下列特征：

1）压力等级。法兰压力等级划分同管道。
2）材质。材质可分为碳钢、不锈钢、合金钢、铜、铝等。
3）连接形式。连接形式可分为丝接、焊接（如氧乙炔焊、电弧焊等）。
4）型号及规格。法兰安装清单项目应明确标出规格、型号。碳钢法兰、不锈钢法兰、不锈钢翻边法兰、合金钢法兰均按公称直径表示；铝法兰、铝翻边法兰、铜法兰、铜翻边法兰按外径表示；法兰型号应按平焊法兰、对焊法兰、翻边活动法兰表示。
5）绝热及保护层的材料种类、厚度等。

6.3.3 板卷管、管件制作工程工程量清单的编制要点

1. 清单项目设置

板卷管制作工程工程量清单项目设置（部分）见表6-13。

表6-13 板卷管制作安装工程工程量清单项目设置（部分）（编码：030813）

项目编码	项目名称	项目特征	计量单位	工程量计算规则	工程内容
030813001	碳钢板直管制作	1. 材质 2. 规格 3. 焊接方法	t	按设计图示质量计算	1. 制作 2. 卷筒式板材开卷及平直

管件制作工程工程量清单项目设置（部分）见表6-14。

表6-14 管件制作安装工程工程量清单项目设置（部分）（编码：030814）

项目编码	项目名称	项目特征	计量单位	工程量计算规则	工程内容
030814001	碳钢板管件制作	1. 材质 2. 规格 3. 焊接方法	t	按设计图示质量计算	1. 制作 2. 卷筒式板材开卷及平直

注：管件包括弯头、三通、异径管；异径管按大头口径计算，三通按主管口径计算。

2. 清单项目工程量计算

各种板卷管按设计制作直管段长度计算，板卷管件制作按设计图示数量计算，均以"t"为计量单位；用管子制作的虾体弯按设计图示数量计算，以"个"为计量单位。

板卷管和板卷管件的工程量计算，均按直管和管件的净重计算，板卷直管每米质量按下式计算：

$$W=\pi(D_{外}-t)tC$$

式中 W——管道每米质量（kg/m）；

  $D_{外}$——管外径（m）；

  t——管壁厚度（m）；

  C——管材参数：碳钢 $C=7850\text{kg/m}^3$；不锈钢 $C=7900\text{kg/m}^3$；铝 $C=2700\text{kg/m}^3$；铝合金 $C=2800\text{kg/m}^3$。

【例 6-1】 某碳钢焊接钢管 $D630\times8$，试计算该钢管的每米质量。

【解】 参数 $D=0.63\text{m}$，$t=0.008\text{m}$，$C=7850\text{kg/m}^3$，则该管道的每米质量为：

$$W=\pi\times(0.63\text{m}-0.008\text{m})\times0.008\text{m}\times7850\text{kg/m}^3=122.72\text{kg/m}$$

3. 清单项目编制应注意的问题

管件制作按管件压力、材质、焊接形式、规格、制作方式等不同分别列项设置清单项目，并明确描述下列特征：

1）压力等级。压力等级的划分方法同管道。
2）材质。材质可分为碳钢、不锈钢、铝、铜等。
3）焊接形式。焊接形式分为手工电弧焊、氩弧焊、氩电联焊等。
4）规格。碳钢管、不锈钢管按公称直径表示，铝、铜、塑料管等按管外径表示。
5）制作方式。制作方式分为用板卷制和用成品管材焊接或爆制等。
6）管件名称。管件名称有弯头、三通、四通、异径管等。

6.3.4 管架制作工程工程量清单的编制要点

1. 清单项目设置

管架制作工程工程量清单项目设置（部分）见表 6-15。

表 6-15 管架制作安装工程工程量清单项目设置（部分）（编码：030815）

项目编码	项目名称	项目特征	计量单位	工程量计算规则	工程内容
030815001	管架制作安装	1. 单件支架质量 2. 材质 3. 管架形式 4. 支架衬垫形式 5. 减振器形式及做法	kg	按设计图示质量计算	1. 制作、安装 2. 弹簧管架物理性试验

注：1. 单件支架质量有 100kg 以下和 100kg 以上时，应分别列项。
    2. 支架衬垫须注明采用何种衬垫，如防腐木垫等。
    3. 采用弹簧减振器时需注明是否做相应试验。

2. 清单项目工程量计算

需要注意的是，此处的管架只限于管架单重在100kg以内的项目，当单件超过100kg时，可按工艺金属结构制作安装的桁架或管廊项目编制工程量清单。

管架制作清单项目描述应明确，如管架的材质、形式（固定支架、活动支架、吊架等）、除锈方式和等级（如中锈、重锈）、油漆品种等。

管道支架工程量计算是按设计的位置，按所需的型号查阅标准图或大样图，根据管架的结构形式和钢材的规格尺寸，计算出单个管道支架的质量。当设计没有给出具体的位置时，应查阅管道支架允许的最大间距（不同管道直径的最大间距不同），计算出管道支架的数量，进而计算出管道支架的总质量。

6.3.5 无损探伤与热处理工程工程量清单的编制要点

1. 清单项目设置

无损探伤与热处理工程工程量清单项目设置（部分）见表6-16。

表6-16 无损探伤与热处理工程工程量清单项目设置（部分）（编码：030816）

项目编码	项目名称	项目特征	计量单位	工程量计算规则	工程内容
030816001	管材表面超声波探伤	1. 名称 2. 规格	1. m 2. m²	1. 以m计量，按管材无损探伤长度计算 2. 以m²计量，按管材表面探伤检测面积计算	探伤
030816002	管材表面磁粉探伤				

注：探伤项目包括固定探伤仪支架的制作、安装。

2. 清单项目工程量计算

管材表面及焊缝无损探伤工程量清单编制，应按探伤的种类（X射线、γ射线、超声波、普通磁粉、荧光磁粉、渗透）、探伤的管材规格（公称直径）或底片规格及壁厚等不同特征分别列项设置工程量清单。管材表面及焊缝无损探伤按规范设计技术要求进行。

6.3.6 其他项目工程工程量清单的编制要点

1. 清单项目设置

其他项目制作安装工程工程量清单项目设置（部分）见表6-17。

表6-17 其他项目制作安装工程工程量清单项目设置（部分）（编码：030817）

项目编码	项目名称	项目特征	计量单位	工程量计算规则	工程内容
030817001	冷排管制作安装	1. 排管形式 2. 组合长度	m	按设计图示长度计算	1. 制作、安装 2. 钢带退火 3. 加氨 4. 冲、套翅片

2. 清单项目工程量计算

其他项目制作安装工程按各自的项目特征列项设置清单项目,按各自的工程量计算规则确定清单工程量。

若蒸汽分气缸、集气罐为成品,确定蒸汽分气缸、集气罐制作安装清单综合单价时,则不综合蒸汽分气缸、集气罐制作费用。钢制排水漏斗制作安装,其口径规格应按下口公称直径计算。

3. 工程量清单编制的有关说明

(1) 关于工程内容

管道安装、阀门安装、管件安装、法兰安装、板卷管制作与管件制作等清单项目,除了要安装本体项目外,还要完成附属于主体项目外的其他项目,即组合项目。这些组合项目对管道安装主项而言,不是每个主项都要完成工程量清单《通用安装工程工程量计算规范》(GB 50856—2013)列的全部工程内容(组合项目),这些组合项目是否需要,基本上取决于管道性质、设计、规范和招标文件的规定。例如,管道为低压有缝管螺纹连接,螺纹连接的管道不可能发生管道焊口探伤项目;"管材表面无损探伤"主要是在高压碳钢管安装前对管材进行检查应用,一般的管道安装工程不会发生这项工作;不锈钢管、有色金属管在一般的情况下不要求防腐。

(2) 关于清单项目的特征描述

在编制其他项目工程量清单时,对于实际工程中所发生的工程内容必须在工程量清单中描述清楚,如焊口探伤用什么方法、用什么材料绝热、用什么材料作保护层等,凡是需要做的一定要列入清单项目的特征描述中。例如,对于管道及管件安装清单项目,一定要描述材质、连接方式、除锈等级、试压、吹扫方式等。

(3) 关于不确定的工作内容

在编制清单项目时,有些工作内容要在设备到货后或在施工过程中才能确定(如管道除锈的等级),投标人确定综合单价时一律以招标人提供的清单项目描述为准,而招标人应对此结算问题在招标文件写明处理办法。

(4) 关于套管

在管道安装工程量清单项目中,套管制作安装是一项组合的工程内容。工业管道中的套管有一般穿墙套管、刚性防水套管、柔性防水套管三种。其中,一般穿墙套管结构简单,为一节钢管(长约300mm)。在实际工程中应按设计要求确定所选用的套管。

(5) 关于特殊条件下的施工增加费

下列各项费用应根据工程实际情况有选择地计价,并入综合单价、特殊条件下的施工增加费(安装与生产同时进行、有害身体健康环境中施工、封闭式地沟施工、厂区范围以外施工时增加的运输费)、特殊材质施工增加费(超低碳不锈钢材、高合金钢材)、管道系统单体运转所需的水电、蒸汽、燃气、气体及油脂等材料费等。

6.4 工业管道工程工程量清单计价实例

根据招标文件提供的工程量清单及其对项目的特征描述,明确清单内的每一个项目所包括的工程内容。对清单的综合单价可以采用企业定额分析计算,也可以采用分析计算。采用

全国统一定额或地区定额进行单价分析时,应注意以下几点:

1) 不同规格的同一材质和压力等级的管道,要分别计算其工程内容相应的工程量,例如应分别计算 DN25 和 DN32 管道的刷油工程量。

2) 管件安装需要做的压力试验、吹扫、清洗、脱脂、防锈、防腐蚀等工程内容已包括在管道安装中,管件安装不再计算。

3) 阀门的压力试验、解体检查和研磨项目,当采用全国统一或地区定额做单价分析时,已包括在定额各阀门安装的工、料、机消耗量中,单价分析时不应再另行计算。当采用企业定额做单价分析时,应按企业定额子目所包括的内容决定。

4) 盲板(法兰盖)安装只计算本身材料费,不计算安装费。

5) 管道压力试验、吹扫与清洗项目在工程量清单项目中属于组合项目,不属于实体清单项目,其工程量是按不同的管径以长度计算的。在工程量清单项目中,试压、吹洗工程量等同于相应的管道长度。

【例 6-2】 某车间工业管道安装工程采用清单计价模式。工程量计算后编制的分部分项工程量清单见表 6-18。试确定综合单价。

【解】 本例有七个清单项目:

1) 低压碳钢 $D219\times8$ 无缝钢管电弧焊接,项目编码为 030801001001。工程内容包括:管道安装、低压管道液压试验、水冲洗。

2) 低压碳钢 DN200 管件安装,其中弯头电弧焊接清单编码为 030804001001;三通电弧焊接清单编码为 030804001002。

3) 低压碳钢 DN200 法兰阀门安装,项目编码为 030807003001。

4) 低压碳钢 DN200 平焊法兰安装,项目编码为 030810002001。

5) 焊缝 X 射线探伤(80mm×300mm)项目编码为 030816003001。

6) 管架制作安装(一般支架),项目编码为 030815001001。

7) 管道刷油,其中低压无缝钢管刷防锈漆二遍的项目编码为 031201001001。

8) 管道支架除锈、刷二遍防锈漆、刷二遍银粉漆的项目编码为 031201003001。

9) 套管制作安装,项目编码为 030817008001。

1. 清单工程量(业主根据施工图计算)

表 6-18 分部分项工程量清单

工程名称:某车间工业管道安装工程

序号	项目编码	项目名称	单位	工程量
1	030801001001	低压碳钢 $D219\times8$ 无缝钢管(热轧 20 号钢,手工电弧焊低压碳钢管、低压管道液压试验、水冲洗)	m	420
2	030804001001	低压碳钢 DN200 管件安装(电弧焊、弯头)	个	30
3	030804001002	低压碳钢 DN200 管件安装(电弧焊、三通)	个	10
4	030807003001	低压碳钢 DN200 法兰阀门安装(J41H-25-200)	个	5
5	030810002001	低压碳钢 DN200 平焊法兰安装(电弧焊 2.5MPa)	副	5
6	030816003001	焊缝 X 射线探伤(80mm×300mm)	张	68
7	030815001001	管道支架制作安装(一般支架)	kg	235

(续)

序号	项目编码	项目名称	单位	工程量
8	031201001001	低压无缝钢管刷油（刷二遍防锈漆）	m²	288.82
9	031201003001	管道支架刷油（除锈、刷二遍防锈漆、刷二遍银粉漆）	kg	235
10	030817008001	套管制作安装（一般钢套管）	台	7

2. 标底价的计算

(1) 计量单位的确定

编制工程量清单时，应按《通用安装工程工程量计算规范》(GB 50856—2013) 附录相应工程量计算规则进行计算。而编制清单投标报价或预算控制价时，应按定额计价的工程量计算规则计算工程量，并套用相应的《湖北省通用安装工程消耗量定额及全费用基价表》。在计量单位上，工程量清单计价工程量以基本单位为准，而《湖北省通用安装工程消耗量定额及全费用基价表》的计量单位则可能将基本单位扩大10倍、100倍，故在套用《湖北省通用安装工程消耗量定额及全费用基价表》时应注意计量单位的变化。

需要注意：本例中低压碳钢 $D219×8$ 无缝钢管电弧焊接对应《湖北省通用安装工程消耗量定额及全费用基价表》的综合定额子目是C8-1-30，其计量单位为10m；低压碳钢DN200管件安装对应综合定额子目是C8-2-29，其计量单位为10个，低压碳钢DN200法兰阀门安装对应综合定额子目是C8-3-27，其计量单位为个；低压碳钢DN200平焊法兰安装对应综合定额子目是C8-4-21，其计量单位为副；焊缝X射线探伤 (80mm×300mm) 对应综合定额子目是C8-6-10，其计量单位为10张；管道支架制作安装对应综合定额子目是C8-7-1，其计量单位为100kg。低压无缝钢管刷防锈漆二遍对应综合定额子目是C12-3-224，其计量单位为 $10m^2$。管道支架除锈对应综合定额子目是C12-1-5，其计量单位为 $10m^2$。管道支架刷二遍防锈漆对应综合定额子目是C12-2-49+C12-2-50，其计量单位为100kg。管道支架刷二遍银粉漆对应综合定额子目是C12-3-205，其计量单位为100kg。一般钢套管的制作与安装对应的综合定额子目是C8-7-136。在进行综合单价计算时，可先按各子目计算规则计算相应工程量，取费后，再折算为清单项目计量单位的综合单价。

(2) 综合单价的确定方法与相关规定

1) 综合单价计算方法。工程量清单计价采用综合单价模式，即综合了人工费、材料费、施工机械使用费、管理费和利润，并考虑一定的风险因素。编制标底应按招标文件的要求，以人工费、材料费、机械费之和乘以风险系数，或造价管理部门发布的风险计算办法计算风险费，投标人可以自主确定投标报价的风险系数。对于安装工程，管理费以人工费为基数，乘以相应费率。属于建筑工程中的安装工程其利润以直接工程费为基数，乘以相应费率计算；其他安装工程以人工费为基数，乘以相应费率计算。

2) 关于综合单价的几个具体规定。

综合单价的调整。根据《湖北省建设工程计价管理办法》(鄂建 [2003] 45号)，分别按以下情况处理：由于漏项或设计变更，原工程量清单中没有列出，工程施工中实际发生了新的工程量清单项目，其综合单价和工程数量由承包人提出，经发包人认可后进行结算。由于设计变更，使原工程量清单中的工程量发生了增减，除合同另有约定外，增减幅度在15%以内时 (含15%)，应按原综合单价结算。若增减幅度在15%以上时，在原工程量清单数量的基础上，新增加部分的工程量或减少后剩余部分的工程量的数量及综合单价，由承包人提出，经发包人认可后进行结算。

甲供材的处理。《建设工程工程量清单计价规范》（GB 50500—2013）规定，由甲方自行采购材料所发生的材料购置费应列入其他项目的招标人部分，并计入单位工程费汇总表。因此，在实体项目的分部分项工程量清单计价时，其综合单价的材料费组成中应扣除甲供材。甲供材可以计取管理费、利润和组织措施项目直接工程费。

由于工程量的变更，当实际发生了分部分项工程费以外的费用损失，如措施项目费损失或其他项目费损失时，承包人可提出索赔要求，与发包人协商确认以后，给予补偿。

3）相关费用分析。本例的人工、材料、机械台班消耗量按《湖北省通用安装工程消耗量定额及全费用基价表》中的相应项目套用。综合单价中的人工单价、计价材料单价、机械台班单价根据《湖北省通用安装工程消耗量定额及全费用基价表》中取定的单价确定，并按照定额计价的方式给予人工费、计价材料费、机械费调差。综合单价中的未计价材料费由市场信息价确定，未计价材料单价与计价材料单价之和计为材料单价。本例中，普工单价取 92 元/工日，技工单价取 142 元/工日。该工程中焊缝 X 射线探伤（80mm×300mm）属一类工程，根据《湖北省通用安装工程消耗量定额及全费用基价表》有关规定，全费用组成中的费用项目已经包括了总价措施项目费、企业管理费、利润和规费（本例暂不考虑风险因素费用的计取）。

(3) 综合单价的计算

1）低压碳钢 $D219×8$ 无缝管（热轧 20 号钢，手工电弧焊低压碳钢管、低压管道液压试验、水冲洗）安装综合单价的确定。

① 低压碳钢 $D219×8$ 无缝管电弧焊接（C8-1-30）。

人工费 = 165.9 元/10m×420m = 6967.80 元。

计价材料费 = 84.41 元/10m×420m = 3545.22 元。

未计价材料费：

钢管每米质量 $W = π×(0.219m−0.008m)×0.008m×7850kg/m^3 = 41.63kg/m$。

主材耗用量：

查子目 C8-1-30 主材的消耗量为 8.798m/10m；低压碳钢 $D219×8$ 无缝管市场价为 10 元/kg。

主材价 = 420m×8.798m/10m×41.63kg/m×10 元/kg = 153831.18 元。

材料费合计 = 3545.22 元 + 153831.18 元 = 157376.4 元。

机械费 = 64.38 元/10m×420m = 2703.96 元

费用 = 129.16 元/10m×420m = 5424.72 元

增值税 = (48.82 元/10m×420m)÷11%×9% + 153831.18 元×9% = 15522.44 元

② 低压管道液压试验（C8-5-4）。

人工费 = 552.96 元/100m×420m = 2322.43 元

计价材料费 = 145.16 元/100m×420m = 609.67 元

未计价材料费：查子目 C8-5-4 主材的消耗量为 8.773t/100m；水的市场价为 2.5 元/t。

主材费 = 8.773t/100m×420m×2.5 元/t = 92.11 元。

材料费合计 = 609.67 元 + 92.11 元 = 701.78 元。

机械费=33.35元/100m×420m=140.07元。

费用=328.86元/100m×420m=1381.21元。

增值税=(116.64元/100m×420m)÷11%×9%+92.11元×9%=409.11元。

③ 水冲洗（C8-5-54）。

人工费=331.71元/100m×420m=1393.18元。

计价材料费=91.44元/100m×420m÷100=384.05元。

未计价材料费：查子目C8-5-54主材的消耗量为98.69t/100m；水的市场价为2.5元/t。

主材费=98.69t/100m×420m×2.5元/t=1036.25元。

材料费合计=384.05元+1036.25元=1420.3元

机械费=64.63元/100m×420m=271.45元。

费用=222.31元/100m×420m=933.70元。

增值税=(78.11元/100m×420m)÷11%×9%+1036.25元×9%=361.68元。

综合：

人工费=6967.80元+2322.43元+1393.18元=10683.41元。

材料费=157376.4元+701.78元+1420.3元=159498.48元。

机械费=2703.96元+140.07元+271.45元=3115.48元。

费用=5424.72元+1381.21元+933.70元=7739.63元。

增值税=15522.44元+409.11元+361.68元=16293.23元。

合计=10683.41元+159498.48元+3115.48元+7739.63元+16293.23元
　　=197330.23元。

综合单价=197330.23元÷420m=469.83元/m

2）低压碳钢DN200管件安装（电弧焊、弯头）综合单价的确定（C8-2-29）。

人工费=688.54元/10个×30个=2065.62元。

计价材料费=276.23元/10个×30个=828.69元。

未计价材料费：市场信息价为315.00元/个。

主材费=315.00元/个×30个=9450.00元。

材料费合计=828.69元+9450.00元=10278.69元。

机械费=139.59元/10个×30个=418.77元。

费用=464.50元/10个×30个=1393.5元。

增值税=(172.57元/10个×30个)÷11%×9%+9450.00元×9%=1274.08元。

合计=2065.62元+10278.69元+418.77元+1393.5元+1274.08元
　　=15430.66元。

综合单价=15430.66元÷30个=514.35元/个

3）低压碳钢DN200管件安装（电弧焊、三通）综合单价的确定（C8-2-29）。

人工费=688.54元/10个×10个=688.54元

计价材料费=276.23元/10个×10个=276.23元。

未计价材料费：市场信息价为315.00元/个。

主材费=315.00元/个×10个=3150.00元。

材料费合计=276.23元+3150.00元=3426.23元。

机械费=139.59元/10个×10个=139.59元。

费用=464.50元/10个×10个=464.50元。

增值税=(172.57元/10个×10个)÷11%×9%+3150.00元×9%=424.69元。

合计=688.54元+3426.23元+139.59元+464.50元+424.69元
   =5143.55元。

综合单价=5143.55元÷10个=514.36元/个

4) 低压碳钢DN200法兰阀门安装（J41H-25-200）综合单价的确定（C8-3-27）。

人工费=132.52元/个×5个=662.60元。

计价材料费=37.93元/个×5个=189.65元。

未计价材料费：市场信息价为3860.00元/个。

主材费=3860.00元/个×5个=19300.00元。

材料费合计=189.65元+19300.00元=19489.65元。

机械费=43.23元/个×5个=216.15元。

费用=98.58元/个×5个=492.9元。

增值税=(34.35元/个×5个)÷11%×9%+19300.00元×9%=1877.52元。

合计=662.60元+19489.65元+216.15元+492.9元+1877.52元
   =22738.82元。

综合单价=22738.82元÷5个=4547.76元/个

5) 低压碳钢DN200平焊法兰安装（电弧焊2.5MPa）综合单价的确定（C8-4-21）。

人工费=56.28元/副×5副=281.4元。

计价材料费=24.69元/副×5副=123.45元。

未计价材料费：市场信息价为318.80元/片。

主材费=318.80元/片×2片/副×5副=3188.00元。

材料费合计=123.45元+3188.00元=3311.45元。

机械费=13.46元/副×5副=67.3元。

费用=39.12元/副×5副=195.60元。

增值税=(14.69元/副×5副)÷11%×9%+3188.00元×9%=347.02元。

合计=281.4元+3311.45元+67.3元+195.60元+347.02元=4202.77元。

综合单价=4202.77元÷5副=840.55元/副

6) 焊缝X射线探伤（80mm×300mm）综合单价的确定（C8-6-10）。

人工费=303.92元/10张×68张=2066.66元。

材料费=154.42元/10张×68张=1050.06元。

机械费=74.83元/10张×68张=508.84元。

费用=212.44元/10张×68张=1444.59元。

增值税=(82.02元/10张×68张)÷11%×9%=456.33元。

合计=2066.66元+1050.06元+508.84元+1444.59元+456.33元
   =5526.48元。

综合单价=5526.48元÷68张=81.27元/张

7) 管道支架制作安装（一般支架）综合单价的确定（C8-7-1）。

人工费=707.77 元/100kg×235kg=1663.26 元。

计价材料费=136.46 元/100kg×235kg=320.68 元。

未计价材料费：

主材耗用量=235kg/100kg×106kg=249.10kg。

主材费=249.10kg×5.04 元/kg=1255.46 元。

材料费合计=320.68 元+1255.46 元=1576.14 元。

机械费=43.76 元/100kg×235kg=102.84 元。

费用=421.55 元/100kg×235kg=990.64 元。

增值税=（144.05 元/100kg×235kg）÷11%×9%+1255.46 元×9%=389.96 元。

合计=1663.26 元+1576.14 元+102.84 元+990.64 元+389.96 元
　　=4722.84 元。

综合单价=4722.84 元÷235kg=20.10 元/kg

8) 低压无缝钢管刷油（防锈漆二遍）综合单价的确定（C12-3-224）。

人工费=98.05 元/10m^2×288.82m^2=2831.88 元。

材料费=87.00 元/10m^2×288.82m^2=2512.73 元。

机械费=0 元

费用=55 元/10m^2×288.82m^2=1588.51 元。

增值税=（26.41 元/10m^2×288.82m^2）÷11%×9%=624.08 元。

合计=2831.88 元+2512.73 元+0 元+1588.51 元+624.08 元=7557.2 元

综合单价=7557.2 元÷288.82m^2=26.17 元/m^2

9) 管道支架刷油（除锈、刷二遍防锈漆、刷二遍银粉漆）综合单价的确定。

① 人工除锈（轻锈）（C12-1-5）。

人工费=24.54 元/100kg×235kg=57.67 元。

材料费=4.13 元/100kg×235kg=9.71 元。

机械费=7.76 元/100kg×235kg=18.24 元。

费用=18.12 元/100kg×235kg=42.58 元。

增值税=（6 元/100kg×235kg）÷11%×9%=11.54 元。

② 刷二遍防锈漆（红丹防锈漆）（C12-2-49+C12-2-50）。

人工费=（10.4 元+10.02 元）/100kg×235kg=47.99 元。

材料费=（14.91 元+12.79 元）/100kg×235kg=65.1 元。

机械费=（3.88 元+3.88 元）/100kg×235kg=18.24 元。

费用=（8.01+7.8）元/100kg×235kg=37.15 元。

增值税=［（4.09+3.79）元/100kg×235kg］÷11%×9%=15.15=18.52 元。

③ 刷银粉漆二遍（C12-3-205）。

人工费=27.95 元/100kg×235kg=65.68 元。

材料费=54.72 元/100kg×235kg=128.59 元。

机械费=0 元

费用=15.68 元/100kg×235kg=36.85 元。

增值税=（10.82 元/100kg×235kg）÷11%×9%=20.81 元。

综合：

人工费 = 57.67 元 + 47.99 元 + 65.68 元 = 171.34 元。

材料费 = 9.71 元 + 65.1 元 + 128.59 元 = 203.4 元。

机械费 = 18.24 元 + 18.24 元 + 0 元 = 36.48 元。

费用 = 42.58 元 + 37.15 元 + 36.85 元 = 116.58 元。

增值税 = 11.54 元 + 15.15 元 + 20.18 元 = 47.5 元。

合计 = 171.34 元 + 203.4 元 + 36.48 元 + 116.58 元 + 47.5 元 = 575.3 元。

综合单价 = 575.3 元 ÷ 235kg = 2.45 元/kg

10）套管制作安装（一般钢套管）综合单价的确定（C8-7-136）。

人工费 = 71.50 元/个 × 7 个 = 500.50 元

计价材料费 = 28.09 元/个 × 7 个 = 196.63 元

未计价材料费：

钢管每米质量 $W = \pi \times (0.266m - 0.008m) \times 0.008m \times 7850 kg/m^3 = 50.88 kg/m$。

设每个套管长为 0.3m，主材消耗量为 0.3m/个，碳钢管 DN250 市场信息价为 7.35 元/kg。

主材价 = 0.3m/个 × 7 个 × 50.88kg/m × 7.35 元/kg = 785.33 元

材料费合计 = 196.63 元 + 785.33 元 = 981.96 元

机械费 = 0.22 元/个 × 7 个 = 1.54 元。

费用 = 40.23 元/个 × 7 个 = 281.61 元。

增值税 = （15.40 元/个 × 7 个）÷ 11% × 9% + 785.33 元 × 9% = 158.88 元。

合计 = 500.50 元 + 981.96 元 + 1.54 元 + 281.61 元 + 158.88 元 = 1924.49 元。

综合单价 = 1924.49 元 ÷ 7 个 = 274.93 元/个

某车间工业管道安装工程综合单价见表 6-19 ~ 表 6-28。

表 6-19 分部分项工程量清单全费用综合单价计算表

工程名称：某车间工业管道安装工程　　　　　　计量单位：m

项目编码：030801001001　　　　　　　　　　工程数量：420

项目名称：低压碳钢无缝钢管安装 DN200　　　　综合单价：469.83 元/m

序号	定额编号	工程内容	单位	数量	综合单价组成（元）					小计（元）
					人工费	材料费	机械费	费用	增值税	
1	C8-1-30	无缝钢管热轧 D219×8 安装（20号钢，手工电弧焊、安装一般钢套管、水压试验、水冲洗、刷防锈漆二遍）	10m	42	6967.80	3545.22	2703.96	5424.72	1677.63	20319.33
2		无缝钢管 D219×8	m	369.52		153831.18			13844.81	167675.99
3	C8-5-4	水压试验	100m	4.2	2322.43	609.67	140.07	1381.21	400.82	4854.2

（续）

序号	定额编号	工程内容	单位	数量	综合单价组成（元）					小计（元）
					人工费	材料费	机械费	费用	增值税	
		水	t	36.84		92.11			8.29	100.4
4	C8-5-54	水冲洗	100m	4.2	1393.18	384.05	271.45	933.7	247.69	1917.26
		水	t	414.5		1036.25			113.99	1150.24
		合计			10683.41	159498.48	3115.48	7739.63	16293.23	197330.23
		单价			25.44	379.76	7.42	18.43	38.79	469.83

表 6-20　分部分项工程量清单全费用综合单价计算表

工程名称：某车间工业管道安装工程　　　　　　　　计量单位：个
项目编码：030804001001　　　　　　　　　　　　工程数量：30
项目名称：低压碳钢 DN200 管件安装　　　　　　　综合单价：514.35 元/个

序号	定额编号	工程内容	单位	数量	综合单价组成（元）					小计（元）
					人工费	材料费	机械费	费用	增值税	
1	C8-2-29	低压碳钢 DN200 管件安装	10 个	3	2065.62	828.69	418.77	1393.5	423.58	5130.16
		低压碳钢 DN200 管件	个	30		9450.00			850.5	13000.5
		合计			2065.62	10278.69	418.77	1393.5	1274.08	15430.66
		单价			68.85	342.62	13.96	46.45	42.47	514.35

表 6-21　分部分项工程量清单全费用综合单价计算表

工程名称：某车间工业管道安装工程　　　　　　　　计量单位：个
项目编码：030804001002　　　　　　　　　　　　工程数量：10
项目名称：低压碳钢 DN200 管件安装　　　　　　　综合单价：514.36 元/个

序号	定额编号	工程内容	单位	数量	综合单价组成（元）					小计（元）
					人工费	材料费	机械费	费用	增值税	
1	C8-2-29	低压碳钢 DN200 管件安装	10 个	1	688.54	276.23	139.59	464.5	141.19	1710.05
		低压碳钢 DN200 管件	个	10		3150.00			283.5	3433.5
		合计			688.54	3426.23	139.59	464.5	424.69	5143.55
		单价			68.85	342.62	13.96	46.45	42.46	514.36

表 6-22 分部分项工程量清单全费用综合单价计算表

工程名称：某车间工业管道安装工程　　　　　　　　计量单位：个
项目编码：030807003001　　　　　　　　　　　　　工程数量：5
项目名称：低压碳钢 DN200 法兰阀门安装　　　　　综合单价：4547.76 元/个

序号	定额编号	工程内容	单位	数量	综合单价组成（元）					小计（元）
					人工费	材料费	机械费	费用	增值税	
1	C8-3-27	低压碳钢 DN200 法兰阀门安装（J41H-25-200）	个	5	662.60	189.65	216.15	492.9	140.52	1701.82
2		DN200 法兰阀门（J41-25-200）	个	5		19300.00			1737	21037
		合计			662.60	19489.65	216.15	492.9	1877.52	22738.82
		单价			132.52	3897.93	43.23	98.52	375.5	4547.76

表 6-23 分部分项工程量清单全费用综合单价计算表

工程名称：某车间工业管道安装工程　　　　　　　　计量单位：副
项目编码：030810002001　　　　　　　　　　　　　工程数量：5
项目名称：低压碳钢 DN200 平焊法兰安装　　　　　综合单价：840.55 元/副

序号	定额编号	工程内容	单位	数量	综合单价（元）					小计（元）
					人工费	材料费	机械费	费用	增值税	
1	C8-4-21	低压碳钢 DN200 平焊法兰安装	副	5	281.4	123.45	67.3	195.6	60.10	727.85
2		DN200 平焊法兰	片	10		3188.00			286.92	3474.92
		合计			281.4	3311.45	67.3	195.6	347.02	4202.77
		单价			56.28	662.29	13.46	39.12	69.40	840.55

表 6-24 分部分项工程量清单全费用综合单价计算表

工程名称：某车间工业管道安装工程　　　　　　　　计量单位：张
项目编码：030816003001　　　　　　　　　　　　　工程数量：68
项目名称：焊缝 X 射线探伤　　　　　　　　　　　综合单价：81.27 元/张

序号	定额编号	工程内容	单位	数量	综合单价组成（元）					小计（元）
					人工费	材料费	机械费	费用	增值税	
1	C8-6-10	焊缝 X 射线探伤（80mm×300mm）	10张	6.8	2066.66	1050.06	508.84	1444.59	456.33	5526.48
		合计			2066.66	1050.06	508.84	1444.59	456.33	5526.48
		单价			30.39	15.44	7.48	21.24	6.71	81.27

第 6 章 工业管道工程

表 6-25 分部分项工程量清单全费用综合单价计算表

工程名称：某车间工业管道安装工程　　　　　　　　　计量单位：kg
项目编码：030815001001　　　　　　　　　　　　　　工程数量：235
项目名称：管道支架制作安装　　　　　　　　　　　　综合单价：20.10 元/kg

序号	定额编号	工程内容	单位	数量	综合单价组成（元）					小计（元）
					人工费	材料费	机械费	费用	增值税	
1	C8-7-1	管道支架制作安装（一般支架）	100kg	2.35	1663.26	320.68	102.84	990.64	276.97	3354.39
2		型钢	kg	249.10		1255.46			112.99	1368.45
		合计			1663.26	1576.14	102.84	990.64	389.96	4722.84
		单价			7.08	6.71	0.44	4.22	1.66	20.10

表 6-26 分部分项工程量清单全费用综合单价计算表

工程名称：某车间工业管道安装工程　　　　　　　　　计量单位：m²
项目编码：031201001001　　　　　　　　　　　　　　工程数量：288.82
项目名称：低压无缝钢管刷油　　　　　　　　　　　　综合单价：26.17 元/m²

序号	定额编号	工程内容	单位	数量	综合单价组成（元）					小计（元）
					人工费	材料费	机械费	费用	增值税	
1	C12-3-224	管道刷防锈漆二遍（红丹防锈漆）	10m²	28.882	2831.88	2512.73	0	1588.51	624.08	7557.2
		合计			2831.88	2512.73	0	1588.51	624.08	7557.2
		单价			9.80	8.69	0	5.5	2.16	26.17

表 6-27 分部分项工程量清单全费用综合单价计算表

工程名称：某车间工业管道安装工程　　　　　　　　　计量单位：kg
项目编码：031201003001　　　　　　　　　　　　　　工程数量：235kg
项目名称：管道支架刷油　　　　　　　　　　　　　　综合单价：2.45 元/kg

序号	定额编号	工程内容	单位	数量	综合单价组成（元）					小计（元）
					人工费	材料费	机械费	费用	增值税	
1	C12-1-5	人工除锈（轻锈）	100kg	2.35	57.67	9.71	18.24	42.58	11.54	139.74
2	C12-2-49	刷二遍红丹防锈漆（第一遍）	100kg	2.35	24.44	35.04	9.12	18.82	7.86	95.28
3	C12-2-50	刷二遍红丹防锈漆（第二遍）	100kg	2.35	23.55	30.06	9.12	18.33	7.29	89.15
4	C12-3-205	刷银粉漆二遍	100kg	2.35	65.68	128.59	0	36.85	20.81	251.93
		合计			171.34	203.4	36.48	116.58	47.5	575.3
		单价			0.73	0.87	0.16	0.50	0.20	2.45

表 6-28 分部分项工程量清单全费用综合单价计算表

工程名称：某车间工业管道安装工程　　　　　　　　　计量单位：台
项目编码：030817008001　　　　　　　　　　　　　　工程数量：7
项目名称：套管制作安装　　　　　　　　　　　　　　综合单价：274.93 元/台

序号	定额编号	工程内容	单位	数量	综合单价组成（元）					小计（元）
					人工费	材料费	机械费	费用	增值税	
1	C8-7-136	一般钢套管	个	7	500.50	196.63	1.54	281.6	88.2	1068.47
2		碳钢管 DN250	m	2.1		785.33			70.68	856.01
		合计			500.5	981.96	1.54	281.61	158.88	1924.49
		单价			71.5	140.28	0.22	40.23	22.7	274.93

分部分项工程量清单综合单价及计算表作为招标人确定综合单价的资料，并不作为工程量清单报价表中的内容，标底价编制人在工程量清单报价表仅填列分部分项工程综合单价分析表。

分部分项工程综合单价分析见表 6-29。

表 6-29 分部分项工程综合单价分析

序号	项目编码	项目名称	工程内容	综合单价组成（元）					综合单价（元）
				人工费	材料费	机械费	费用	增值税	
1	030801001001	低压碳钢无缝钢管安装 DN200	低压碳钢无缝钢管安装 DN200	25.44	379.76	7.42	18.43	38.79	469.83
2	030804001001	弯头安装	低压碳钢弯头安装 DN200	68.85	342.62	13.96	46.45	42.47	514.35
3	030804001002	弯头安装	低压碳钢弯头安装 DN200	68.85	342.62	13.96	46.45	42.46	514.36
4	030807003001	低压碳钢法兰阀门安装 DN200	低压碳钢法兰阀门安装（J41-25-200）DN200	132.52	3897.93	43.23	98.52	375.5	4547.76
5	030810002001	低压碳钢平焊法兰安装 DN200	低压碳钢平焊法兰安装 DN200	56.28	662.29	13.46	39.12	69.4	840.55
6	030816003001	焊缝 X 射线探伤	焊缝 X 射线探伤（80×300）	30.39	15.44	7.48	21.24	6.71	81.27
7	030815001001	管道支架制作安装	管道支架制作安装	7.08	6.71	0.44	4.22	1.66	20.10
8	031201001001	低压无缝钢管刷油	低压无缝钢管刷油（防锈漆二遍）	9.80	8.69	0	5.5	2.16	26.17

（续）

序号	项目编码	项目名称	工程内容	综合单价组成（元）					综合单价（元）
				人工费	材料费	机械费	费用	增值税	
9	031201003001	管道支架刷油	管道支架刷油（除锈、刷二遍防锈漆、二遍银粉漆）	0.73	0.87	0.16	0.50	0.20	2.45
10	030817008001	套管制作安装	一般钢套管制作安装	71.5	140.28	0.22	40.23	22.7	274.93

本 章 小 结

在工业管道工程项目中，某个系统的工艺管道安装完毕后，需要按设计规定对管道进行系统强度试验和严密性试验，除此以外，有些管道还要做特殊试验，如真空管道要进行真空度试验等。

工业管道安装工程识图一般按以下程序进行：首先要按图纸目录核对工业管道施工图是否齐全，然后看首页图和设计说明书，做到对整套施工图和施工技术要求的全面了解；识图时要把平面图、剖面图和流程图等结合起来看，通过看图掌握工程情况。

通过本章的学习，学生要熟悉工业管道施工工程的施工顺序，了解工业管道工程施工过程中安装设备的构成，掌握工业管道工程施工图的识读和工程量计量与计价文件的编制。

复 习 题

1. 工业管道安装包括哪些施工工序？
2. 工业管道安装工程施工图的识图要点有哪些？
3. 管道压力试验、吹扫与清洗工程量计算规则是什么？
4. 工业管道安装需要做哪些试验？
5. 工业管道项目清单工程量的计算规则是什么？

第7章

给水排水、采暖、燃气工程

本章概要

给水排水、采暖、燃气工程是满足人们日常生活需求的基础设施工程。本章主要介绍给水排水、采暖、燃气工程基础知识及施工识图，给水排水、采暖、燃气工程施工图预算的编制要点，给水排水、采暖、燃气工程工程量清单的编制要点和计价的相关知识。

7.1 给水排水、采暖、燃气工程基本知识及施工识图

7.1.1 给水排水工程基本知识及施工识图

1. 给水排水工程基本知识

给水排水工程由给水工程和排水工程两个系统组成。给水就是供给生活或生产用的水；排水就是将建筑物内生活或生产废水排除出去。

建筑工程给水排水一般分室内和室外两部分。室外部分主要由给水干管和阀门井以及排水检查井组成；室内部分由建筑物本身的给水、排水管道以及卫生器具和零配件组成。

（1）室外给水工程

室外给水管道一般为埋地敷设，也有管沟敷设和沿地面敷设。在引入用户之前一般须安装进水阀及水表，以便控制和计量所消耗的水量。阀门和水表需砌井保护，通常采用的砖砌阀门井由基础、井身和井盖三部分组成。

（2）室外排水工程

室外排水管道大多采用承插连接。出户管与室外排水管道连接处应设排水检查井。检查

井由井底、井身和井盖三部分组成。

（3）室内给水工程

室内给水系统一般由进户管、水表、水箱、消火栓、水管、水龙头及各种配水设备组成。水管可分为水平干管、立管和支管。配水设备主要指各种卫生设备，如洗脸盆、浴盆、大（小）便器等。

（4）室内排水工程

室内排水系统主要是指室内各种卫生设备的下水排出口排出室内的排水管道。室内排水管道可分为横支管、竖管、出户管和透气管。出户管通向室外的排水检查井。

2. 给水排水工程常用的材料及设备

（1）给水管道常用材料和配件

给水管道根据不同压力、流量要求及敷设安装方法选择管材，常用管材有焊接钢管、镀锌钢管、铸铁管、钢筋混凝土管和塑料管等。室内生活用水管道应采用镀锌钢管螺纹连接，且一般情况下采用沿墙明装敷设；焊接钢管常用于暗装敷设。常用的管件有弯头、三通、四通、大小头、套管等。配水设备主要有浴盆、洗脸盆、洗手盆、化验盆、大便器、小便器、淋浴器、拖布槽、冲洗水箱等。

（2）排水管道常用材料及配件

排水管道一般对材质要求较低，常用的管材有铸铁管、钢筋混凝土管、石棉水泥管和陶土管。当通过管道内的水质有腐蚀性时，应采用耐腐蚀性管材，如玻璃管、塑料管、尼龙管等。排水管道常用管件形式与给水管道相同。

3. 给水排水工程施工图的组成与识图

给水排水施工图主要包括平面图和系统图，如图7-1和图7-2所示。平面图表示给水排水管道、设备、构筑物的平面位置布置（图7-1）。平面图所表示的内容一般有用水设备（如拖布槽、大便器、小便器、地漏等）的类型、位置及安置方式；各干管、立管、支管的平面位置、管径尺寸及各管段编号；各管道上阀门等零件的平面位置；进户给水管与污水排出管的平面位置及与室外排水管网的关系。

系统图有给水系统图和排水系统图，用轴测图分别说明给水排水管道系统上下楼层之间和左右前后之间的空间位置关系。在系统图上注有每根管的管径尺寸、立管的编号，管道的标高以及管道的坡度。通过系统图和平面图的对照，可了解整个给水排水管道系统的全貌。

阅读施工图要首先看图纸目录、施工说明、图例符号、代号以及必要的文字说明等。给水排水施工工程常用图例见表7-1。阅读施工图一般以平面图为主，同时以有关的系统图和剖面图进行补充对照。室内给水排水平面图主要表示卫生器具和管道布置情况：建筑物的轮廓线和卫生器具用细实线表示；给水管道用粗实线表示；排水管道用粗虚线表示；平面图中的立管用小圆圈表示；阀门、水表、清扫口等均用图例表示。阅读平面图时由总及分，顺着水流方向识读：查明卫生器具和用水设备的类型、数量、安装位置、接管方式；弄清给水引入管和污水排出管的平面走向、位置；分别查明给水、排水的干管、立管、横管、支管的平面位置和走向。给水系统图的阅读顺序一般是从进户管开始，按水流方向经干管、支管到用水设备；排水系统图的阅读顺序一般是从排水设备开始，沿水流方向经支管、主管、干管到总排出管。

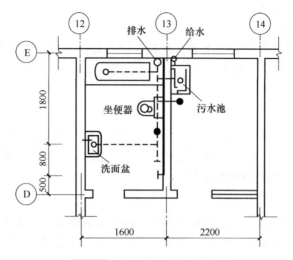

图 7-1　某户给水排水平面图

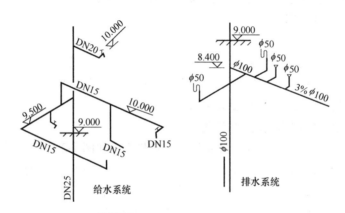

图 7-2　某户给水排水系统图

表 7-1　给水排水工程常用图例

名　　称	图　　例	名　　称	图　　例
生活给水管	—— J ——	废水管	—— F ——
热水给水管	—— RJ ——	雨淋灭火给水管	—— YL ——
循环冷却给水管	—— XJ ——	管道立管	XL-1（平面）　XL-1（系统）
消火栓给水管	—— XH ——		
污水管	—— W ——	立管检查口	

第 7 章 给水排水、采暖、燃气工程

(续)

名　　称	图　　例	名　　称	图　　例
清扫口	平面　系统	蒸汽管	——— Z ———
通气帽	成品　蘑菇形	凝结水管	——— N ———
		中水给水管	——— ZJ ———
雨水斗	YD-　YD-　平面　系统	自动喷水灭火给水管	——— ZP ———
		通气管	——— T ———
水嘴	平面　系统	雨水管	——— Y ———
洒水（栓）水嘴		水幕灭火给水管	——— SM ———
		保温管	～～～～～
化验水嘴		圆形地漏	平面　系统
混合水嘴		方形地漏	平面　系统
浴盆带喷头混合水嘴		排水漏斗	平面　系统
皮带水嘴	平面　系统	自动冲洗水箱	
室内消火栓（单口）	平面　系统	肘式水嘴	
		脚踏开关水嘴	
水泵接合器		旋转水龙头	
自动喷洒头（闭式）（上喷）	平面　系统	室外消火栓	

(续)

名　称	图　例	名　称	图　例
室内消火栓（双口）	平面　系统	壁挂式小便器	
自动喷洒头（开式）	平面　系统	淋浴喷头	
干式报警阀	平面　系统	矩形化粪池	HC
湿式报警阀	平面　系统	水表井	
立式洗脸盆		阀门井及检查井	J-×× W-×× Y-×× ／ J-×× W-×× Y-××
挂式洗脸盆		卧式水泵	平面　系统（或）
化验盆、洗涤盆		立式水泵	平面　系统
盥洗槽		预作用报警器	平面　系统
妇女净身盆		台式洗脸盆	
立式小便器		浴盆	

7.1.2 采暖工程基本知识及施工识图

1. 采暖工程基本知识

（1）采暖系统及其分类

冬季室外温度低于室内温度，因而房间里的热量会不断地传给室外。为了使室内保持所需要的温度，就必须向室内补充相应的热量。这种向室内补充热量的工程设备称为采暖系统或供热系统。

采暖系统主要由热源、供（输）热管道和散热设备三部分组成。

热源和散热设备同在一个房间内的采暖系统，称为局部采暖系统。这类采暖系统包括火炉采暖、燃气采暖及电热采暖。如果热源远离采暖房间，利用一个热源产生的热量补充多个房间散失的热量的采暖系统，称为集中采暖系统。

（2）采暖热负荷

建筑物的耗热量由围护结构的耗热量和加热由门窗缝隙渗入室内的室外空气的耗热量组成。

在设计采暖系统之前，必须确定采暖系统的热负荷，即采暖系统应当向建筑物供给的热量。在不考虑建筑物热量的情况下，这个热量等于在寒冷季节内，把室内温度维持在要求的温度时建筑的耗热量。

对于一般民用建筑和产生热量很少的车间，在计算采暖热负荷时，不考虑得热量，仅计算建筑物的耗热量。

（3）集中采暖系统的散热器

散热器是安装在采暖房间内的一种散热设备，它把热媒的部分热量传给室内空气，以补充房间的热损失，使室内保持所需要的温度，从而达到采暖的目的。

热水或蒸汽流过散热器，使散热器内部的温度高于室内温度，因此热水或蒸汽的热量便通过散热器以对流和辐射两种方式不断地传给室内空气。

（4）采暖管网的布置和敷设

采暖管网布置的合理与否直接影响着系统造价和使用效果。布置前，首先要根据建筑物的使用特点和要求，确定采暖系统的种类及形式，然后根据所选用的采暖系统及热源情况进行采暖管道的布置。在布置采暖管道时，应力求管路最短，便于维护管理且不影响房间美观。

采暖系统的引入口宜设置在建筑物热负荷的对称分配的位置，一般在建筑物中部，这样可缩短系统的作用半径。

采暖系统应合理地分成若干个支路，而且要尽量使它们的阻力损失平衡。图7-3是两个支环路的同程式系统，一般将供水干管始端设在朝北侧，而末端设在朝南侧。图7-4是四个支环路的异程式系统，其特点是南北分环，容易调节。图7-5所示为无分支环路的同程式系统，它适用于小型系统，或引入口位置不易设置称热负荷的系统。图7-6所示为支状异程式系统，它适用于小型系统。

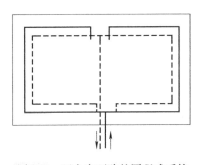

图7-3　两个支环路的同程式系统

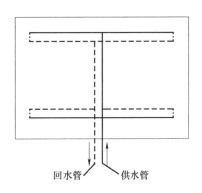

图7-4　四个支环路的异程式系统

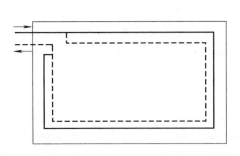
图 7-5 无分支环路的同程式系统

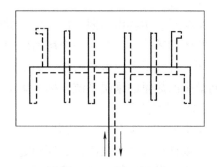
图 7-6 支状异程式系统

室内热水采暖系统的管路,除在建筑美观要求较高的房间暗装外,一般采用明装。这样可便于安装和检修。立管应尽可能布置在墙角,尤其在两面外墙相接处。在每根立管上、下端应装阀门,便于局部检修放水。对于立管数较少的小系统,也可仅在供、回水干管上装设阀门。

楼梯间除与厕所、厨房等辅助房间可合共一根立管外,一般宜单独设立管。

对于上供下回式采暖系统,只有在美观要求较高的民用建筑中,或过梁底标高过低妨碍供水干管敷设时,才将干管布置在顶棚内。一般常常设在顶层顶棚下,这时,过梁底至窗顶的距离应满足供水干管的坡度和集气罐的设置要求。

2. 供暖工程常用图例

供暖工程常用图例见表 7-2。

表 7-2 供暖工程常用图例

序 号	名 称	图 例	备 注
1	截止阀		—
2	膨胀阀		—
3	闸阀		—
4	蝶阀		—
5	手动调节阀		—
6	旋塞阀		—
7	节流阀		—

(续)

序　号	名　称	图　例	备　注
8	球阀		—
9	减压阀		—
10	安全阀（通用）		—
11	角阀		—
12	三通阀		—
13	四通阀		—
14	止回阀（通用）		—
15	快开阀		—
16	疏水阀		—
17	自动排气阀		—
18	除污器（通用）		—
19	膨胀阀		—
20	平衡阀		—
21	浮球阀		—
22	放气装置		—
23	同心异径管		—

（续）

序号	名称	图例	备注
24	偏心异径管		—
25	活接头		—
26	丝堵		—
27	法兰盘		—
28	法兰盖		—
29	防回流污染止回阀		—
30	金属软管		—
31	保护套管		—
32	伴热管		—
33	裸管局部保温管		—
34	介质流向	→或⇒	在管道断开处时，流向符号宜标注在管道中心线上，其余可同管径标注位置
35	坡度及坡向	$i=0.003$ 或 $i=0.003$	坡度数值不宜与管道起、止点标高同时标注。标注位置同管径标注位置
36	减压孔板		—
37	可挠曲橡胶接头		—
38	补偿器（通用）		—

(续)

序 号	名 称		图 例	备 注
39	方形补偿器	表示管线上补偿器节点		—
		表示单根管道上的补偿器		—
40	波纹管补偿器	表示管线上补偿器节点		—
		表示单根管道上的补偿器		—
41	套筒补偿器			—
42	球形补偿器			—
43	弧形补偿器			—
44	固定支架固定管架	单管固定		—
		多管固定		—
		单管单向固定		—
		多管单向固定		—

7.1.3 燃气工程基本知识及施工识图

1. 燃气工程基本知识

城市燃气管网通常包括街道燃气管网和庭院燃气管网两部分。庭院燃气管网是指燃气总阀门井以后至各建筑物前户外管路的燃气管网。街道燃气管网（高压或中压）经过区域调压站后，进入街道低压管网，再经庭院管网进入用户，临近街道的建筑物也可直接由街道管网引入。室内燃气管道是指引入管进入房屋以后，到燃气用具前的管路，由用户引入管、干管、立管、用户支管、燃气计量表、燃气用具连接管组成。图 7-7 为引入管及室内煤气燃气管示意图。

从庭院燃气管道上接引入管，应当从管顶接出，引入管应当有 0.005 的坡度坡向室外管网。引入管连接多根立管时，应设水平干管。在引入管垂直段顶部用三通管件接横向管段，以利于排除燃气中的杂质和凝结水,并便于清通(图7-8)。进户干管应设不带手轮的旋塞式阀门,以免随意开关。立管是将燃气由引入管(或水平干管)分送到各层的管道,立管在第一层应设阀门。由立管引向各单独用户计量表及燃气用具的管道称为用户支管。用户支管在每层的上部接出,在厨房内的安装高度不低于1.7m,敷设坡度应不小于0.002,并由燃气计量表分别坡向立管和燃气用具。燃气表上伸出支管,再接橡皮胶管通向燃气用具。

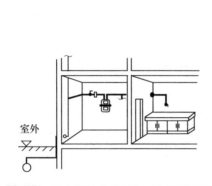
图7-7 引入管及室内煤气燃气管示意图

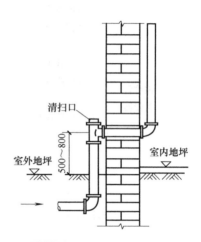
图7-8 燃气引入管道接点

为了管网的安全运行,并考虑检修、接线的需要,必须依据具体情况及有关规定,在管道的适当地点设置必要的附属设备。这些设备由阀门、补偿器、抽水缸(又称凝水器)、放散管及检漏管等组成。

为排除燃气管道中的冷凝水和燃气管道中的轻质油,管道敷设时要有一定的坡度,并在低处设抽水缸,将汇集的水或油排除。抽水缸按材质分为铸铁抽水缸和碳钢抽水缸,按压力分为高压抽水缸、中压抽水缸和低压抽水缸。

放散管是一种专门用来排放管中的空气和燃气的装置。在管道投入运行时利用放散管排走管内的空气,防止在管道内形成爆炸性的混合气体。在管道和设备检修时,可利用放散管排空管道内的燃气。放散管一般设在阀门井中,在管网中安装在阀门前后,在单向供气的管道上则安装在阀门之前(图7-9)。

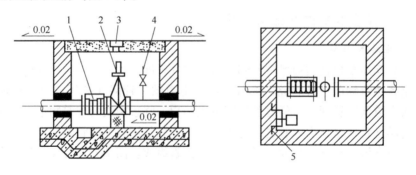
图7-9 阀门井安装图
1—伸缩器 2—阀门 3—阀门井盖 4—放散阀 5—吊钩

为保证管网的安全与操作方便,地下燃气管道上的阀门一般都设在阀门井中。阀门井中一般在气体流动方向阀门后设置伸缩器,阀门前后是否安装放散管由设计定。

室外燃气管道的防腐等级应根据管道敷设地点的土壤腐蚀情况和管道使用的重要程度选用不同的防腐等级或按照设计要求进行防腐。一般钢制管道如设计没有特殊防腐的要求,可采用石油沥青及环氧煤沥青,或选用防腐胶粘带,也可选用其他满足防腐要求的做法。

2. 燃气工程常用图例

燃气工程常用图例见表 7-3。

表 7-3 燃气工程常用图例

序 号	名 称	图形符号
1	压力表	
2	涡轮流量计	
3	罗茨流量计	
4	法兰	
5	管帽	
6	丝堵	
7	螺纹连接	
8	法兰连接	
9	焊接连接	
10	放散管	
11	阀门(通用)、截止阀	
12	闸阀	
13	针形阀	
14	皮膜燃气表	
15	家用燃气双眼灶	
16	燃气多眼灶	
17	大锅灶	

7.2 给水排水、采暖、燃气工程施工图预算的编制要点

7.2.1 管道安装工程施工图预算的编制要点

1. 定额适用范围

管道安装工程内容包括室内外生活用给水、排水、燃气、雨水、中水、空调水管道等安装项目。

2. 工程量计算规则

(1) 给水管道

1) 室内外给水管道以建筑物外墙皮 1.5m 为界,建筑物入口处设阀门者以阀门为界。

2) 与市政管道界线以水表井为界,无水表井者,以市政管道碰头点为界。

3) 各类管道安装按室内外、材质、连接形式、规格分别列项,以"10m"为计量单位。定额中铜管、塑料管、复合管(除钢塑复合管外)按公称外径表示,其他管道均按公称直径表示。

4) 各类管道安装工程量,均按设计管道中心线长度,以"10m"为计量单位,不扣除阀门、管件、附件(包括器具组成)及井类所占长度。

(2) 排水管道

1) 室内外界线划分:以出户第一个排水检查井为界。

2) 室外排水管道与市政排水界线以与市政排水管道碰头井为界。

(3) 采暖管道

1) 室内外界线划分:以入口阀门或建筑物外墙皮 1.5m 为界;建筑物入口处设阀门者以阀门为界,室外设有采暖入口装置者以入口装置循环管三通为界。

2) 与工业管道界线以锅炉房或泵站外墙皮 1.5m 为界。

3) 与设在建筑物内的换热站管道以站房外墙皮为界。

4) 各类管道安装按室内外、材质、连接形式、规格分别列项,以"10m"为计量单位。定额中塑料管按公称外径表示,其他管道均按公称直径表示。

5) 各类管道安装工程量,均按设计管道中心线长度,以"10m"为计量单位,不扣除阀门、管件、附件所占长度。

(4) 燃气管道

1) 界线划分:地下引入室内的管道以室内第一个阀门为界。地上引入室内的管道以墙外三通为界。

2) 各类管道安装按室内外、材质、连接形式、规格分别列项,以"10m"为计量单位。定额中铜管、塑料管、复合管按公称外径表示,其他管道均按公称直径表示。

3) 各类管道安装工程量,均按设计管道中心线长度,以"10m"为计量单位,不扣除阀门、管件、附件及井类所占长度。

4) 与已有管道碰头项目除钢管带介质碰头、塑料管带介质碰头以支管管径外,其他项目均按主管管径,以"处"为计量单位。

5) 氮气置换区分管径,以"100m"为计量单位。

6) 警示带、示踪线安装,以"100m"为计量单位。

7）地面警示标志桩安装，以"10个"为计量单位。

3. 定额包括的工作内容

（1）给排水管道

1）定额适用于室内外生活用给排水管道的安装，包括镀锌钢管、钢管、不锈钢管、铜管、铸铁管、塑料管、复合管等不同材质的管道安装及室外管道碰头等项目。

2）给水管道适用于生活饮用水、热水、中水及压力排水等管道的安装。塑料管安装适用于UPVC、PVC、PP-C、PP-R、PE、PB管等塑料管安装。镀锌钢管（螺纹连接）项目适用于室内外焊接钢管的螺纹连接。钢塑复合管安装适用于内涂塑、内外涂塑、内衬塑、外覆塑内衬塑复合管道安装。

3）钢管沟槽连接适用于镀锌钢管、焊接钢管及无缝钢管等沟槽连接的管道安装。不锈钢管、铜管、复合管的沟槽连接，可参照执行。

4）钢管焊接安装项目中均综合考虑了成品管件和现场煨制弯管、摔制大小头、挖眼三通。

5）室内柔性铸铁排水管（机械接口）按带法兰承口的承插式管材考虑。

（2）采暖管道

1）定额适用于室内外采暖管道的安装，包括镀锌钢管、钢管、塑料管、直埋式预制保温管以及室外管道碰头等项目。

2）钢管焊接安装项目中均综合考虑了成品管件和现场煨制弯管、摔制大小头、挖眼三通。

3）镀锌钢管（螺纹连接）项目适用于室内外焊接钢管的螺纹连接。

4）采暖塑铝稳态复合管道安装按相应塑料管道安装项目人工乘以系数1.10，其他不变。

（3）燃气管道

1）定额适用于室内外燃气管道的安装，包括镀锌钢管、钢管、不锈钢管、铜管、铸铁管、塑料管、复合管等管道安装、室外管道碰头、氮气置换及警示带、示踪线、地面警示标志桩安装等项目。

2）燃气检漏管安装执行相应材质的管道安装项目。

3）成品防腐管道需做电火花检测的，可另行计算。

4）室外管道碰头项目适用于新建管道与已有气源管道的碰头连接，如已有气源管道已做预留接口，则不执行相应安装项目。与已有管道碰头项目中，不包含氮气置换、连接后的单独试压以及带气施工措施费，应根据施工方案另行计算。

4. 定额不包括的内容

1）室内外管道沟土方及管道基础。

2）管道安装中不包括法兰、阀门及伸缩器的制作安装，按相应项目另行计算。

3）除室外管道中的直埋式预制保温管和室内管道中的聚乙烯燃气管的管件安装执行相应定额项目外，其他室内外管道安装定额内均已包括管件的安装，但管件的价格应另行计算。

① 关于含量。定额中有管件含量的，按规定的含量计算，一般不做调整。定额中管件的含量为"按设计"或"按实际"的，应按设计或实际用量加损耗确定含量。

② 关于单价。定额中有管件含量的（除压制弯头按市场实际单价外），管件单价可按《湖北省通用安装工程消耗量定额及全费用基价表　第十册　给排水 采暖 燃气工程》附

录三"管道管件数量取定表"中相应的管件综合单价确定,也可据表中规定的管件品种和含量,按市场实际单价重新计算管件的综合单价。定额中管件的含量为"按设计"或"按实际"的,单价按市场实际单价确定。

③ 定额中管道的含量为"按设计"或"按实际"的,在计算管件材料费时,所涉及的各种管件,需对应相应管道规格,合计后计入基价或清单的综合单价中。

7.2.2 支架及其他工程施工图预算的编制要点

1. 定额适用范围

支架及其他工程内容包括管道支架、设备支架和各种套管的制作安装,管道水压试验,管道消毒、冲洗,成品表箱安装、剔堵槽沟、机械钻孔、堵洞等项目。适用于《湖北省通用安装工程消耗量定额及全费用基价表 第十册 给排水 采暖 燃气工程》(同样适用于该基价表 第九册 消防工程)范围内的管道、器具、设备等管道支架制作安装项目,适用于室内外管道的管架制作与安装。如单件质量大于100kg时,应执行设备支架制作安装相应项目。管道、设备支架的除锈、刷油,执行《湖北省通用安装工程消耗量定额及全费用基价表 第十二册 刷油、防腐蚀、绝热工程》的相应项目。

2. 工程量计算规则

1) 管道、设备、支座制作安装按设计图示单件质量,以"100kg"为计量单位。

2) 成品管卡、阻火圈安装、成品防火套管安装,按工作介质管道直径,区分不同规格以"个"为计量单位。

3) 管道保护管制作与安装,分为钢制和塑料两种材质,区分不同规格,按设计图示管道中心线长度以"10m"为计量单位。

4) 预留空洞、堵洞项目,按工作介质管道直径,分规格以"10个"为计量单位。

5) 管道水压试验、消毒冲洗按设计图示管道长度,分规格以"100m"为计量单位。

6) 一般穿墙套管,柔性、刚性套管,按介质管道的公称直径执行定额子目,分规格、材质以"个"为计量单位。

7) 成品表箱安装按箱体半周长以"个"为计量单位。

8) 机械钻孔项目,区分混凝土楼板钻孔机混凝土土墙钻孔,按钻孔直径以"10个"为计量单位。

9) 剔堵槽沟项目,区分砖结构及混凝土结构,按截面尺寸以"10m"为计量单位。

7.2.3 管道附件工程施工图预算的编制要点

1. 定额适用范围

管道附件工程内容包括阀门、法兰、减压器、疏水器、除污器、伸缩器、水表、热量表、倒流防止器、水锤消除器、补偿器、软接头、塑料排水管消声器、浮标液面计、浮标水位标尺等安装项目。

1) 螺纹阀门安装适用于各种内外螺纹连接的阀门安装。

2) 法兰阀门安装适用于各种法兰阀门的安装,当仅为一侧法兰连接时,定额中的法兰、戴帽螺栓及钢垫圈数量应减半。

2. 工程量计算规则

1）浮球阀安装已包括联杆及浮球安装，不另行计算。

2）各种法兰连接用垫片均按石棉橡胶板计算，如果用其他材料、不做调整。

3）减压器、疏水器安装均按组成安装考虑，分别依据《国家建筑标准设计图集》（01SS105 和 05R407）编制。

4）疏水器组成安装未包括止回阀安装，若安装止回阀执行阀门安装相应项目。单独安装减压器、疏水器时执行阀门安装相应项目。

5）除污器组成安装依据《国家建筑标准设计图集》（03R402）编制，适用于立式、卧式和旋流式除污器组成安装。单个过滤器安装执行阀门安装相应项目人工乘以系数 1.2。

6）普通水表、IC 卡水表安装不包括水表前的阀门安装，水表安装定额是按与钢管连接编制的，若与塑料管连接时，其人工乘以系数 0.6，材料、机械消耗量可按实调整。

7）水表组成安装是依据《国家建筑标准设计图集》（05S502）编制的，法兰水表（带旁通管）组成安装中三通、弯头均按成品管件考虑。

8）热量表组成安装是依据《国家建筑标准设计图集》（10K509 和 10R504）编制的，如实际组成与此不同时，可按法兰、阀门等附件安装相应项目计算或调整。

9）倒流防止器组成安装是根据《国家建筑标准设计图集》（12S108—1）编制的，按连接方式不同分为带水表与不带水表安装。

7.2.4 卫生器具安装工程施工图预算的编制要点

1. 定额适用范围

卫生器具安装内容包括浴缸（盆）、净身盆、洗脸盆、洗手盆、洗涤盆、淋浴器、桑拿房、大便器、小便器、大小便槽自动冲洗水箱、给水和排水附（配）件等安装项目。

2. 工程量计算规则

1）本定额所有卫生器具安装项目均参照《排水设备及卫生器具安装》（2010 年合订本）中有关标准图集计算，除另外说明者外，设计无特殊要求均不做调整。

2）成组安装的卫生器具定额均已按标准图集计算了与给水、排水管道相关的人工和材料。

3）各种卫生器具均按设计图示数量计算，以"10 组"或"10 套"为计量单位。

4）大便槽、小便槽自动冲洗水箱安装分容积按设计图示数量，以"10 套"为计量单位。

5）湿蒸房依据使用人数，以"座"为计量单位。

6）隔油器区分安装方式和进水管径，以"套"为计量单位。

7.2.5 供暖器具安装工程施工图预算的编制要点

1. 定额适用范围

供暖器具内容包括散热器、暖风机等安装项目。

2. 工程量计算规则

1）本部分定额参照《暖通空调标准图集》（T9N112）"采暖系统及散热器安装"编制。

2）铸铁散热器安装分落地安装、挂式安装。铸铁散热器组对安装以"10 片"为计量单位；成组铸铁散热器安装按每组片数以"组"为计量单位。

3）钢制柱式散热器安装按每组片数，以"组"为计量单位；闭式散热器安装以"片"

为计量单位；其他成品散热器安装以"组"为计量单位。

4）暖风机安装按设备重量，以"台"为计量单位。

5）热媒集配装置安装区分带箱、不带箱，按分支管环路数以"组"为计量单位。

6）板式、壁板式散热器，已计算了托钩的安装人工和材料，闭式散热器的价格如不包括托钩者，托钩价格另行计算。

7）供暖器具的集气罐制作安装可参照《湖北省通用安装工程消耗量定额及全费用基价表 第八册 工业管道工程》定额相应项目计算。

7.2.6 采暖、给水排水设备安装工程施工图预算的编制要点

1. 定额适用范围

采暖、给水排水设备包括隔膜式气压水罐、太阳能集电器、水处理器、热水炉、开水炉、消毒炉、消毒器安装及水箱制作安装等。

2. 工程量计算规则

1）各种设备安装项目除另有说明外，按设计图示规格、型号、重量，均以"台"为计量单位。

2）给水设备按同一底座设备重量列项，以"套"为计量单位。

3）太阳能集热装置按其结构形式，区分不同布设方式，以"m^2"为计量单位。

4）地源热泵机组按设备重量列项，以"组"为计量单位。

5）水箱自洁器分外置式、内置式，电热水器分挂式、立式安装，以"台"为计量单位。

6）水箱安装项目按水箱设计容量，以"台"为计量单位；钢板水箱制作分圆形、矩形，按水箱设计容量，以箱体金属重量"100kg"为计量单位。

7.2.7 燃气器具及其他工程施工图预算的编制要点

1. 定额适用范围

燃气器具包括燃气开水炉安装，燃气采暖炉安装，燃气沸水器、消毒器、燃气快速热水器安装，燃气表、燃气灶具、气嘴、调压器安装，调压箱、调压装置、燃气凝水缸、燃气管道调长器、煤气过滤器安装，引入口保护罩安装等。

2. 工程量计算规则

1）燃气开水炉、采暖炉、沸水器、消毒器、热水器以"台"为计量单位。

2）膜式燃气表安装按不同规格型号，以"块"为计量单位；燃气流量计安装区分不同管径，以"台"为计量单位；流量计控制器区分不同管径，以"个"为计量单位。

3）燃气灶具区分民用灶具和公用灶具，以"台"为计量单位。

7.3 给水排水、采暖、燃气工程工程量清单的编制要点

7.3.1 管道安装工程工程量清单的编制要点

1. 清单项目设置

给水排水、采暖、燃气管道安装工程工程量清单项目设置见表7-4，管道支架及其他工

程工程量清单项目设置见表 7-5。

表 7-4 给水排水、采暖、燃气管道安装工程工程量清单项目设置（编码：031001）

项目编码	项目名称	项目特征	计量单位	工程量计算规则	工程内容
031001001	镀锌钢管	1. 安装部位 2. 介质 3. 规格、压力等级 4. 连接形式 5. 压力试验及吹、洗设计要求 6. 警示带形式	m	按设计图示管道中心线以长度计算	1. 管道安装 2. 管件制作、安装 3. 压力试验 4. 吹扫、冲洗 5. 警示带铺设
031001002	钢管				
031001003	不锈钢管				
031001004	铜管				
031001005	铸铁管	1. 安装部位 2. 介质 3. 材质、规格 4. 连接形式 5. 接口材料 6. 压力试验及吹、洗设计要求 7. 警示带形式	m	按设计图示管道中心线以长度计算	1. 管道安装 2. 管件安装 3. 压力试验 4. 吹扫、冲洗 5. 警示带铺设
031001006	塑料管	1. 安装部位 2. 介质 3. 材质、规格 4. 连接形式 5. 阻火圈设计要求 6. 压力试验及吹、洗设计要求 7. 警示带形式	m	按设计图示管道中心线以长度计算	1. 管道安装 2. 管件安装 3. 塑料卡固定 4. 阻火圈安装 5. 压力试验 6. 吹扫、冲洗 7. 警示带铺设
031001007	复合管	1. 安装部位 2. 介质 3. 材质、规格 4. 连接形式 5. 压力试验及吹、洗设计要求 6. 警示带形式	m	按设计图示管道中心线以长度计算	1. 管道安装 2. 管件安装 3. 塑料卡固定 4. 压力试验 5. 吹扫、冲洗 6. 警示带铺设
031001008	直埋式预制保温管	1. 埋设深度 2. 介质 3. 管道材质、规格 4. 连接形式 5. 接口保温材料 6. 压力试验及吹、洗设计要求 7. 警示带形式	m	按设计图示管道中心线以长度计算	1. 管道安装 2. 管件安装 3. 接口保温 4. 压力试验 5. 吹扫、冲洗 6. 警示带铺设
031001009	承插陶瓷缸瓦管	1. 埋设深度 2. 规格 3. 接口方式及材料 4. 压力试验及吹、洗设计要求 5. 警示带形式	m	按设计图示管道中心线以长度计算	1. 管道安装 2. 管件安装 3. 压力试验 4. 吹扫、冲洗 5. 警示带铺设
031001010	承插水泥管				

(续)

项目编码	项目名称	项目特征	计量单位	工程量计算规则	工程内容
031001011	室外管道碰头	1. 介质 2. 碰头形式 3. 材质、规格 4. 连接形式 5. 防腐、绝热设计要求	处	按设计图示以处计算	1. 挖填工作坑或暖气沟拆除及修复 2. 碰头 3. 接口处防腐 4. 接口处绝热及保护层

表 7-5 支架及其他工程工程量清单项目设置（编码：031002）

项目编码	项目名称	项目特征	计量单位	工程量计算规则	工程内容
031002001	管道支架	1. 材质 2. 管架形式	1. kg 2. 套	1. 以 kg 计量，按设计图示质量计算 2. 以套计量，按设计图示数量计算	1. 制作 2. 安装
031002002	设备支架	1. 材质 2. 形式			
031002003	套管	1. 名称、类型 2. 材质 3. 规格 4. 填料材质	个	按设计图示数量计算	1. 制作 2. 安装 3. 除锈、刷油

给水排水、燃气管道安装，是按安装部位、输送介质、管径、材质、连接形式、接口材料、除锈标准、刷油、防腐、绝热、保护层等不同特征设置清单项目。编制工程量清单时，应明确描述以下这些特征，以便计价：

1) 有关管道安装：

① 安装部位应明确是室内还是室外。

② 输送介质包括给水、排水、中水、雨水、热媒体、燃气、空调水等。

③ 材质应指明是焊接钢管（镀锌、不镀锌）还是无缝钢管、钢管（T2、T3 等）、不锈钢管（1Cr18Ni9 等）、非金属管（如 PVC、PPR）等。

④ 连接方式应说明接口形式，如螺纹连接、焊接（电弧焊、气焊等）。

⑤ 接口材料是指承插铸铁管道连接的接口材料，如石棉水泥、膨胀水泥、铅等。

⑥ 除锈要求是指轻锈、中锈、重锈。

⑦ 套管是指铁皮套管、一般钢套管、防水套管等。

⑧ 防腐、绝热及保护层的要求是指管道刷油种类和遍数、绝热材料及其厚度、保护层材料等。

⑨ 室外管道应指明土壤种类（如一类土、四类土）、管沟深度、是否有弃土外运及其运距、土方回填的压实要求等。

2) 方形补偿器制作安装应含在管道安装综合单价中。

3) 铸铁管安装适用于承插铸铁管、球墨铸铁管、柔性抗振铸铁管等。
4) 塑料管安装适用于 UPVC、PVC、PP-C、PP-R、PE、PB 管等塑料管材。
5) 复合管安装适用于钢塑复合管、铝塑复合管、钢骨架复合管等复合型管道安装。
6) 直埋保温管包括直埋保温管件安装及接口保温。
7) 排水管道安装包括立管检查口、透气帽。
8) 有关室外管道碰头：
① 适用于新建或扩建工程热源、水源、气源管道与原（旧）有管道碰头。
② 室外管道碰头包括挖工作坑、土方回填或暖气沟局部拆除及修复。
③ 带介质管道碰头包括开关闸、临时放水管线敷设等费用。
④ 热源管道碰头每处包括供、回水两个接口。
⑤ 碰头形式包括带介质碰头、不带介质碰头。
9) 管道工程量计算不扣除阀门、管件（包括减压器、疏水器、水表、伸缩器等组成安装）及附属构筑物所占长度；方形补偿器以其所占长度列入管道安装工程量。
10) 压力试验按设计要求描述试验方法，如水压试验、气压试验、泄漏性试验、闭水试验、通球试验、真空试验等。
11) 吹、洗按设计要求描述吹扫、冲洗方法，如水冲洗、消毒冲洗、空气吹扫等。

2. 清单项目工程量计算

1) 管道安装清单项目工程量按设计图示管道中心线长度以延长来计算，不扣除阀门、管件（包括减压器、疏水器、水表、伸缩器等组成安装）及各种井类所占长度；方形补偿器以其所占长度按管道安装工程量计算。

给水立管、干管工程量计算

管道刷油工程量的计算

2) 管道支架工程量按设计图示质量计算。
3) 室外给水排水管沟土石方清单工程量按设计图示以管道中心线长度计算。

【例 7-1】 某 D400 的室外钢筋混凝土排水管道长 40m，180°混凝土基础，选用 φ1000mm 的检查井，管沟深度 1.8m。由设计得知，该管道基础的宽度为 0.63m，φ1000mm 检查井基础直径为 1.58m，土质为四类土，无地下水。试编制该管段的土方工程量清单。

【解】 管沟土方清单工程量按管道长度计算，故其工程量为 40m，工程量清单见表 7-6。

表 7-6 工程量清单

序号	项目编码	项目名称	项目特征	计量单位	工程数量
1	010101007001	管沟土方	四类土，无地下水，沟平均深度 1.8m，管道外径 470mm，管道基础宽度 0.63m。原土开挖和回填，回填后上部做路面，路面结构厚 460mm，由路面算起的沟深仍为 1.8m。弃土地点距离施工场地的平均距离为 1.8km	m	40

【例 7-2】 图 7-10 和图 7-11 为某 9 层建筑的卫生间排水管道布置平面图和系统图。首层为架空层，层高为 3.3m，其余层层高为 2.8m。自 2 层至 9 层设有卫生间。管材为铸铁排水管，石棉水泥接口。图中所示地漏为 DN75，连接地漏的横管标高为楼板面下 0.2m，每层

楼排水横管 DN75 长度为 0.3m，立管至室外第一个检查井的水平距离为 5.2m。请计算该排水管道系统的工程量（不考虑套管），并确定该管道工程的工程量清单。

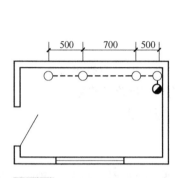

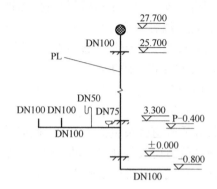

图 7-10　排水管道布置平面图　　　　图 7-11　排水管道系统图

【解】管道安装工程量由器具排水管开始算起，由于器具排水管是垂直管段，故应根据系统图计算。

（1）器具排水管

铸铁排水管 DN50：0.40m×8=3.2m

铸铁排水管 DN75：0.20m×8=1.6m

铸铁排水管 DN100：0.40m×2×8=6.4m

（2）排水横管

铸铁排水管 DN75：0.3m×8=2.4m

铸铁排水管 DN100：（0.5m+0.7m+0.5m）×8=13.6m

（3）排水立管和排出管

铸铁排水管 DN100（室内）：27.7m

铸铁排水管 DN100（埋地）：0.8m+5.2m=6m

（4）汇总工程量

铸铁排水管 DN50：3.2m

铸铁排水管 DN75：1.6m+2.4m=4.0m

铸铁排水管（室内安装）DN100：6.4m+13.6m+27.7m=47.7m

铸铁排水管（埋地敷设）DN100：6m

编制工程量清单时，DN100 的明装管道和埋地管道应分别列清单项目，因为它们具有不同的特征（防腐不同）。分部分项工程量清单见表 7-7。

表 7-7　分部分项工程量清单

序号	项目编码	项目名称	项目特征	计量单位	工程数量
1	031001005001	铸铁管	室内安装，承插连接，排水管安装 DN50，石棉水泥接口	m	3.2
2	031001005002	铸铁管	室内安装，承插连接，排水管安装 DN75，石棉水泥接口	m	4.0

(续)

序号	项目编码	项目名称	项目特征	计量单位	工程数量
3	031001005003	铸铁管	室内安装，承插连接，排水管安装DN100，石棉水泥接口	m	47.7
4	031001005004	铸铁管	室外埋地敷设，承插连接，排水管安装DN100，石棉水泥接口	m	6.0

7.3.2 管道附件安装工程工程量清单的编制要点

1. 清单项目设置

阀门和水位标尺等列清单项目时，必须注明阀门的类型、口径规格、连接形式、保温要求等，对于减压器和疏水器，必须注明连接形式和规格，水表必须注明类型和规格。阀门、减压器、水表等的安装，可组合的其他项目很少（表7-8），清单项目基本上仅为本体安装项目。

在编制法兰阀门的工程量清单时，要注意以下几点内容：

1）在编制法兰阀门的工程量清单时，应明确描述阀门是否带法兰盘；当编制减压器、疏水器、水表安装的工程量清单时，如果是成组安装，必须明确描述其组成的工程内容和相应材质；保温阀门和不保温阀门应分别设置清单项目。

2）法兰阀门安装包括法兰连接，不得另计。阀门安装如仅为一侧法兰连接时，应在项目特征中描述。

3）塑料阀门连接形式需注明热熔连接、粘接、热风焊接等方式。

4）减压器规格按高压侧管道规格描述。

5）减压器、疏水器、倒流防止器等项目包括组成与安装工作内容，项目特征应根据设计要求描述附件配置情况，或根据标准设计图集做法描述。

表7-8 管道附件安装工程工程量清单项目设置（部分）（编码：031003）

项目编码	项目名称	项目特征	计量单位	工程量计算规则	工程内容
031003001	螺纹阀门	1. 类型 2. 材质 3. 规格、压力等级 4. 连接形式 5. 焊接方法	个	按设计图示数量计算	1. 安装 2. 电气接线 3. 调试
031003002	螺纹法兰阀门				
031003003	焊接法兰阀门				
031003004	带短管甲乙阀门	1. 材质 2. 规格、压力等级 3. 连接形式 4. 接口方式及材质			

（续）

项目编码	项目名称	项目特征	计量单位	工程量计算规则	工程内容
031003006	减压器	1. 材质 2. 规格、压力等级 3. 连接形式 4. 附件配置	组	按设计图示数量计算	组装
031003007	疏水器				
031003011	法兰	1. 材质 2. 规格、压力等级 3. 连接形式	副（片）		安装
031003013	水表	1. 安装部位（室内外） 2. 型号、规格 3. 连接形式 4. 附件配置	组（个）		组装

管道附件
工程量计算

2. 清单项目工程量计算

1）阀门按设计图示数量计算（包括浮球阀、手动排气阀、液压式水位控制阀、不锈钢阀门、煤气减压阀、液相自动转换阀、过滤阀等）。

2）减压器、疏水器、法兰、水表、煤气表、塑料排水管消声器按设计图示数量计算。

3）伸缩器按设计图示数量计算，方形伸缩器的两臂按臂长的两倍合并在管道安装长度内计算。

4）浮标液面计、浮标水位标尺、抽水缸、燃气管道调长器、调长器与阀门连接按设计图示数量计算。

5）法兰阀门（带短管甲乙）用于承插铸铁管道上的阀门安装，包括阀门两端的短管甲和短管乙，短管甲和短管乙与阀门的连接法为法兰连接，与铸铁管的连接有石棉水泥接口、膨胀水泥接口、青铅接口，采用何种连接方式，取决于管道的连接方式。法兰阀门（带短管甲乙）如图 7-12 所示。

6）减压器的安装是以阀组的形式编制的。阀组由减压阀、前后控制阀、压力表、安全阀、旁通阀等组成。减压器的安装直径较小（DN25~DN40）时，可采用螺纹连接。用于蒸汽系统或介质较高的其他系统的减压器多为焊接法兰连接。减压器组成如图 7-13 所示。减压器清单项目应包括组内的各个阀门、压力表、安全阀，应在清单项目描述和工程量计算中予以注意。

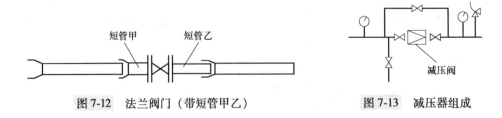

图 7-12 法兰阀门（带短管甲乙）　　图 7-13 减压器组成

7）疏水器是在蒸汽管道系统中凝结水管段上装设的专用器具，其作用为排除凝结水，同时防止蒸汽漏失，有的可排除空气。疏水器无过滤装置的，宜在前方设置过滤器。为了便于管路冲洗时排污及放气，前方应设有冲洗管。为了检查疏水器是否正常工作，其后边应设检查管。当疏水器本身不能起逆止作用时，在余压回水系统中疏水器后应设置止回阀。在用气设备不允许中断供气的情况下，疏水器应设置旁通管。

8）水表工程量按水表类型、规格、连接方式分别计算，以"组"为单位计量。水表按连接方式分为螺纹水表和法兰水表。当设计未明确连接方式时，实际运用中的简单方法是将水表连接方式与管道的连接方式相对应，即管道为螺纹连接时，水表为螺纹连接，管道为焊接或法兰连接时，水表为法兰连接。项目中水表安装包括了与其相连接的阀门安装，组内的阀门不能再另计阀门安装工程量。水表组的安装形式通常有以下几种：

① 螺纹水表安装如图 7-14 所示。
② 法兰水表（带旁通管和止回阀）安装如图 7-15 所示。
③ 螺纹水表配驳喉组合安装适用于水表后配止回阀的项目，如图 7-16 所示。
④ 在承插铸铁管道上安装水表，常用法兰式水表配承插盘短管的安装如图 7-17 所示，其组成包括承盘短管和插盘短管，不应另列管件安装清单项目。

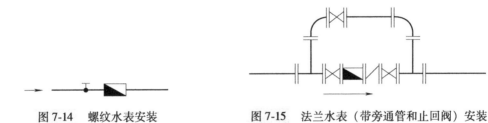

图 7-14　螺纹水表安装　　　　图 7-15　法兰水表（带旁通管和止回阀）安装

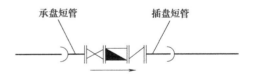

图 7-16　螺纹水表配驳喉组合安装　　　图 7-17　法兰式水表配承插盘短管安装

【例 7-3】　某室内钢管工程阀门安装数量见表 7-9，试编制分部分项工程量清单。

表 7-9　阀门安装数量

序号	名称	规格	单位	数量	备注
1	内螺纹截止阀 J11W-10	DN25	个	5	
2	内螺纹截止阀 J11W-10	DN32	个	3	
3	内螺纹铜截止阀 J11W-10	DN25	个	10	
4	内螺纹暗杆楔式闸阀 Z15T-10	DN32	个	4	
5	内螺纹暗杆楔式闸阀 Z15T-10	DN65	个	4	其中 2 个在管井内
6	楔式闸阀 Z41T-10	DN125	个	1	
7	旋启式单瓣止回阀 H44T-10	DN125	个	1	

【解】编制工程量清单时,具有不同特征的工程应分别设置清单项目。本例中 DN25 和 DN32 的内螺纹阀门各有两种型号,应分别设置清单项目;DN65 的阀门有 2 个在管井内安装,具有不同特征,应分别列清单项目。分部分项工程量清单见表 7-10。

表 7-10 分部分项工程量清单

序号	项目编号	名 称	计量单位	工程数量
1	031003001001	内螺纹截止阀 J11W-10 DN25	个	5
2	031003001002	内螺纹截止阀 J11W-10 DN32	个	3
3	031003001003	内螺纹铜截止阀 J11W-10 DN25	个	10
4	031003001004	内螺纹暗杆楔式闸阀 Z15T-10 DN32	个	4
5	031003001005	内螺纹暗杆楔式闸阀 Z15T-10 DN65	个	2
6	031003001006	内螺纹暗杆楔式闸阀 Z15T-10 DN65 管井内	个	2
7	031003003001	楔式闸阀 Z41T-10 DN125	个	1
8	031003003002	旋启式单瓣止回阀 H44T-10 DN125	个	1

7.3.3 卫生器具安装工程工程量清单的编制要点

1. 清单项目设置

1)卫生器具工程量清单项目设置时,必须明确以下特征:

① 浴盆:材质(搪瓷、铸铁、玻璃钢、塑料)、规格(1400mm、1650mm、1800mm)、组装形式(冷水、冷热水、冷热水带喷头)。

② 洗脸盆:型号(立式、台式、普通式)、规格、组装形式(冷水、冷热水)、开关种类(肘式、脚踏式)、进水连接管的材质、角阀的规格型号或品牌、水嘴的规格型号或品牌等。

③ 淋浴器组成形式(钢管组成、铜管成品)。

④ 大便器规格型号(蹲式、坐式、低水箱、高水箱)、开关及冲洗形式(手压冲洗、脚踏冲洗、自闭式冲洗)、材质、冲洗管的材质及规格等。

⑤ 小便器的规格型号(如挂斗式、立式)、冲洗短管的材质的规格型号或品牌、存水弯的材质等。

⑥ 水箱的形状(圆形、方形)、质量。

⑦ 水嘴的材质、种类、直径规格等。

⑧ 排水栓的类型、口径规格等。

⑨ 地漏、地面扫除口、小便器冲洗管的材质、口径规格等。

⑩ 开水炉、电热水器、电开水炉、容积式热交换器、蒸汽-水加热器、冷热水混合器、消毒锅、饮水器的类型等;消毒器的类型、尺寸等。

2)卫生器具工程工程量清单项目设置(部分)见表 7-11,在进行清单编制时,需注意以下内容:

① 成品卫生器具项目中的附件安装，主要是指给水附件，包括水嘴、阀门、喷头等，排水配件包括存水弯、排水栓、下水口等以及配备的连接管。

② 浴缸支座和浴缸周边的砌砖、瓷砖粘贴，应按现行《房屋建筑与装饰工程工程量计算规范》（GB 50854）相关项目编码列项；功能性浴缸不含电机接线和调试，应按《通用安装工程工程量计算规范》（GB 50856）附录D电气设备安装工程相关项目编码列项。

③ 洗脸盆适用于洗脸盆、洗发盆、洗手盆安装。

④ 器具安装中若采用混凝土或砖基础，应按现行《房屋建筑与装饰工程工程量计算规范》（GB 50854）相关项目编码列项。

⑤ 给水、排水附（配）件是指独立安装的水嘴、地漏、地面扫出口等。

表7-11 卫生器具工程工程量清单项目设置（部分）（编码：031004）

项目编码	项目名称	项目特征	计量单位	工程量计算规则	工程内容
031004001	浴缸	1. 材质 2. 规格、类型 3. 组装形式 4. 附件名称、数量	组	按设计图示数量计算	1. 器具安装 2. 附件安装
031004002	净身盆				
031004003	洗脸盆				
031004004	洗涤盆				
031004005	化验盆				
031004006	大便器				
031004007	小便器				
031004008	其他成品卫生器具				
031004009	烘手器	1. 材质 2. 型号、规格	个		安装
031004010	淋浴器	1. 材质、规格 2. 组装形式 3. 附件名称、数量	套		1. 器具安装 2. 附件安装
031004011	淋浴间				

2. 清单项目工程量计算

各种卫生器具制作安装工程量按设计图示数量计算，由于其计量单位是自然计量单位，故工程量的计算较简单，只按设计数量统计即可，应注意卫生器具组内所包括的阀门、水嘴、冲洗管等不能再计算工程量。

7.3.4 供暖器具安装工程工程量清单的编制要点

1. 清单项目设置

供暖器具安装工程工程量清单项目设置见表7-12。

表 7-12 供暖器具安装工程工程量清单项目设置（编码：031005）

项目编号	项目名称	项目特征	计量单位	工程量计算规则	工程内容
031005001	铸铁散热器	1. 型号、规格 2. 安装方式 3. 托架形式 4. 器具、托架除锈、刷油设计要求	片（组）	按设计图示数量计算	1. 组对、安装 2. 水压试验 3. 托架制作、安装 4. 除锈、刷油
031005002	钢制散热器	1. 结构形式 2. 型号、规格 3. 安装方式 4. 托架刷油设计要求	组（片）		
031005003	其他成品散热器	1. 材质、类型 2. 型号、规格 3. 托架刷油设计要求			1. 安装 2. 托架安装 3. 托架刷油
031005004	光排管散热器	1. 材质、类型 2. 型号、规格 3. 托架形式及做法 4. 器具、托架除锈、刷油设计要求	m	按设计图示排管长度计算	1. 制作、安装 2. 水压试验 3. 除锈、刷油
031005005	暖风机	1. 质量 2. 型号、规格 3. 安装方式	台	按设计图示数量计算	安装
031005006	地板辐射采暖	1. 保温层材质、厚度 2. 钢丝网设计要求 3. 管道材质、规格 4. 压力试验及吹扫设计要求	1. m^2 2. m	1. 以 m^2 计量，按设计图示采暖房间净面积计算 2. 以 m 计量，按设计图示管道长度计算	1. 保温层及钢丝网铺设 2. 管道排布、绑扎、固定 3. 与分集水器连接 4. 水压试验、冲洗 5. 配合地面浇注
031005007	热媒集配装置	1. 材质 2. 规格 3. 附件名称、规格、数量	台	按设计图示数量计算	1. 制作 2. 安装 3. 附件安装
031005008	集气罐	1. 材质 2. 规格	个		1. 制作 2. 安装

2. 编制工程量清单需注意的问题

1) 编制供暖器具安装工程量清单要说明器具的型号规格，具体包括以下几点：

① 铸铁散热器的型号及规格（如长翼型、圆翼型、M132 型、柱型等），如图 7-18 所示。

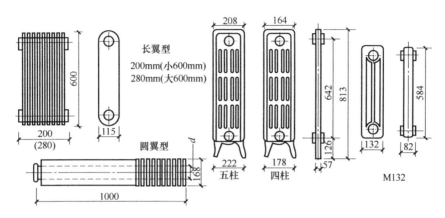

图 7-18　铸铁散热器安装的型号及规格

② 光排管散热器的型号（A 型、B 型）、长度、管径。
③ 钢制柱式散热器的片数。
④ 散热器的除锈标准、油漆种类。
⑤ 其他各式散热器的具体型号规格。

2）光排管散热器制作安装，清单项目工程量按光排管长度以"m"为单位计算。在计算工程量长度时，每组光排管之间的联接管长度不能计入光排管制作安装工程量。光排管散热器如图 7-19 所示，排管长 $L=nL_1$，n 为排管根数。

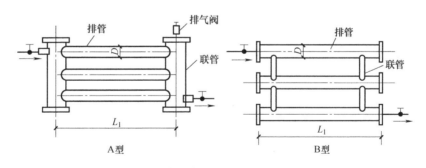

图 7-19　光排管散热器

3）所有散热器安装的工程内容都不包括两端阀门的安装，阀门安装应另外编制阀门安装清单项目。

① 铸铁散热器安装，包括拉条制作安装。
② 钢制散热器结构形式，包括钢制闭式、板式、壁板式、扁管式及柱式散热器等，应分别列项计算。
③ 光排管散热器安装，包括联管制作安装。
④ 地板辐射采暖安装，包括与分集水器连接和配合地面浇注用工。

4）暖风机、空气幕支架制作安装需单独编制工程量清单项目。

3. 清单项目工程量计算

1) 暖风机以"台"为计量单位,按设计图示数量计算。
2) 铸铁散热器组成安装以"片"为计量单位,按设计图示数量计算。
3) 光排管散热器制作安装以"m"为计量单位,已包括联管长度,按设计图示排管长度计算。

7.3.5 燃气器具及其他工程工程量清单的编制要点

1. 清单项目设置

燃气器具及其他工程工程量清单项目设置见表 7-13。

清单项目编制应注意以下问题:

1) 沸水器、消毒器适用于容积式沸水器、自动沸水器、燃气消毒器等。
2) 燃气灶具适用于人工煤气灶具、液化石油气灶具、天然气燃气灶具等,用途应描述民用或公用,类型应描述所采用气源。
3) 调压箱、调压装置安装部位应区分室内、室外。
4) 引入口砌筑形式,应注明地上、地下。

表 7-13 燃气器具及其他工程工程量清单项目设置(编码:031007)

项目编号	项目名称	项目特征	计量单位	工程量计算规则	工程内容
031007001	燃气开水炉	1. 型号、容量 2. 安装方式 3. 附件型号、规格	台	按设计图示数量计算	1. 安装 2. 附件安装
031007002	燃气采暖炉				
031007003	燃气沸水器、消毒器	1. 类型 2. 型号、容量 3. 安装方式 4. 附件型号、规格			
031007004	燃气热水器				
031007005	燃气表	1. 类型 2. 型号、规格 3. 连接方式 4. 托架设计要求	块(台)		1. 安装 2. 托架制作、安装
031007006	燃气灶具	1. 用途 2. 类型 3. 型号、规格 4. 安装方式 5. 附件型号、规格	台		1. 安装 2. 附件安装

(续)

项目编号	项目名称	项目特征	计量单位	工程量计算规则	工程内容
031007007	气嘴	1. 单嘴、双嘴 2. 材质 3. 型号、规格 4. 连接形式	个	按设计图示数量计算	安装
031007008	调压器	1. 类型 2. 型号、规格 3. 安装方式	台		
031007009	燃气抽水缸	1. 材质 2. 规格 3. 连接形式	个		
031007010	燃气管道调长器	1. 规格 2. 压力等级 3. 连接形式	个		
031007011	调压箱、调压装置	1. 类型 2. 型号、规格 3. 安装部位	台		
031007012	引入口砌筑	1. 砌筑形式、材质 2. 保温、保护材料设计要求	处		1. 保温（保护）台砌筑 2. 填充保温（保护）材料

2. 清单项目工程量计算

编制清单需详细说明燃气器具如开水炉的型号、采暖炉的型号、沸水器的型号、快速热水器的型号（直排、烟道、强排）、灶具的型号（煤气、天然气，民用灶具、公用灶具，单眼、双眼、三眼），以便投标人报价。

1）采暖器具的集气罐制作安装可参照《通用安装工程工程量计算规范》（GB 50856）附录C.6.17编列工程量清单。燃气加热设备、灶具等按不同用途规定型号，分别以"台"为计量单位。

2）气嘴安装按规格型号和连接方式，以"个"为计量单位。

7.4 给水排水、采暖、燃气工程工程量清单计价实例

7.4.1 管道安装工程工程量清单计价

根据《湖北省通用安装工程消耗量定额及全费用基价表》确定工程综合单价时应注意主要包括以下几个方面的问题：

1）安装工程量计算。按室内室外、管道材质、连接方法、接口材料、管道公称直径不

同，均以施工图所示管道中心线长度计算；不扣除阀门、管件、成套器件（包括减压器组成、疏水器组成、水表组成、伸缩器组成等）及各种井所占的长度，计量单位：10m。管道安装工作内容包括：管道安装、管件连接、水压试验或灌水试验、气压试验等。

2）管件的安装费用除不锈钢管和铜管外已包括在管道安装定额基价中；尽管《通用安装工程工程量计算规范》（GB 50856）工作内容中包括管件的安装，但管件的安装费用不需另套用预算定额；管道安装套用定额时，下列管材的管件是未计价材料，需另计主材费：钢管（焊接）、承插铸铁给水管、给水塑料管、给水塑料复合管。

3）不锈钢管和铜管的安装费用需另计管件的安装费用，根据施工图计算出管件的数量，套用《湖北省通用安装工程消耗量定额及全费用基价表 第八册 工业管道》低压管件相应子目。

4）套管制作、安装工程量，镀锌铁皮套管制作以"个"为计量单位，其安装费用已包括在管道安装基价内，不得另外计算；若为钢制套管，其制作安装费用按"室外钢管（焊接）"相应项目计算，套用《湖北省通用安装工程消耗量定额及全费用基价表 第十册 给排水、采暖、燃气工程》相应定额子目。

5）管道消毒、冲洗、水压试验或灌水试验，均按管道长度以"m"为计量单位，不扣除阀门、管件所占的长度。需要注意以下两个问题：

① 管道消毒、冲洗定额子目适用于设计、施工及验收规范中有要求的工程，并非所有管道都需进行。

② 正常情况下，管道安装预算定额的基价内已包括水压试验或灌水试验的费用，由于非施工方原因需要再次进行管道水压试验时才可执行管道水压试验定额，不要重复计算，以免综合单价加大。

6）安装管道的规格与定额子目规格不符时，应套用接近规格的项目；规格居中时，即处于两子目中间时，按大者（即上限）套用。

7）给水管道绕房屋周围敷设，按室外管道计算。

8）管道除锈、刷油、绝热不作为工程实体项目，不单独编制清单。但相关费用应组入管道清单项目的综合单价内。

9）安装工程的实体往往是由多个工程综合而成的，因此对各清单可能发生的工程项目均进行了提示并列在"工程内容"一栏内，它是报价人计算综合单价的主要依据。报价人在组价时，要确定按投标人的施工组织设计必须或肯定发生的工程内容，报价人只对发生的工程内容计价。

如果是生活用给水镀锌钢管安装，清单项目描述工程内容包括：①安装管件及弯管的制作、安装；②管件安装（指铜管管件、不锈钢管管件）；③套管制作、安装；④管道除锈、刷油、防腐；⑤管道绝热及保护层安装、刷油；⑥给水管道消毒、冲洗；⑦水压试验。按施工及验收规范只需完成工程内容中的①、③、⑥、⑦，报价人只需计算实际发生①、③、⑥、⑦的费用，对工程内容中的②、④、⑤都不予考虑。若设计文件要求管道刷标志漆，则还需计算④管道除锈、刷油、防腐的费用。

【例7-4】已知某住宅楼（4层）给水管道安装工程量镀锌钢管DN20（螺纹连接）的工程量为1200m（表7-14），计算该清单项目综合单价。

【解】本例的项目编码为031001001001。

表7-14 分部分项工程量清单

工程名称：某住宅给水排水工程

序号	项目编码	项目名称	计量单位	工程数量
1	031001001001	镀锌钢管DN20，螺纹连接	m	1200

人工、材料、机械台班消耗量采用《湖北省通用安装工程消耗量定额及全费用基价表》中相应项目的消耗量。综合单价中的人工单价、计价材料单价、机械台班单价根据《湖北省通用安装工程消耗量定额及全费用基价表》中的单价确定，并按照定额计价方式给予人工费、计价材料费、机械费调差。综合单价中的未计价材料费由市场信息价确定，未计价材料单价与计价材料单价之和计为材料单价。人工单价取：普工92元/工日，技工142元/工日。该工程为一栋4层住宅楼，属三类工程。

表7-15为分部分项工程量清单综合单价。

表7-15 分部分项工程量清单全费用综合单价计算表

工程名称：某住宅给水排水工程　　　　　　　　　计量单位：m
项目编码：031001001001　　　　　　　　　　　　工程数量：1200
项目名称：镀锌钢管DN20，螺纹连接　　　　　　综合单价：33.68元/m

序号	定额编号	工程内容	单位	数量	综合单价组成（元）					小计（元）
					人工费	材料费	机械费	费用	增值税	
1	C10-1-13	镀锌钢管DN20螺纹连接	10m	120	16767.6	1179.6	212.4	9524.4	2491.85	30175.85
	主材	镀锌钢管DN20	m	1189.2		5946			535.14	6481.14
	主材	给水室内镀锌钢管螺纹管件	个	1452		2904			261.36	3165.36
	C10-11-143	管道消毒冲洗			342.72	8.40	0	192.24	48.89	592.25
		合计			17110.32	10038.00	212.40	9716.64	3337.24	40414.60
		单价			14.26	8.37	0.18	8.10	2.78	33.68

综合单价计算过程如下。

(1) 镀锌钢管DN20螺纹连接（C10-1-13）

1) 人工费 = 139.73元/10m×1200m÷10 = 16767.6元。

2) 材料费。

计价材料费 = 9.83元/10m×1200m÷10 = 1179.6元。

镀锌钢管DN20市场价为5元/m；给水室内镀锌螺纹管件市场价为2元/个。

未计价材料费：

镀锌钢管DN20 = 120m×9.91m/10m×5元/m = 5946元。

给水室内镀锌螺纹管件 = 120×12.1个×2元/个 = 2904元。

材料费 = 计价材料费 + 未计价材料费
　　　 = 1179.6元 + 5946元 + 2904元

= 10029.6 元

3) 机械费 = 1.77 元/10m×1200m÷10 = 212.4 元。
4) 费用 = 79.37 元/10m×1200m÷10 = 9524.4 元。
5) 增值税 = (25.38 元/10m×1200m÷10)÷11%×9% + (5946+2904)×9% = 3288.35 元。

(2) 管道消毒冲洗（C10-11-143）
1) 人工费 = 28.56 元/100m×1200m÷100 = 342.72 元。
2) 材料费 = 0.7 元/100m×1200m÷100 = 8.4 元。
3) 机械费 = 0 元。
4) 费用 = 16.02 元/100m×1200m÷100 = 192.24 元。
5) 增值税 = (4.98 元/100m×1200m÷100)÷11%×9% = 48.89 元。

(3) 合计
1) 人工费 = 16767.6 元 + 342.72 元 = 17110.32 元。
2) 材料费 = 10029.6 元 + 8.4 元 = 10038.00 元。
3) 机械费 = 212.4 元 + 0 元 = 212.40 元。
4) 费用 = 9524.4 元 + 192.24 元 = 9716.64 元。
5) 增值税 = 3288.35 元 + 48.89 元 = 3337.24 元。
6) 综合 = 17110.32 元 + 10038.00 元 + 212.40 元 + 9716.64 元 + 3337.24 元 = 40414.60 元。

综合单价 = 40414.60 元÷1200m = 33.68 元/m

7.4.2 管道附件安装工程工程量清单计价

管道附件安装工程量清单计价时需注意以下几个问题：

1) 根据工程量清单项目描述，决定每一分部分项工程的计价内容。对于法兰阀门安装，清单仅指本体安装，与之相连的法兰盘应该另设清单项目，此时法兰盘不应组合进阀门的综合单价内。当减压器、疏水器项目为成组安装则应根据清单所描述的组成内容进行单价分析。

2)《湖北省通用安装工程消耗量定额及全费用基价表》计算规则规定，螺纹水表安装包括前阀门安装；法兰水表组成安装包括闸阀、止回阀及旁通管的安装，法兰、闸阀、止回阀为已计价材料。当图纸中设计组成与定额中规定的安装形式不同时，阀门及止回阀数量可按设计规定进行调整，其余不变。水表作为未价材料，其价格计入综合单价。

3)《湖北省通用安装工程消耗量定额及全费用基价表》计算规则规定，减压器组成安装、疏水器组成安装基价中已包括法兰、闸阀、止回阀、安全阀及旁通管的安装费用，法兰、闸阀、止回阀、安全阀为计价材料，当图纸中设计组成与定额中规定的安装形式不同时，阀门及止回阀数量可按设计规定进行调整，其余不变。减压器、疏水器作为未计价材料，其价格计入综合单价。疏水器组成如图 7-20 所示。

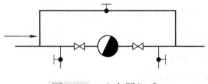

图 7-20 疏水器组成

7.4.3 卫生器具安装工程工程量清单计价

1)《通用安装工程工程量计算规范》(GB 50856) 中"水箱制作安装"清单项目的工程内容包括了支架的制作安装及除锈、刷油,在确定"水箱制作安装"综合单价时,需将支架制作安装、除锈、刷油的相应费用组入综合单价内。除大、小便槽冲洗水箱外(大、小便槽冲洗水箱的制安定额基价含有托架制作安装费用),其他类型的水箱型钢支架制作安装套用"管道支架制作安装"子目,除锈、刷油套用《湖北省通用安装工程消耗量定额及全费用基价表 第十二册 刷油、防腐蚀、绝热工程》相应定额子目。

2) 水箱上配管、配件的安装费用不包括在水箱清单综合单价内,要另计。屋顶水箱上配管应归入室内管道。

3) 浴盆的安装适用于各种型号,浴盆支座和四周侧面砌砖、粘贴的瓷砖费用另计。

7.4.4 供暖器具安装工程工程量清单计价

在计算工程量清单综合单价时,需注意以下问题:

1) 按《通用安装工程工程量计算规范》(GB 50856) 要求,铸铁散热器、光排管散热器安装工程内容包括除锈、刷油,组价时应计入除锈、刷油的相关费用,套用《湖北省通用安装工程消耗量定额全费用基价表 第十二册 刷油、防腐蚀、绝热工程》相关子目。

2) 光排管式散热器制作安装,每组光排管之间的连接管长度不能计入光排管制作安装工程量,联管为已计价材料,排管为未计价材料,排管材料费应计入综合单价。

3)《湖北省通用安装工程消耗量定额及全费用基价表》散热器制作安装子目基价中包括托钩制作安装费用,除闭式散热器外,其他类型的散热器安装都包括托钩的材料费。对闭式散热器托钩的材料费未计,在组价时,须将托钩的材料计入闭式散热器工程量清单的综合单价内。

7.4.5 燃气器具安装及其他工程工程量清单计价

1) 以下费用可根据需要情况由投标人选择计入综合单价:
① 高层建筑施工增加费。
② 安装与生产同时进行增加费。
③ 在有害身体健康环境中施工增加费。
④ 安装物安装高度超高施工增加费。
⑤ 设置在管道间、管廊内的管道施工增加费。
⑥ 现场浇筑的主体结构配合施工增加费。

2) 关于措施项目清单。措施项目清单为工程量清单的组成部分,措施项目可按《建设工程工程量清单计价规范》所列项目,根据工程需要情况选择列项。在本附录工程中可能发生的措施项目有:临时设施、文明施工、安全施工、二次搬运、已完工程及设备保护费、脚手架搭拆费。措施项目应单独编制,并应按措施项目清单编制要求计价。

【例 7-5】 某住宅楼安装天然气灶具 56 台,灶具型号为 JZY2 双眼灶,试确定该安装工程的综合单价。

【解】 本例的项目编码为 031007006001。设该工程为三类工程,根据《湖北省通用安装工程消耗量定额及全费用基价表》有关规定,取人工单价:普工 92 元/工日,技工 142 元/工日。本例中暂不考虑风险因素费用的计取。套用子目 C10-8-31 天然气双眼灶(JZY2)安装,综合单价计算如下:

1) 人工费 = 19.34 元/台×56 台 = 1083.04 元。
2) 材料费。
计价材料费 = 0 元。
未计价材料费:天然气双眼灶(JZY2)灶具市场信息价为 1120.21 元/台。
主材价 = 1120.21 元/台×56 台 = 62731.76 元。
材料费合计 = 0 元 + 62731.76 元 = 62731.76 元。
3) 机械费 = 0 元。
4) 费用 = 10.85 元/台×56 台 = 607.6 元。
5) 增值税 = (3.32 元/台×56 台)÷11%×9% = 152.17 元。
6) 合计 = 1083.04 元 + 62731.76 元 + 0 元 + 607.6 元 + 152.17 元
   = 64574.57 元。
综合单价 = 64574.57 元÷56 台 = 1153.12 元/台。

本章小结

建筑工程给水排水一般分室内和室外两部分。室外部分主要由给水干管和阀门井以及排水检查井组成;室内部分由建筑物本身的给水、排水管道以及卫生器具和零配件组成。

给水排水施工图主要包括平面图和系统图。阅读施工图时,首先看图纸目录、施工说明、图例符号、代号以及必要的文字说明等,然后,一般以平面图为主进行识读,同时用相关的系统图和剖面图进行补充对照。

采暖系统是指向房间补充热量的工程设备,主要由热源、供(输)热管道和散热设备三部分组成。

城市燃气管网通常包括街道燃气管网和庭院燃气管网两部分。

通过本章的学习,学生要掌握给水排水、采暖、燃气工程施工图的识读和计算范围;熟悉给水排水、采暖、燃气工程工程量的计算规则的应用、工程量清单的编制和定额的套用,掌握给水排水、采暖、燃气工程工程量计量与计价文件的编制。

复习题

1. 给水排水工程中室内外界限如何划分?
2. 给水排水系统分别由哪几部分组成?
3. 图 7-21 为某房屋给水排水工程主要施工图(平面图与系统图),室内供水两侧对称,采用镀锌管(丝接)及常规器具。试编制该项给水排水工程工程量清单及计价表。
4. 给水排水工程施工图由哪几部分组成?识图的要点有哪些?
5. 试述管道附件工程的含义及定额适用范围。

第 7 章 给水排水、采暖、燃气工程

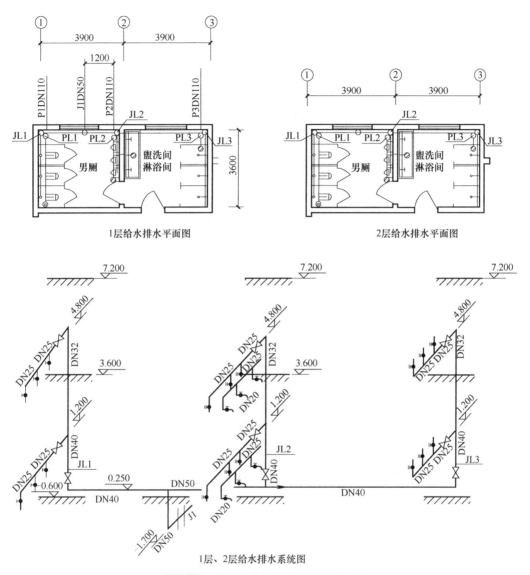

图 7-21 房屋给水排水工程主要施工图

第 8 章

消防工程

> **本章概要**
>
> 消防工程是建筑工程的重要组成部分。本章主要介绍消防工程的基本知识及施工识图、消防工程施工图预算的编制要点、消防工程工程量清单的编制要点和计价的相关知识。

8.1 消防工程的基本知识及施工识图

8.1.1 消防工程的基本知识

1. 消防工程的概念

消防从最浅显的意义讲，一是防止火灾发生，为此建筑物内尽量不用、少用可燃材料，或将可燃材料的表面涂刷防火涂料；二是及时发现初起火灾，并根据火灾性质，采取适宜措施（破坏燃烧条件）消灭初起火灾。

消防工程即为了防止火灾发生和消灭初起火灾而建造和安装的工程设施、设备的总称。

2. 消防工程设施的设备

（1）防火分区

防火分区是指采用具有一定耐火性能的分隔构件划分的，能在一定时间内防止火灾向同一建筑物的其他部分蔓延的局部区域。一旦火灾发生，在一定时间内，防火分区可有效地把火势控制在局部范围，为组织灭火和人员疏散赢得时间，减少火灾损失。

防火分区可分为两类，一是竖向防火分区，用以防止建筑物层与层之间发生火灾蔓延；二是水平防火分区，用以防止火灾在水平方向的扩大蔓延。

(2) 防火分隔物

防火分隔物是防火分区的边缘构件,一般有防火墙、耐火楼板、防火门、防火卷帘、防火窗、防火水幕、防火带、防火阀门、上下楼层之间的窗间墙、封闭和防烟楼梯间等。其中,防火墙、防火门、防火卷帘和防火水幕是水平方向划分防火分区的分隔物,而耐火楼板、上下楼层之间的窗间墙、封闭和防烟楼梯间属于垂直方向划分防火分区的防火分隔物。

1) 防火墙。根据在建筑中所处的位置和构造形式,防火墙可分为横向防火墙(与建筑平面纵轴垂直)、纵向防火墙(与建筑平面纵轴平行)、室内防火墙、室外防火墙和独立防火墙等。

防火墙应为不燃烧体,耐火极限不应低于 4.0h。对高层民用建筑不应低于 3.0h。

2) 防火门。防火门除具备普通门的作用外,还具有防火、隔烟的功能,建筑物发生火灾时,它能在一定程度上阻止或延缓火灾蔓延。

防火门按其耐火极限分为甲级防火门、乙级防火门和丙级防火门;按其所用的材料分为木质防火门、钢质防火门和复合材料防火门;按其开启方式分为平开防火门和推拉防火门;按门扇结构分为镶玻璃防火门和不镶玻璃防火门、带上亮窗和不带上亮窗的防火门。

各级防火门最低耐火极限分别为:甲级防火门 1.20h,乙级防火门 0.90h,丙级防火门 0.60h。通常甲级防火门用于防火墙上;乙级防火门用于疏散楼梯间;丙级防火门用于管道井等检查门。

疏散通道上的防火门应为向疏散方向开启的平开门。

3) 防火卷帘。防火卷帘是一种活动的防火分隔物,一般是用钢板等金属板材以扣环或铰接的方法组成可以卷绕的链状平面,平时卷起放在门窗上口的转轴箱中,起火时将其展开放下,用以阻止火势从门窗洞口蔓延。

防火卷帘由帘板、滚筒、托架、导轨及控制机构组成。整个组合体包括封闭在滚筒内的运转平衡器、自动关闭机构、金属罩及帘板部分,由帘板阻挡烟火和热气流。

卷帘有电动式和手动式两种。手动式常采用拉链控制;电动式卷帘是在转轴处安装电动机,电动机由按钮控制,一个按钮可以控制一个或几个卷帘门,也可以对所有卷帘进行远距离控制。

防火卷帘按帘板的厚度分为轻型卷帘和重型卷帘。轻型卷帘钢板的厚度为 0.5~0.6mm;重型卷帘钢板的厚度为 1.5~1.6mm。重型卷帘一般用于防火墙或防火分隔墙上。

防火卷帘按帘板构造可分为普通型钢质防火卷帘和复合型钢质防火卷帘。前者由单片钢板制成;后者由双片钢板制成,中间加隔热材料。代替防火墙时,如果耐火极限大于 3.0h,则可省去水幕保护系统。

在一定条件下,当建筑物设置防火墙或防火窗有困难时,可用防火卷帘代替防火墙。防火卷帘常用在商场内部防火分区、多层建筑的共享空间及中庭等部位的防火分隔。防火卷帘一般应设水幕保护,以达到规定的耐火极限。若使用新型的复合防火卷帘,其耐火极限大于 3.0h,则防火卷帘可不设水幕保护。

4) 防火窗。防火窗是采用钢窗框、钢窗扇及防火玻璃(防火夹丝玻璃或防火复合玻璃)制成的,能起隔离和阻止火势蔓延的窗。

防火窗按照安装方法可分固定窗扇与活动窗扇两种。固定窗扇防火窗不能开启,平时可以采光、遮挡风雨,发生火灾时可以阻止火势蔓延;活动窗扇防火窗能够开启和关闭,起火时可以自动关闭,阻止火势蔓延,开启后可以排除烟气,平时还可以采光和遮挡风雨。为了使防火窗的窗扇能够开启和关闭,需要安装自动和手动开关装置。

防火窗分为甲、乙、丙三级:其耐火极限甲级为 1.2h;乙级为 0.9h;丙级为 0.6h。

5)防火水幕。防火水幕可以起防火墙的作用,在某些需要设置防火墙或其他防火分隔物而无法设置的情况下,可采用防火水幕进行分隔。防火水幕采用喷雾型喷头或雨淋式水幕喷头。水幕喷头的排列不应少于 3 排,防火水幕形成的水幕宽度不宜小于 5m。应该指出的是,在设有防火水幕的部位的上部和下部,不应有可燃和易燃的结构或设备。

6)防火带。防火带是指在有可燃构件的建筑物中间划出的一段区域。这个区域内的建筑构件全部用不燃性材料并采取能阻挡防火带一侧的烟火不窜到另一侧的措施,从而起到防火分隔的作用。

7)防火阀门。防火阀门是指接到火灾信号后能自动或手动关闭,阻止高温烟气往相邻防火分区蔓延的阀门。防火阀门用于管道内部,且多设在防火分区的防火墙处。

(2)消防电梯

消防电梯是指为了给消防员扑救高层建筑火灾创造条件,使其迅速到达高层起火部位扑救火灾和救援遇难人员而设置的特有的消防设施。

3. 消防灭火系统的组成及其作用

(1)消火栓灭火系统

消火栓灭火系统是当前最基本的灭火设备系统,分为室外消火栓和室内消火栓。

1)室外消火栓。室外消火栓是指设置在建筑物外消防给水管网的一种供水设备,由本体、进水弯管、阀塞、出水口和排水口等组成。它的作用是向消防车提供消防用水或直接接出水带、水枪进行灭火。按设置条件分为地上式消火栓和地下式消火栓;按压力分为低压消火栓和高压消火栓。

2)室内消火栓。室内消火栓设置在建筑物内消火栓箱中,由水枪、水带、消火栓三部分组成。

3)消防水泵接合器。消防水泵接合器是消防队使用消防车从室外水源取水,向室内管网供水的接口。

水泵接合器分为地上式、地下式、墙壁式三类。

4)室内消火栓给水系统。消火栓给水系统分为低层建筑室内消火栓系统和高层建筑室内消火栓系统。

低层建筑室内消火栓给水系统根据设置水泵和水箱情况,可分为三种类型:

① 无加压泵和水箱的室内消火栓给水系统。

② 设有水箱的室内消火栓给水系统。

③ 设有消防水泵和水箱的室内消火栓给水系统。

高层建筑室内消火栓给水系统可分类如下:

① 按服务范围可分为:独立的室内消火栓给水系统,即每幢高层建筑设置一个单独加压的室内消火栓给水系统;区域集中的室内消火栓给水系统,即数幢或数十幢高层建筑物共用一个加压泵房的室内消火栓给水系统。

② 按建筑高度可分为:不分区给水方式消防给水系统、分区给水方式消防给水系统。

③ 按消防给水压力可分为:高压消防给水系统、准高压消防给水系统、临时高压消防

给水系统。

5) 消防水箱：建筑室内消防水箱（包括水塔、气压水罐）是储存扑救初期火灾消防用水的储水设备，它提供扑救初期火灾的水量和保证扑救初期火灾时灭火设备有必要的水压。消防水箱按使用情况分为专用消防水箱，生活、消防共用水箱，生产、消防共用水箱和生活、生产、消防共用水箱。

(2) 闭式自动喷水灭火系统

闭式自动喷水灭火系统是一种能够自动探测火灾并自动启动喷头灭火的固定灭火系统。由水源、管网、闭式喷头、报警控制装置等组成。适用于各种可以用水灭火的场所，尤其适用于高层民用建筑、公共建筑、普通工厂、仓库、船舱以及地下工程等场所。

闭式自动喷水灭火系统分为湿式自动喷水灭火系统、干式自动喷水灭火系统、干湿式自动喷水灭火系统和预作用自动喷水灭火系统四种形式。

(3) 雨淋喷水灭火系统

雨淋喷水灭火系统由开式喷头（无释放机构的洒水喷头，其喷头口是敞开的）、雨淋阀和管道等组成，并设有手动开启阀门装置。只要雨淋阀启动后，就在它的保护区内大面积地喷水，降温和灭火效果均十分显著，但其自动控制部分必须有很高的可靠性，不允许误动作或不动作。

雨淋喷水灭火系统按其淋水管网充水与否可分为空管式雨淋喷水灭火系统和充水式雨淋喷水灭火系统两类；按控制方式可分为手动控制、手动水力控制、自动控制三种。

(4) 水幕系统

水幕系统是指由水幕喷头、管道和控制阀等组成的一种自动喷水系统。它不直接用于扑灭火灾，而是与防火卷帘、防火水幕配合使用，用以阻火、隔火、冷却简易防火分隔物；也可以单独设置，用于保护建筑物门窗洞口等部位。在一些既不能用防火墙作防火分隔，又无法用防火幕或防火卷帘作分隔的大空间，也可用水幕系统作为防火分隔或防火分区，起防火隔断作用。

水幕系统按其作用可分为三种类型：冷却型水幕、阻火型水幕、防火型水幕。

(5) 水喷雾灭火系统

水喷雾灭火系统是向保护对象喷射水雾灭火或防护冷却的灭火系统。由水源、供水设备、管道、雨淋阀组、过滤器和水雾喷头等组成。与雨淋喷水灭火系统、水幕系统有很多相同之处，区别主要在于喷头的结构和性能不同。

它是利用水雾喷头在较高的水压力作用下，将水流分离成细小水雾滴，喷向保护对象实现灭火和防护冷却作用的。其用水量少，冷却和灭火效果好。

(6) 二氧化碳灭火系统

二氧化碳灭火系统是由二氧化碳供应源、喷嘴和管路组成的灭火系统。二氧化碳灭火原理是通过向火灾发生处喷射二氧化碳，冲淡空气中氧的浓度，使其不能支持燃烧，从而达到灭火目的。二氧化碳在空气中含量达到15%以上时能使人窒息死亡；达到25%~30%时，能使一般可燃物质的燃烧逐渐窒息；达到43.6%时，能抑制汽油蒸气及其他易燃气体的爆炸。

二氧化碳灭火系统有全淹没系统、局部应用系统和移动式系统三种形式。

(7) 泡沫灭火系统

由泡沫罐、比例混合器、泡沫产生器、喷头、泵、控制装置及管道组成。按发泡指数可分为低倍泡沫灭火系统（≤20倍）、中倍泡沫灭火系统（21~200倍）、高倍泡沫灭火系统（201～1000倍）。

（8）火灾自动报警系统

1）火灾自动报警系统的发展。

火灾自动报警系统的发展可分为三个阶段：

① 多线制开关量式火灾探测报警系统，属于第一代产品，目前基本上被淘汰。

② 总线制可寻址开关量式火灾探测报警系统，属于第二代产品，尤其是二总线制开关量式火灾探测报警系统目前被大量采用。

③ 模拟量传输式智能火灾报警系统，属于第三代产品。目前我国已从传统的开关量式的火灾探测报警技术，逐步跨入具有先进水平的模拟量式智能火灾探测报警技术的新阶段，它使系统的误报率降低到最低限度，并可大幅度提高报警的准确度和可靠性。

目前火灾自动报警系统有智能型、全总线型以及综合型等，这些系统不分区域报警系统或集中报警系统，可对整个系统进行火灾监视。但是在具体工程应用中，传统型的区域报警系统（图8-1）、集中报警系统（图8-2）、控制中心报警系统仍得到较为广泛的应用。

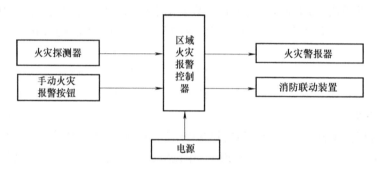

图8-1　区域报警系统组成

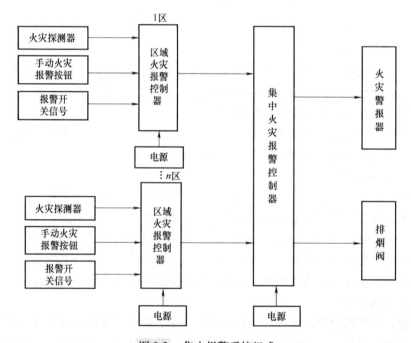

图8-2　集中报警系统组成

2) 火灾自动报警系统的组成及作用。

火灾自动报警系统主要由火灾报警控制器、火灾探测器、手动火灾报警按钮、火灾报警器、消防联动装置等组成。

火灾探测器是火灾自动探测系统的传感部分，它能产生并在现场发出报警信号，或向控制和指示设备发出现场火灾状态信号。

手动报警按钮是指用手动方式发出火灾报警信号且可确认火灾的发生以及启动灭火装置。

火灾警报器是当发生火灾时，能发出声或光报警的装置。

① 火灾探测器的作用及分类。

安装在保护区的火灾探测器不断地向所监视的现场发出巡测信号，监视现场的烟雾浓度、温度等，并不断反馈给报警控制器，控制器将接收的信号与内存的正常整定值比较、判断是否发生火灾。确定发生火灾时，发出声光报警，显示烟雾浓度，显示火灾区域或楼层、房号，并打印报警时间、地址等。同时向火灾现场发出警铃（电笛）报警，在火灾发生楼层的上下相邻层或火灾区域的相邻区域同时发出报警信号，以显示火灾区域，各应急疏散指示灯点亮，指明疏散方向。

火灾探测器主要有以下几种：

点型感温探测器：对警戒范围中某一点周围的温度升高响应的探测器。根据其工作原理不同，可分为定温探测器和差温探测器。

点型感烟探测器：对警戒范围中某一点周围烟的密度升高响应的火灾探测器。根据其工作原理不同可分为离子感烟探测器和光电感烟探测器。

红外光束探测器：将火灾的烟雾特征物理量对光束的影响转换成输出电信号的变化，并立即发出报警信号的器件。由光束发生器和接收器两个独立部分组成。

火焰探测器：将火灾的辐射光特征物理量转换成电信号，并立即发出报警信号的器件。常用的有红外探测器和紫外探测器。

可燃气体探测器：对监视范围内泄漏的可燃气体达到一定浓度时发出报警信号的器件。常用的有催化型可燃气体探测器和半导体可燃气体探测器。

线型探测器：温度达到预定值时，利用两根载流导线间的热敏绝缘物熔化使两根导线接触而动作的火灾探测器。线型探测器主要用于电缆隧道内的动力电缆及控制电缆的火警早期预报，可在电厂、钢厂、化工厂、古建筑物等场合使用。

② 火灾报警控制器的作用及分类。

火灾报警控制器有如下作用：向探测器供电；能接收探测信号并转换成声、光报警信号，指示着火部位和记录报警信息；可通过火灾发送装置启动火灾报警信号或通过自动消防灭火控制装置启动自动灭火设备和消防联动控制设备；自动监视系统的正确运行，对特定故障发出声光报警。

火灾报警控制器可从多个角度来分类。

A. 按控制范围分类。

a. 区域火灾报警控制器：它直接连接火灾探测器，处理各种报警信息。

b. 集中火灾报警控制器：它一般不与火灾探测器相连，而与区域火灾报警控制器相连，处理区域级火灾报警控制器送来的报警信号，常使用在较大型的系统中。

c. 通用火灾报警控制器：它兼有区域、集中两级火灾报警控制器的双重特点。其通过设置或修改某些参数（可以是硬件或者是软件方面），既可作区域级使用，连接控制器；又可作集中级使用，连接区域火灾报警控制器。

B. 按结构形式分类。

a. 壁挂式火灾报警控制器：连接探测器回路相应少一些，控制功能较简单，区域报警器多采用这种形式。

b. 台式火灾报警控制器：连接探测器回路数较多，联动控制较复杂，使用操作方便，集中报警器常采用这种形式。

c. 框式火灾报警控制器：可实现多回路连接，具有复杂的联动控制，集中报警控制器属此类型。

C. 按内部电路设计分类。

a. 普通型火灾报警控制器：其内部电路设计采用逻辑组合形式，具有成本低廉、使用简单等特点，可采用标准单元的插板组合方式进行功能扩展，其功能较简单。

b. 微机型火灾报警控制器：内部电路设计采用微机结构，对软件及硬件程序均有相应要求，具有功能扩展方便、技术要求复杂、硬件可靠性高等特点，是火灾报警控制器的首选形式。

D. 按系统布线方式分类。

a. 多线制火灾报警控制器：其探测器与控制器的连接采用一一对应方式。每个探测器至少有一根线与控制器连接，曾有五线制、四线制、三线制、两线制，连线较多，仅适用于小型火灾自动报警系统。

b. 总线制火灾报警控制器：控制器与探测器采用总线方式连接，所有探测器均并联或串联在总线上，一般总线有二总线、三总线、四总线，连接导线大大减少，给安装、使用及调试带来了较大方便，适于大、中型火灾自动报警系统。

3) 火灾自动报警系统的线制。

火灾自动报警系统的线制是指探测器和控制器间的导线数量。更确切地说，线制是火灾自动报警系统运行机制的体现。按线制划分，火灾自动报警系统有多线制和总线制之分。多线制目前基本不用，但已运行的工程大部分为多线制系统。

① 多线制系统。多线制系统分为四线制和两线制。

A. 四线制：即 $n+4$ 线制，n 为探测器数，4 指公用线，为电源线（+24V）、地线（G）、信号线（S）、自诊断线（T）。另外，每个探测器设一根选通线（ST）。仅当某选通线处于有效电平时，在信号线上传送的信息才是该探测部位的状态信号。多线制（四线制）接线方式如图 8-3 所示。这种方式的优点是探测器的电路比较简单，供电和取信息相当直观；缺点是线数多，配管直径大，穿线复杂，线路易多发故障，故目前很少采用。

B. 两线制：两线制也称 $n+1$ 线制，即一条公用地线，另一条线承担供电、选通信息与自检的功能，这种线制比四线制简化得多，但仍为多线制系统。探测器采用两线制时，可完成电源供电故障检查、火灾报警、断线报警（包括接触不良、探测器被取走）等功能。

② 总线制系统。总线制系统采用地址编码技术，整个系统只用几根总线，建筑物内布线简单，设计、施工及维护方便，因此被广泛采用。值得注意的是：一旦总线回路中出现短

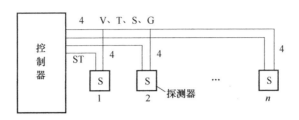

图 8-3　多线制（四线制）接线方式

路问题，则整个回路失效，甚至损坏部分控制器和探测器，因此为了保证系统正常运行和免受损失，必须采取短路隔离措施，如分段加装短路隔离器。

A. 四总线制接线方式如图 8-4 所示。四条总线为：P 线给出探测器的电源、编码、选址信号；T 线给出自检信号以判断探测部位或传输线是否有故障；控制器从 S 线上获得探测部位的信息；G 线为公共地线。P、T、S、G 均为并联方式连接，S 线上的信号对探测部位而言是分时的。

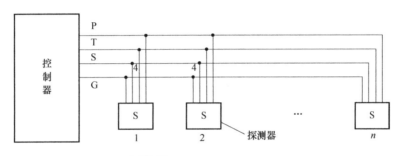

图 8-4　四总线制接线方式

B. 二总线制：这是一种最简单的接线方法，用线量更少，但技术的复杂性和难度也提高了。二总线中的 G 线为公共地线，P 线则完成供电、选址、自检、获取信息等功能。目前，二总线制应用最广泛，新型智能火灾报警系统也建立在二总线的运行机制上。二总线系统有树枝形接线和环形接线两种。

树枝形接线（图 8-5）如果发生断线，可以报出断线故障点，但断点之后的探测器不能工作。

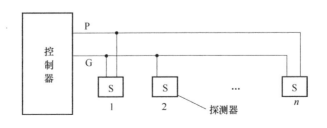

图 8-5　树枝形接线

环形接线（图 8-6）要求输出的两根总线在返回控制器另两个输出端子，构成环形，这种方式如中间发生断线不影响系统正常工作。

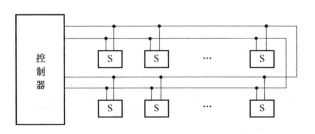

图 8-6　环形接线

8.1.2　消防工程施工图的组成与识图

消防工程系统一般由管道、电缆电线及电气自控设备元件等组成，因此从工程角度看，消防工程实际上就是给水排水工程和电气等工程的集合，其施工图的种类、内容、表达方式同给水排水工程和电气设备工程基本相同，因此这里只介绍其特殊的内容，与给水排水工程和电气设备工程相同的部分不再介绍。

《建筑给水排水制图标准》（GB/T 50106—2010）对消防设施图例符号做出了规定（表 8-1）。

表 8-1　消防设施图例符号（GB/T 50106—2010）

序号	名　称	图　例	备　注
1	消火栓给水管	—— XH ——	—
2	自动喷水灭火给水管	—— ZP ——	—
3	雨淋灭火给水管	—— YL ——	—
4	水幕灭火给水管	—— SM ——	—
5	水炮灭火给水管	—— SP ——	—
6	室外消火栓		—
7	室内消火栓 （单口）	平面　系统	白色为开启面
8	室内消火栓 （双口）	平面　系统	—
9	水泵接合器		—
10	自动喷洒头 （开式）	平面　系统	—
11	自动喷洒头 （闭式）	平面　系统	下喷

（续）

序号	名　称	图　例	备　注
12	自动喷洒头（闭式）	平面　系统	上喷
13	自动喷洒头（闭式）	平面　系统	上下喷
14	侧墙式自动喷洒头	平面　系统	—
15	水喷雾喷头	平面　系统	—
16	直立型水幕喷头	平面　系统	—
17	下垂型水幕喷头	平面　系统	—
18	干式报警阀	平面　系统	—
19	湿式报警阀	平面　系统	—
20	预作用报警阀	平面　系统	—
21	雨淋阀	平面　系统	—
22	信号闸阀		—

(续)

序号	名　称	图　例	备　注
23	信号蝶阀		—
24	消防炮	平面　　系统	—
25	水流指示器		—
26	水力警铃		—
27	末端试水装置	平面　　系统	—
28	手提式灭火器		—
29	推车式灭火器		—

8.2 消防工程施工图预算的编制要点

8.2.1 水灭火系统施工图预算的编制要点

1. 定额适用范围

适用于工业和民用建（构）筑物设置的自动喷水灭火系统的管道、各种组件、消火栓、消防水炮的安装。

2. 有关说明

1）沟槽式阀门安装执行《湖北省通用安装工程消耗量定额及全费用基价表 第十册 给排水、采暖、燃气工程》中管道附件的相应项目。

2）报警装置安装项目，定额中已包括装配管、泄放试验管及水力警铃出水管安装，水力警铃进水管按图示尺寸执行管道安装相应项目；其他报警装置适用于雨淋、干湿两用及预作用报警装置。

3）水流指示器（马鞍型连接）项目，主材中包括胶圈、U型卡；若设计要求水流指示器采用螺纹连接时，执行《湖北省通用安装工程消耗量定额及全费用基价表 第十册 给排水、采暖、燃气工程》中螺纹阀门的相应项目。

4）喷头、报警装置及水流指示器安装定额均按管网系统试压、冲洗合格后安装考虑的，定额中已包括丝堵、临时短管的安装、拆除及摊销。

5）温感式水幕装置安装定额中已包括给水三通至喷头、阀门间的管道、管件、阀门、喷头等全部安装内容，管道和喷头的主材费另计。在计算管道的主材数量时，按设计管道中心长度另加损耗计算；在计算喷头数量时，按设计数量另加损耗计算。

3. 工程量计算规则

1）管道安装按设计图示管道中心线长度以"10m"为计量单位。不扣除阀门、管件及各种组件所占长度。

2）管件连接分规格以"10个"为计量单位。沟槽管件主材包括卡箍及密封圈，以"套"为计量单位。

3）喷头、水流指示器、减压孔板、集热板按设计图示数量计算。按安装部位、方式、规格以"个"为计量单位。

4）报警装置按设计图示数量计算，按成套产品以"组"为计量单位；室内消火栓、室外消火栓、消防水泵接合器按设计图示数量计算，按成套产品以"套"为计量单位。

5）末端试水装置按设计图示数量计算，分规格以"组"为计量单位。

6）温感式水幕装置安装以"组"为计量单位。

7）灭火器按设计图示数量计算，分形式以"具""组"为计量单位。

8）消防水炮按设计图示数量计算，分规格以"台"为计量单位。

喷淋管道工程量计算

灭火器等设备、阀门工程量计算

8.2.2 气体灭火系统施工图预算的编制要点

1. 定额适用范围

适用于工业和民用建筑中设置的二氧化碳灭火系统、七氟丙烷灭火系统和IG541灭火系统中的管道、管件、系统组件等的安装。

2. 有关说明

1）气体灭火系统管道若采用不锈钢管、铜管时，管道及管件安装执行《湖北省通用安装工程消耗量定额及全费用基价表 第八册 工业管道工程》的相应项目。

2）储存装置安装定额，包括灭火剂储存容器和驱动瓶的安装固定支框架、系统组件（集流管，容器阀，气、液单向阀，高压软管）、安全阀等储存装置和驱动装置的安装及氮气增压。二氧化碳储存装置安装不需增压，执行定额时应扣除高纯氮气，其余不变。称重装置价值含在储存装置设备价中。

3）二氧化碳称重检漏装置包括泄漏报警开关、配重及支架安装。

4）气体灭火系统装置调试费执行"消防系统调试"的相应子目。

5）本章阀门安装分压力执行《湖北省通用安装工程消耗量定额及全费用基价表 第八册 工业管道工程》的相应项目；阀驱动装置与泄漏报警开关的电气接线执行《湖北省通用安装工程消耗量定额及全费用基价表 第六册 自动化控制仪表安装工程》的相应项目。

3. 工程量计算规则

1）管道安装按设计图示管道中心线长度，以"10m"为计量单位。不扣除阀门、管件及各种组件所占长度。

2）钢制管件连接分规格，以"10个"为计量单位。

3）气体驱动装置管道按设计图示管道中心线长度计算，以"10m"为计量单位。

4）选择阀、喷头安装按设计图示数量计算，分规格、连接方式以"个"为计量单位。

5）储存装置、称重检漏装置、无管网气体灭火装置安装按设计图示数量计算，以"套"为计量单位。

6）管网系统试验按贮存装置数量，以"套"为计量单位。

8.2.3 泡沫灭火系统施工图预算的编制要点

1. 定额适用范围

适用于高、中、低倍数固定式或半固定式泡沫灭火系统的发生器及泡沫比例混合器安装。

2. 有关说明

1）泡沫发生器及泡沫比例混合器安装中包括整体安装、焊接法兰、单体调试及配合管道试压时隔离本体所消耗的人工和材料。

2）本章设备安装工作内容中不包括支架的制作、安装和二次灌浆，另行计算。

3）泡沫灭火系统的管道、管件、法兰、阀门、管道支架等的安装及管系统试压及冲（吹）洗，执行《湖北省通用安装工程消耗量定额及全费用基价表 第八册 工业管道工程》的相应项目。

4）泡沫发生器、泡沫比例混合器安装定额中不包括泡沫液充装，泡沫液充装另行计算。

5）泡沫灭火系统的调试另行计算。

3. 工程量计算规则

泡沫发生器、泡沫比例混合器安装按设计图示数量计算，均按不同型号以"台"为计量单位，法兰和螺栓根据设计图要求另行计算。

8.2.4 火灾自动报警系统安装施工图预算的编制要点

1. 定额适用范围

适用于工业和民用建（构）筑物设置的火灾自动报警系统的安装。

2. 有关说明

1）安装定额中箱、机是以成套装置编制的；柜式及琴台式均执行落地式安装相应项目。

2）闪灯执行声光报警器。

3）不包括事故照明及疏散指示控制装置安装内容，此部分内容执行《湖北省通用安装工程消耗量定额及全费用基价表 第四册 电气设备安装工程》的相关项目。

4）火灾报警控制微机安装中不包括消防系统应用软件开发内容。

3. 工程量计算规则

1）点型探测器按设计图示数量计算，不分规格、型号、安装方式与位置，以"个""对"为计量单位。探测器安装包括了探头和底座的安装及本体调试。红外光束探测器是成对使用的，在计算时一对为两只。

2）线型探测器依据探测器长度、信号转换装置数量、报警终端电阻数量按设计图示数量计算，分别以"m""台""个"为计量单位。

3）空气采样管依据图示设计长度计算，以"m"为计量单位；极早期空气采样报警器依据探测回路数按设计图示计算，以"台"为计量单位。

4）区域报警控制箱、联动控制箱、火灾报警系统控制主机、联动控制主机、报警联动一体机按设计图不数量计算，区分不同点数、安装方式，以"台"为计量单位。

8.2.5 消防系统调试施工图预算的编制要点

1. 定额适用范围

本章定额适用于工业与民用建筑项目中的消防工程系统调试。

2. 有关说明

1) 系统调试是指消防报警和防火控制装置灭火系统安装完毕且连通,并达到国家有关消防施工验收规范、标准,进行的全系统检测、调整和试验。

2) 定额中不包括气体灭火系统调试试验时采取的安全措施,应另行计算。

3) 自动报警系统装置包括各种探测器、手动报警按钮和报警控制器;灭火系统控制装置包括消火栓、自动喷水、七氟丙烷、二氧化碳等固定灭火系统的控制装置。

3. 工程量计算规则

1) 自动报警系统调试区分不同点数根据集中报警器台数按系统计算。自动报警系统包括各种探测器、报警器、报警按钮、报警控制器组成的报警系统,其点数按具有地址编码的器件数量计算。火灾事故广播、消防通信系统调试按消防广播喇叭及音箱、电话插孔和消防通信的电话分机的数量分别以"10 只"或"部"为计量单位。

2) 自动喷水灭火系统调试按水流指示器数量以"点(支路)"为计量单位;消火栓灭火系统按消火栓启泵按钮数量以"点"为计量单位;消防水炮控制装置系统调试按水炮数量以"点"为计量单位。

3) 防火控制装置调试按设计图示数量计算。

8.3 消防工程工程量清单的编制要点

消防工程内容包括水灭火系统、气体灭火系统、泡沫灭火系统、火灾自动报警系统。其中,水灭火系统中包括消火栓灭火和自动喷淋灭火两部分。

8.3.1 水灭火系统工程工程量清单的编制要点

1. 清单项目设置

水灭火系统工程工程量清单项目设置见表 8-2。

表 8-2 水灭火系统工程工程量清单项目设置(编码:030901)

项目编码	项目名称	项目特征	计量单位	工程量计算规则	工作内容
030901001	水喷淋钢管	1. 安装部位 2. 材质、规格 3. 连接形式 4. 钢管镀锌设计要求 5. 压力试验及冲洗设计要求 6. 管道标识设计要求	m	按设计图示管道中心线以长度计算	1. 管道及管件安装 2. 钢管镀锌 3. 压力试验 4. 冲洗 5. 管道标识
030901002	消火栓钢管				

（续）

项目编码	项目名称	项目特征	计量单位	工程量计算规则	工作内容
030901003	水喷淋（雾）喷头	1. 安装部位 2. 材质、型号、规格 3. 连接形式 4. 装饰盘设计要求	个	按设计图示数量计算	1. 安装 2. 装饰盘安装 3. 严密性试验
030901004	报警装置	1. 名称 2. 型号、规格	组		1. 安装 2. 电气接线 3. 调试
030901005	温感式水幕装置	1. 型号、规格 2. 连接形式			
030901006	水流指示器	1. 规格、型号 2. 连接形式	个		
030901007	减压孔板	1. 材质、规格 2. 连接形式			
030901008	末端试水装置	1. 规格 2. 组装形式	组		
030901009	集热板制作安装	1. 材质 2. 支架形式	个		1. 制作、安装 2. 支架制作、安装
030901010	室内消火栓	1. 安装方式 2. 型号、规格 3. 附件材质、规格	套		1. 箱体及消火栓安装 2. 配件安装
030901011	室外消火栓				1. 安装 2. 配件安装
030901012	消防水泵接合器	1. 安装部位 2. 型号、规格 3. 附件材质、规格	套		1. 安装 2. 附件安装
030901013	灭火器	1. 形式 2. 规格、型号	具（组）		设置
030901014	消防水炮	1. 水炮类型 2. 压力等级 3. 保护半径	台		1. 本体安装 2. 调试

水灭火系统由配水管道、喷头、报警阀组、水流指示器、消火栓及水泵接合器等组成。
1）项目特征如下：

① 管道材质、规格包括焊接钢管（镀锌、不镀锌）和无缝钢管（冷拔、热轧）；焊接钢管常用公称直径表示，无缝钢管规格指外径及壁厚。

② 管道安装部位：包括室内、室外。

③ 管道连接方式：包括螺纹、焊接、沟槽式连接。

④ 管道锈蚀标准、刷油设计要求；管道水冲洗、水压试验设计要求。

⑤ 阀门：包括材质、型号、规格、连接方式。

⑥ 水表：具体的型号、规格。

⑦ 报警装置：包括名称（湿式报警阀、干湿两用报警阀、电动雨淋报警阀、预作用报警阀）、型号、规格。

⑧ 喷头：包括材质、型号、有无吊顶。

⑨ 消火栓：包括安装部位（室内、室外）、栓口直径和栓口数量（单、双），若为室外型区分地上、地下。

⑩ 水泵接合器：包括安装部位（地上、地下、壁挂）、型号、规格；消防水箱：包括材质、形状、容积、支架的材质和型号、除锈和刷油的设计要求。

2）水灭火系统室内、室外管道应分别编制工程量清单。

3）消防系统单独设置的水表、水箱应单独编制工程量清单，设置编码，不要与生活用给水系统的水表、水箱合并。

4）根据《通用安装工程工程量计算规范》（GB 50856）中报警装置、消火栓、水泵接合器的安装项目都是指成套产品的安装。装置中的阀门等不再编制清单项目。各套装置内容如下：

① 室内消火栓：包括消火栓箱、消火栓、水枪、水龙头、水龙带接扣、挂架、消防按钮。

② 室外地上式消火栓（SS 型）：包括地上式消火栓、法兰接管、弯管底座。

③ 室外地下式消火栓（SX 型）：包括地下式消火栓、法兰接管、弯管底座或消火栓三通。

④ 湿式报警装置（ZSS 型）：包括湿式报警阀、蝶阀、装配管、供水压力表、装置压力表、试验阀、泄放试验阀、泄放试验管、试验管流量计、过滤器、延时器、水力警铃、报警截止阀、漏斗、压力开关等。

⑤ 干湿两用报警装置（ZSL 型）：包括两用阀、蝶阀、装配管、加速器、加速器压力表、供水压力表、试验阀、泄放试验阀（湿式、干式）、挠性接头、泄放试验管、试验管流量计、排气阀、截止阀、漏斗、过滤器、延时器、水力警铃、压力开关等。

⑥ 消防水泵接合器：包括消防接口本体、止回阀、安全阀、闸阀、弯管底座、放水阀。

2. 清单项目工程量计算

1）水灭火管道工程量计算，不扣除阀门、管件及各种组件所占长度以延长米计算。

2）消火栓按设计图示数量以"套"计算。

3）喷头安装均按不同规格以"个"为计量单位。

【例 8-1】 某一室内消火栓灭火系统，共设 DN65 单出口消火栓 5 套（800mm×760mm×284mm 型铝合金单开门栓箱，麻质水带长 20m）、DN65 双出口消火栓 2 套（1200mm×750mm×280mm 型铝合金单开门栓箱，麻质水带长 20m）、带消防软管卷盘的 DN65 单出口消火栓 1 套（1200mm×750mm×280mm 型铝合金单开门栓箱，麻质水带长 20m，卷盘胶管 20m，喷嘴口径 9mm）。编制分部分项工程量清单。

【解】本例的清单项目设置见表 8-3。

表 8-3 分部分项工程量清单

序号	项目编码	项目名称	计量单位	工程数量
1	030901001001	室内消火栓安装 DN65 单栓 800mm×760mm×284mm 型铝合金单开门栓箱，麻质水带长 20m	套	5
2	030901001002	室内消火栓安装 DN65 双栓 1200mm×750mm×280mm 型铝合金单开门栓箱，麻质水带长 20m	套	2
3	030901001003	室内消火栓安装 DN65 单栓带软管卷盘 1200mm×750mm×280mm 型铝合金单开门栓箱，麻质水带长 20m	套	1

8.3.2 气体灭火系统工程工程量清单的编制要点

1. 清单项目设置

气体灭火系统工程工程量清单项目设置（部分）见表 8-4。

表 8-4 气体灭火系统工程工程量清单项目设置（部分）（编码：030902）

项目编码	项目名称	项目特征	计量单位	工程量计算规则	工程内容
030902001	无缝钢管	1. 介质 2. 材质、压力等级 3. 规格 4. 焊接方法 5. 钢管镀锌设计要求 6. 压力试验及吹扫设计要求 7. 管道标识设计要求	m	按设计图示管道中心线以长度计算	1. 管道安装 2. 管件安装 3. 钢管镀锌 4. 压力试验 5. 吹扫 6. 管道标识
030902002	不锈钢管	1. 材质、压力等级 2. 规格 3. 焊接方法 4. 充氩保护方式、部位 5. 压力试验及吹扫设计要求 6. 管道标识设计要求	m		1. 管道安装 2. 焊口充氩保护 3. 压力试验 4. 吹扫 5. 管道标识
030902003	不锈钢管管件	1. 材质、压力等级 2. 规格 3. 焊接方法 4. 充氩保护方式、部位	个	按设计图示数量计算	1. 管件安装 2. 管件焊口充氩保护

气体灭火系统是指七氟丙烷灭火系统和二氧化碳灭火系统。这类灭火系统用于自备发动机房、变配电间、计算机房、通信机房、图书馆、档案楼、珍贵文物室等不宜用水灭火的房屋。

七氟丙烷灭火系统由火灾探测器、监控设备、灭火剂储罐、管网和灭火剂喷嘴等组成。

气体灭火系统管道安装清单工程量：按设计图示管道中心线长度以延长米计算。不扣除阀门管件及各种组件所占长度。编制气体灭火系统安装工程工程量清单的注意事项如下：

1）下列特征要求描述清楚，以便计价：

① 管道材质：无缝钢管（冷拔、热轧、钢号要求），不锈钢管（1Cr18Ni9、1Cr18Ni9Ti、Cr18Ni13Mo3Ti），铜管应区分纯铜管（T1、T2、T3）和黄铜管（H59-H96）。

② 管道规格：公称直径或外径（应按外径乘以管厚表示）。

③ 管道连接方式：螺纹连接和法兰连接。

④ 管道除锈等级、刷油种类和遍数。

⑤ 管道压力试验采用试压方法：液压、气压、真空。

⑥ 管道吹扫方式：水冲洗、空气吹扫、蒸汽吹扫。

2）储存装置安装应包括灭火剂储存器及驱动瓶装置两个系统。储存系统包括灭火气体储存瓶、储存瓶固定架、储存瓶压力指示器、容器阀、单向阀、集流管、集流管与容器阀连接的高压软管、集流管上的安全阀。驱动瓶装置包括驱动气瓶、驱动气瓶支架、驱动气瓶的容器阀、压力指示器等安装及氮气增压，相应内容不需另列清单项目，但气瓶之间的驱动管道安装应按气体驱动装置管道清单项目列项。

3）二氧化碳称重检漏装置包括泄漏报警开关、配重、支架等，相应内容不需另列清单项目。

4）气体灭火系统灭火剂种类。

5）管道支架制作安装、系统调试需要单列清单项目。

2. 清单项目工程量计算

1）各种管道安装按设计管道中心长度以"m"为计量单位，不扣除阀门、管件及各种组件所占长度。以管道材质、接口方式、管径规格大小，套用《湖北省通用安装工程消耗量定额及全费用基价表 第九册 消防工程》相应子目。

2）钢制管件螺纹连接均按不同规格以"个"为计量单位。

3）喷头安装均按不同规格以"个"为计量单位。

4）选择阀安装按不同规格和连接方式分别以"个"为计量单位。

5）储存装置安装按储存容器和驱动气瓶的规格以"套"为计量单位。

6）二氧化碳称重检漏装置包括泄漏报警开关、配重、支架等，以"套"为计量单位。

8.3.3 泡沫灭火系统工程工程量清单的编制要点

1. 清单项目设置

泡沫灭火系统工程工程量清单项目设置见表8-5。

表 8-5 泡沫灭火系统工程工程量清单项目设置（编码：030903）

项目编码	项目名称	项目特征	计量单位	工程量计算规则	工程内容
030903001	碳钢管	1. 材质、压力等级 2. 规格 3. 焊接方法 4. 无缝钢管镀锌设计要求 5. 压力试验、吹扫设计要求 6. 管道标识设计要求	m	按设计图示管道中心线以长度计算	1. 管道安装 2. 管件安装 3. 无缝钢管镀锌 4. 压力试验 5. 吹扫 6. 管道标识
030903002	不锈钢管	1. 材质、压力等级 2. 规格 3. 焊接方法 4. 充氩保护方式、部位 5. 压力试验、吹扫设计要求 6. 管道标识设计要求			1. 管道安装 2. 焊口充氩保护 3. 压力试验 4. 吹扫 5. 管道标识
030903003	铜管	1. 材质、压力等级 2. 规格 3. 焊接方法 4. 压力试验、吹扫设计要求 5. 管道标识设计要求	m		1. 管道安装 2. 压力试验 3. 吹扫 4. 管道标识
030903004	不锈钢管管件	1. 材质、压力等级 2. 规格 3. 焊接方法 4. 充氩保护方式、部位	个	按设计图示数量计算	1. 管件安装 2. 管件焊口充氩保护
030903005	铜管管件	1. 材质、压力等级 2. 规格 3. 焊接方法			管件安装
030903006	泡沫发生器	1. 类型 2. 型号、规格 3. 二次灌浆材料	台		1. 安装 2. 调试 3. 二次灌浆

　　泡沫灭火系统安装包括的项目有管道安装、阀门安装、法兰安装及泡沫发生器、混合储存装置安装。编制工程量清单时，按材质、型号、规格、焊接方式、除锈标准、油漆品种等不同特征列项。

　　对泡沫灭火系统的管道安装清单项目，其清单工程量计算规则以及必须明确描述的各种特征与气体灭火系统的管道相同。

　　法兰、阀门按其材质、型号、规格、连接方式列项编制清单。

　　消防泵等机械设备安装按《通用安装工程工程量计算规范》（GB 50856）附录 C.1 要求编制清单。

2. 清单项目工程量计算

1）管材按设计图示管道中心长度以"m"计算。

2）管件按设计图示数量以"个"计算。

3）泡沫发生器按设计图示数量以"台"计算。

8.3.4 火灾自动报警系统工程工程量清单的编制要点

1. 清单项目设置

火灾自动报警系统工程工程量清单项目设置（部分）见表8-6。

表8-6 火灾自动报警系统工程工程量清单项目设置（部分）（编码：030904）

项目编码	项目名称	项目特征	计量单位	工程量计算规则	工作内容
030904001	点型探测器	1. 名称 2. 规格 3. 线制 4. 类型	个	按设计图示数量计算	1. 底座安装 2. 探头安装 3. 校接线 4. 编码 5. 探测器调试
030904002	线型探测器	1. 名称 2. 规格 3. 安装方式	m	按设计图示长度计算	1. 探测器安装 2. 接口模块安装 3. 报警终端安装 4. 校接线
030904003	按钮	1. 名称 2. 规格	个	按设计图示数量计算	1. 安装 2. 校接线 3. 编码 4. 调试
030904004	消防警铃				
030904005	声光报警器				
030904006	消防报警电话插孔（电话）	1. 名称 2. 规格 3. 安装方式	个（部）		
030904007	消防广播（扬声器）	1. 名称 2. 功率 3. 安装方式	个		
030904008	模块（模块箱）	1. 名称 2. 规格 3. 类型 4. 输出形式	个（台）		

（续）

项目编码	项目名称	项目特征	计量单位	工程量计算规则	工作内容
030904009	区域报警控制箱	1. 多线制 2. 总线制 3. 安装方式 4. 控制点数量 5. 显示器类型	台	按设计图示数量计算	1. 本体安装 2. 校接线、摇测绝缘电阻 3. 排线、绑扎、导线标识 4. 显示器安装 5. 调试
030904010	联动控制箱				
030904011	远程控制箱（柜）	1. 规格 2. 控制回路			
030904012	火灾报警系统控制主机	1. 规格、线制 2. 控制回路 3. 安装方式			1. 安装 2. 校接线 3. 调试
030904013	联动控制主机	1. 规格、线制 2. 控制回路 3. 安装方式			
030904014	消防广播及对讲电话主机（柜）				
030904015	火灾报警控制微机（CRT）	1. 规格 2. 安装方式			1. 安装 2. 调试

依据施工图所示的各项工程实体列项，按项目特征设置具体项目名称，并按对应的项目编码编制后三位码。

点型探测器的项目特征：首先要正确描述探测器的名称（如型号、生产厂家），其次区分探测器的接线方式是总线制还是多线制，最后要区分探测器的类型是感烟、感温、红外光束、火焰还是可燃气体。工作内容则应包括探头安装、底座安装、校接线、探测器调试。

线型探测器以其安装方式为环绕、正弦及直线。工作内容中除了探测器本体安装、校接线、调试外，另将控制模块和报警终端进行了综合。

按钮的规格包括消火栓按钮、手动报警按钮、气体灭火起停按钮。

模块（接口）分为控制模块（接口）和报警接口。控制模块（接口）是指仅能起控制作用的模块（接口），亦称为中继器，依据其给出控制信号的数量，其输出方式分为单输出和多输出两种形式。报警模块（接口）不起控制作用，只能起监视、报警作用。

报警控制器、联动控制器、报警联动一体机项目特征均为线制（多线制、总线制）、安装方式（壁挂式、落地式、琴台式）、控制点数量。工作内容中除了控制器本体安装、校接线、调试外，另将消防报警备用电源进行了综合。

报警控制器控制点数量：多线制"点"是指报警控制器所带报警器件（探测器、报警按钮等）的数量；总线制"点"是指报警控制器所带的有地址编码的报警器件（探测器、报警按钮、模块等）的数量。如果一个模块带数个探测器，则只能计为一点。

联动控制器控制点数量：多线制"点"是指联动控制器所带联动设备的状态控制和状态显示的数量；总线制"点"是指联动控制器所带的有控制模块（接口）的数量。

报警联动一体机控制点数量：多线制"点"是指报警联动一体机所带报警器件与联动设备的状态控制和状态显示的数量；总线制"点"是指报警联动一体机所带的有地址编码的报警器件与控制模块（接口）的数量。

重复显示器（楼层显示器）按总线制与多线制区分。

报警装置按报警形式分为声光报警装置和警铃报警装置。

远程控制器按其控制回路数区别列项。

编制工程量清单时应注意以下几点：

1）电缆敷设、桥架安装、配管配线、接线盒、动力、应急照明控制设备、应急照明器具、电动机检查接线、防雷接地装置等安装，在《通用安装工程工程量计算规范》（GB 50856）附录 C.2 "电气设备安装工程" 编码列项。

2）各种仪表的安装及带电信号的阀门、水流指示器、压力开关、驱动装置及泄漏报警开关的接线、校接线等在《通用安装工程工程量计算规范》（GB 50856）附录 C.10 "自动化控制仪表安装工程" 编码列项。

2. 清单项目工程量计算

1）探测器、按钮、消防警铃等设备按设计图示数量以"个"计算。

2）模块、区域报警控制箱等设备按设计图示尺寸以"台"计算。

8.3.5 消防系统调试工程工程量清单的编制要点

1. 清单项目设置

消防系统调试工程工程量清单项目设置见表 8-7。

表 8-7 消防系统调试工程工程量清单项目设置（编码：030905）

项目编码	项目名称	项目特征	计量单位	工程量计算规则	工程内容
030905001	自动报警系统调试	1. 点数 2. 线制	系统	按系统计算	系统调试
030905002	水灭火控制装置调试	系统形式	点	按控制装置的点数计算	调试
030905003	防火控制装置调试	1. 名称 2. 类型	个 （部）	按设计图示数量计算	
030905004	气体灭火系统装置调试	1. 试验容器规格 2. 气体试喷	点	按调试、检验和验收所消耗的试验容器总数计算	1. 模拟喷气试验 2. 备用灭火器储存容器切换操作试验 3. 气体试喷

消防系统调试包括自动报警系统装置调试、水灭火系统控制装置调试、防火控制系统装置调试、气体灭火系统装置调试。

消防系统调试的主要内容是：检查系统的各条线路的设备安装是否符合要求，对系统各单元的设备进行单独通电检验；进行线路接口试验，并对设备进行功能确认；断开消防系统，进行加烟、加温、加光及标准校验气体模拟试验；按照设计要求进行报警与联动试验、整体试验及自动灭火试验，并做好调试记录。

自动报警系统装置包括各种探测器、手动报警按钮和报警控制器。其项目特征为点数，即点数为按多线制与总线制的报警器的点数。

防火控制系统装置包括电动防火门、防火卷帘门；正压送风阀、排烟阀、防火阀。电动防火门、防火卷帘门指可由消防控制中心显示与控制的电动防火门、防火卷帘门，每樘为一处；正压送风阀、排烟阀、防火阀，每一个阀为一处。

2. 清单项目工程量计算

1）自动报警系统调试按不同点数以系统计算。
2）水灭火系统控制装置调试按不同点数以系统计算。
3）气体灭火系统装置调试按气体灭火系统装置的瓶组以点计算。
4）防火控制装置调试，电动防火门、防火卷帘门、正压送风阀、排烟阀、防火控制阀等防火控制装置以个计算，消防电梯以部计算。

【例8-2】 某大楼的消防系统共设广播音响20只，通信分机3个，电话插孔20只，电梯2部，正压送风阀10个，排烟阀5个。编制该部分装置调试工程量清单。

装置调试工程量清单见表8-8。

表8-8 装置调试分部分项工程量清单

序号	项目编码	项目名称	计量单位	工程数量
1	030905001001	系统装置调试 广播音响20只，通信分机3个，电话插孔20只，电梯2部，正压送风阀10个，排烟阀5个	处	60

8.4 消防工程工程量清单计价实例

8.4.1 水灭火系统工程工程量清单计价

清单计价投标报价的依据仍是当地政府主管部门颁布的预算定额，或在预算定额的基础上进行适当的调整。在此处清单综合单价报价中需结合预算工程量计算规则主要有：

1）管道安装工程量按不同连接方式（丝扣连接、法兰连接、沟槽式连接）、公称直径以设计管道中心长度计算，不扣除阀门、管件及各种组件所占长度，计量单位：100m，螺栓按设计用量加3%损耗计算。

2）自动喷水灭火系统管网水冲洗工程量：按不同公称直径，以"m"计量。

3）阀门安装工程量，按阀门不同连接方式（螺纹连接、法兰连接）、公称直径，均以"个"为计量单位。未计价材料：阀门。

4）水表安装工程量，按不同连接方式（螺纹连接、焊接）、公称直径，以"组"为计量单位。水表组成是按《建筑给水排水制图标准》（GB/T 50106—2010）编制的。螺纹水表安装，包括表前阀门安装；法兰水表组成安装包括闸阀、止回阀及旁通管的安装。当图中设计组成与定额中规定的安装形式不同时，阀门及止回阀数量可按设计规定进行调整，其余不变。未计价材料：水表。

5）钢板水箱制作工程量，按不同形状（矩形、圆形）、单个重量，根据施工图所示尺寸，计算其重量，不扣除人孔、手孔重量，计量单位："100kg"。水箱上法兰、短管、水位计可按相应定额另外计算；钢板水箱安装工程量，按不同形状（矩形、圆形）、单个容量，以"个"计量。未计价材料：水箱。

6）喷头安装工程量，不分型号、规格和类型，只按有吊顶与无吊顶区分，以"个"计量。吊顶内喷头安装已考虑装饰盘的安装。

7）报警装置安装工程量按不同公称直径，以"组"计量。

8）水流指示器安装工程量按不同连接方式（螺纹连接、法兰连接）、公称直径，以"个"计量。

9）减压孔板安装工程量按不同公称直径，以"个"计量。

10）末端试验装置安装工程量按不同公称直径，以"组"计量。

11）室内消火栓安装工程量按不同栓口数量（单出口和双出口）、栓口公称直径（DN65、DN50），以"套"计量。室内消火栓组合卷盘安装执行室内消火栓安装的相应子目，定额基价乘以系数1.2。

12）室外消火栓安装工程量按不同形式（地上式SS、地下式SX）、工作压力等级（1.0MPa、1.6MPa）、覆土深度，以"套"计量。

13）消防水泵接合器安装工程量按不同形式（地上式SQ、地下式SQX、墙壁式SQB）、公称直径（DN100、DN150），以"套"计量。

14）隔膜式气压罐安装工程量按气压罐不同直径，以"台"计量。

15）设置于管道间、管廊间的管道，其定额人工、机械费用乘以系数1.2。

【例8-3】 某大楼消防工程，已知室内安装DN100消火栓镀锌钢管，长650m，螺纹连接，需进行水压试验，确定分部分项工程量清单的综合单价（DN100镀锌钢管市场价为68.42元/m，DN100镀锌钢管接头管件市场价为5.60元/个）。套用《湖北省通用安装工程消耗量定额及全费用基价表》第八册，综合单价计算见表8-9。

表8-9 分部分项工程量清单全费用综合单价计算表

工程名称：某大楼消防工程　　　　　　　　　　　　计量单位：m
项目编码：030901002001　　　　　　　　　　　　　工程数量：650
项目名称：消火栓镀锌钢管；室内；DN100；螺纹；水压试验　　综合单价：129.40元/m

序号	定额编号	工程内容	单位	数量	综合单价组成（元）					小计（元）
					人工费	材料费	机械费	费用	增值税	
1	C9-1-7	镀锌钢管螺纹连接DN100	10m	65	18216.25	1939.60	421.85	10453.95	2783.11	33814.76
	主材	镀锌钢管DN100	m	646.75		44250.64			3982.56	48233.2
2	主材	镀锌钢管接头管件DN100	个	338		1892.80			170.35	2063.15
		合计			18216.25	48083.04	421.85	10453.95	6936.02	84111.11
		单价			28.03	73.97	0.65	16.08	10.67	129.40

8.4.2 气体灭火系统工程工程量清单计价

在确定工程量清单综合单价时，需注意下列问题：

1）本章定额中的无缝钢管、钢制管件、选择阀安装及系统组件试验等均适用于七氟丙烷和 IG541 灭火系统。

2）《湖北省通用安装工程消耗量定额及全费用基价表　第八册　工业管道工程》第一章"管道安装"主要指螺纹连接的无缝钢管和法兰连接的无缝钢管的安装。若设计文件要求采用不锈钢管、铜管且管道、管件安装采用螺纹连接，则按无缝钢管和钢制管件安装相应定额乘以系数 1.20；若设计文件要求不锈钢管、铜管及管件安装采用焊接或法兰连接，组价时应套用《湖北省通用安装工程消耗量定额及全费用基价表　第八册　工业管道工程》的相应项目。

3）无缝钢管螺纹连接定额中不包括钢制管件连接内容，应按设计用量执行钢制管件连接定额。

4）中压加厚无缝钢管（法兰连接）定额包括管件及法兰安装，但管件、法兰及法兰螺栓主材费另计，管件、法兰数量应该按设计用量计量，法兰螺栓按设计用量加 3% 损耗计算。

5）管网系统包括管道、选择阀、气液单向阀、高压软管等组件。管网系统试验工作内容包括充氮气，但氮气消耗量及其材料费另行计算。

6）若设计或规范要求钢管需要镀锌，其镀锌及场外运输另行计算。

8.4.3 泡沫灭火系统工程工程量清单计价

在确定泡沫灭火系统安装工程工程量清单综合单价时需注意，《湖北省通用安装工程消耗量定额及全费用基价表　第九册　消防工程》第三章"泡沫灭火系统"中只有"泡沫发生器"和"泡沫比例混合器"内容，管道安装、法兰安装、阀门安装、支架制作安装清单组价需套用《湖北省通用安装工程消耗量定额及全费用基价表》第十册的相关子目。

8.4.4 管道支架工程工程量清单计价

管道支架制作安装工程量按设计图示质量计算，是计算的实物量，不包括损耗量。"支架制作安装"工程内容包括"支架制安、除锈刷油"，在组价时需将除锈刷油的相关费用计入综合单价内。不同灭火系统的支架确定综合单价时套用的定额子目不同，具体来说包括以下几点：

1）消火栓灭火系统管道支架制作安装，套用《湖北省通用安装工程消耗量定额及全费用基价表》第十册相关子目。

2）水喷淋灭火系统和气体灭火系统管道支架制作安装，套用《湖北省通用安装工程消耗量定额及全费用基价表》第十册相关子目。

3）泡沫灭火系统管道支架制作安装，套用《湖北省通用安装工程消耗量定额及全费用基价表》第十册相关子目，定额中按管道支架、设备支架分类。

8.4.5 火灾自动报警系统工程工程量清单计价

由于《湖北省通用安装工程消耗量定额及全费用基价表 第九册 消防工程》第四章的定额子目划分与《通用安装工程工程量计算规范》(GB 50856)完全相同，投标报价时可直接参照有关定额子目，但是仍需注意以下几点：

1) 本章定额内容包括点型探测器、线型探测器、按钮、消防警铃/声光报警器、空气采样型探测器、消防报警电话插孔（电话）、消防广播（扬声器）、消防专用模块（模块箱）、区域报警控制箱、联动控制箱、远程控制箱（柜）、火灾报警系统控制主机、联动控制主机、消防广播及电话主机（柜）、火灾报警控制微机、备用电源及电池主机柜、报警联动控制一体机的安装工程。

2) 电气火灾监控系统中，报警控制器按点数执行本章相应定额；探测器模块按输入回路数量执行多输入模块安装；剩余电流互感器执行相关电气安装定额；温度传感器执行线性探测器安装定额。

3) 本章均包括以下工作内容：设备和箱、机及元件的搬运，开箱、检查、清点，杂物回收，安装就位，接地，密封，箱、机内的校线、接线，压接端头（挂锡）、编码，测试、清洗，记录整理等；本体调试。

8.4.6 消防系统调试工程工程量清单计价

消防系统调试工程量清单综合单价编制应注意以下问题：

1) 工程量清单项目包括自动报警装置调试、水灭火系统控制装置调试、防火控制系统装置调试、气体灭火系统装置调试。

2) 切断非消防电源的点数以执行切除非消防电源的模块数量确定点数。

3) 气体灭火系统装置调试按调试、检验和验收所消耗的试验容量总数计算，以"点"为计量单位。气体灭火系统调试，是由七氟丙烷、IG541、二氧化碳等组成的灭火系统，按气体灭火系统装置的瓶头阀以点数计算。

4) 电气火灾监控系统调试按模块点数执行自动报警系统调试相应子目。

5) 气体灭火系统调试试验时采取安全措施，应按施工组织设计分别计算。

6) 消防系统调试定额是按4次调试编制的，若调试只进行2次，定额乘以系数0.5；若调试只进行3次，定额乘以系数0.75（见《湖北省通用安装工程消耗量定额及全费用基价表》第九册相关规定）。

本 章 小 结

消防工程是为了防止火灾发生和消灭初起火灾而建造和安装的工程设施、设备的总称。消防工程中包含消火栓灭火系统、自动喷水灭火系统、雨淋喷水灭火系统、水幕系统、水喷雾灭火系统、二氧化碳灭火系统等。其中，消火栓灭火系统是当前最基本的灭火设备系统，分为室外消火栓和室内消火栓。

消防系统一般由管道、电缆电线及电气自控设备元件等组成，因此从工程角度上看，消防工程实际上就是给水排水工程和电气等工程的集合，其施工图的种类、内容、表达方式同给水排水工程和电气设备安装工程基本相同。

通过本章的学习，学生要熟悉消防工程的相关概念和施工内容，掌握施工图的识读、计量与计价的计算方法与编制步骤、定额的套用和费用系数的调整方法及消防工程计量与计价文件的编制。

复 习 题

1. 消防工程中常用管材及其连接方式有哪些？
2. 试述水灭火系统和气体灭火系统的组成。
3. 消防系统调试系统如何计算？
4. 结合清单项目设置概括说明消防工程的主要内容。
5. 室内消火栓的安装定额包括哪些工作内容？

第 9 章

通风空调工程

> **本章概要**
>
> 通风空调工程是建筑工程的一个分部工程,其中共包含7个子分部工程:送排风系统、防排烟系统、除尘系统、空调风系统、净化空调系统、制冷设备系统、空调水系统。本章主要介绍通风空调的基本知识及施工识图、通风空调工程施工图预算的编制要点、通风空调工程量清单的编制要点和计价的相关知识。

9.1 通风空调工程基本知识及施工识图

9.1.1 通风空调工程基本知识

利用换气的方法,把室内被污染的空气直接或经过净化后排至室外,同时将新鲜空气补充进入室内,使室内环境符合卫生标准,满足人们生活或生产工艺要求的技术措施称为建筑通风。把室内不符合卫生标准的空气直接或经处理后排出室外称为排风,把室外新鲜空气或经过处理的空气送入室内称为送风。为实现排风或送风所采用的一系列设备装置的总称为通风系统。

1. 建筑通风的分类

建筑通风按系统作用范围不同分为局部通风和全面通风两种。局部通风是仅限于建筑内个别地点或局部区域进行换气,全面通风是对整个建筑区域内如整个车间或房间进行的通风。

建筑通风按系统的工作压力分为自然通风和机械通风两种。

1)自然通风。自然通风是借助于室外空气造成的风压和室内外空气由于温度不同而形成的热压使空气流动。

2）机械通风。机械通风是依靠机械力（风机）强制空气流动的一种通风方式。机械通风分为局部机械通风和全面机械通风。

2. 通风系统常用设备和部件

由于通风系统形式不同，通风系统常用设备和构件也有所不同。自然通风只需进、排风窗及附属开关等简单装置。机械通风和管道式自然通风系统，则需要较多的设备和构件。

（1）室内送、排风口

室内送风口是指在送风系统中把风道输送来的空气以适当的速度分配到各个指定地点的风道末端装置。室内排风口是把室内被污染的空气通过排风口排入排风管道。

（2）阀门

阀门安装在通风系统的风道上，用以关闭风道、风口和调节风量。常用的阀门有闸板阀、防火阀、蝶阀和调节阀等。

（3）风机

风机是机械通风系统和空调工程中必备的动力设备。

（4）散流器

散流器是空调房间中装在顶棚上的一种送风口，其作用是使气流从风口向四周辐射状射出、诱导室内空气与射流迅速混合。散流器送风分为平送和下送两种方式。

（5）消声减振器具

设于空调机房和制冷机房内的风机、水泵、压缩机等在运行中会产生噪声和振动，影响人们的生活或工作，因此需采取消声减振措施。

常用的消声减振器有阻性消声器、共振性消声器、抗性消声器和宽频带复合消声器等。

3. 空调装置

（1）空调箱

空调箱是指集中设置各种空气处理设备的专用小室或箱体。空调箱外壳可用钢板或非金属材料制成。

（2）室外进、排风装置

进风装置一般由进风口、风道，以及在进口处装设木制或薄钢板制百叶窗组成。

（3）空调机组

1）风机盘管机组。风机盘管机组由低噪声风机、盘管、过滤器、室温调节器和箱体等组成，有立式和卧式两种。

2）局部空调机组。局部空调机组是把空调系统（含冷源、热源）的全部设备或部分设备配套组装而成的整体。局部空调机组分为柜式和窗式两类。

9.1.2 通风空调工程施工图的组成与识图

通风空调工程施工图一般包括平面布置图、剖面图、系统图和设备、风口等安装详图，以及设计说明、设备材料表等。施工图应标明施工内容、设备、管道、风口等布置位置，设备和附件安装要求和尺寸，管材材质和管道类型、规格及尺寸，风口类型及安装要求等。对于图上不能直接表达的内容，如设计依据、质量标准、施工方法、材料要求等，一般在设计说明中阐明。因此，通风空调工程施工图是工程量计算和工程施工的依据。

通风空调工程施工图是按照国家颁布的、通用的图形符号绘制而成。通风空调工程常用

第 9 章 通风空调工程

图例见表9-1。

表9-1 通风空调工程常用图例

序号	名　称	图　例	备　注
1	矩形风管	***×***	宽×高（mm）
2	圆形风管	φ***	φ 直径（mm）
3	天圆地方		左接矩形风管，右接圆形风管
4	软风管		—
5	带导流片的矩形弯头		—
6	消声器		—
7	消声弯头		—
8	风管软接头		—
9	对开多叶调节风阀		—
10	蝶阀		—
11	插板阀		—
12	止回风阀		—
13	三通调节阀		—
14	防烟、防火阀	***　　***	＊＊＊表示防烟、防火阀名称代号

（续）

序号	名　　称	图　　例	备　　注
15	方形风口		—
16	条缝形风口		—
17	矩形风口		—
18	圆形风口		—
19	侧面风口		—
20	防雨百叶		—
21	气流方向		左为通用表示法，中表示送风，右表示回风
22	吊顶式排气扇		—
23	水泵		—
24	空调机组加热、冷却盘管		从左到右分别为加热、冷却及双功能盘管
25	空气过滤器		从左至右分别为粗效、中效及高效
26	挡水板		—
27	加湿器		—
28	电加热器		—
29	板式换热器		—
30	立式明装风机盘管		—

(续)

序号	名称	图例	备注
31	立式暗装风机盘管		—
32	卧式明装风机盘管		—
33	卧式暗装风机盘管		—
34	窗式空调器		—
35	分体空调器	室内机 室外机	—
36	减振器		左为平面图画法，右为剖面图画法
37	轴流风机		—
38	离心式管道风机		—

（1）平面布置图

通风空调工程平面布置图主要表明通风管道平面位置、规格、尺寸，管道上风口位置、数量、类型以及回风道和送风道位置，空调机、通风机等设备布置位置、类型，消声器、温度计等安装位置。

（2）剖面图

剖面图表明通风管道安装位置、规格、安装标高，风口安装位置、标高、类型、数量、规格，空调机、通风机等设备安装位置、标高及与通风管道的连接，送风道和回风道位置等。

（3）系统图

通风系统图表明通风支管安装标高、走向、管道规格、支管数量，通风立管规格、出屋面高度，风机规格、型号、安装方式等。

（4）详图

通风空调详图包括风口大样图，通风机减振台座平、剖面图等。风口大样图主要表明风口尺寸、安装尺寸、边框材质、固定方式、固定材料、调节板位置、调节间距等。通风机减振台座平面图表明台座材料类型、规格、布置尺寸。通风机械台座剖面图表明台座材料、规格（或尺寸）、施工安装要求等。

（5）设计说明

通风空调工程施工图设计说明主要载明风管采用材质、规格、防腐和保温要求，通风机等设备的类型、规格，风管上阀件的类型、数量、安装要求，风管安装要求，通风机等设备基础安装要求等。

（6）设备材料表

设备材料及部件表载明主要设备类型、规格、数量、生产厂家，部件类型规格、数量等。

9.2 通风空调工程施工图预算的编制要点

9.2.1 通风及空调设备及部件制作安装施工图预算的编制要点

1. 通风及空调设备及部件包括的具体内容

通风及空调设备包含空气加热器（冷却器），通风机（风机箱、诱导风机），除尘设备，空调器（整体空调机组、VAV变风量末端装置），风机盘管，洁净室。

部件包含密闭门，挡水板，滤水器，溢水盘，金属空调器壳体，高、中、低效滤器，净化工作台，风淋室，空气幕，热空气幕。

2. 定额包括的工作内容

1）空气加热器（冷却器）、通风机（风机箱、诱导风机）、除尘设备、空调器（整体空调机组、VAV变风量末端装置）、风机盘管、洁净室安装：

① 开箱检查设备、附件、底座螺栓。

② 吊装、找平、找正、垫垫、灌浆、螺栓固定、装梯子、清理、单机试运转。

2）密闭门：

① 制作：放样、下料、制作门框、零件、开视孔、填料、铆焊、组装。

② 安装：找正、固定。

3）挡水板：

① 制作：放样、下料、制作曲板、框架、底座、零件、钻孔、焊接、成型。

② 安装：找平、找正、上螺栓、固定。

4）滤水器、溢水盘：

① 制作：放样、下料、配置零件、钻孔、焊接、上网、组合成型。

② 安装：找平、找正、焊接管道、固定。

5）金属空调器壳体：

① 制作：放样、下料、调直、钻孔、制作箱体、水槽、焊接、组合、试装。

② 安装：就位、找平、找正、连接、固定、表面清理。

6）高、中、低效滤器，净化工作台，风淋室安装：

开箱检查、配合钻孔、垫垫、口缝涂密封胶、试装、正式安装。

7）空气幕安装：

① 吊架上安装：开箱检查、制作安装吊架、吊装、上螺栓、找正找平、试运行。

② 墙上安装：开箱检查、打膨胀螺栓、制作安装卡件、找正找平、试运行。

8）热空气幕安装：开箱检查、安装、稳固、试运行。

3. 工程量计算规则

1）诱导器安装执行风机盘管安装项目。

2）诱导风机含配合调试用工。

3）VRV 多联体空调机系统的室内机按安装方式执行风机盘管子目。

4）空气幕的支架制作安装执行设备支架子目。

5）VAV 变风量末端装置适用单风道变风量末端和双风道变风量末端装置，风机动力型变风量末端装置执行 VAV 变风量末端装置定额人工乘以系数 1.10；再热型变风量末端装置按相应变风量末端装置的定额人工乘以系数 1.10。

6）洁净室安装执行分段组装式空调器安装子目。

7）玻璃钢和 PVC 挡水板执行钢板挡水板安装子目。

8）清洗槽、浸油槽、晾干架、LWP 滤尘器支架制作安装执行设备支架子目。

9）通风空调设备的电气接线执行《湖北省通用安装工程消耗量定额及全费用基价表 第四册　电气设备安装工程》相应项目。

10）VAV 变风量空调机，执行组合式空调机组相应子目。

11）能量回收新风换气机，执行空调器相应子目。

4. 定额包括的工作内容

1）通风机安装项目内包括电动机安装，其安装形式包括 A、B、C、D 型，也适用不锈钢和塑料风机安装。适用于碳钢、不锈钢、塑料通风机安装。

2）过滤器安装项目中包括试装，如设计不要求试装，则其人工、材料、机械不变。

5. 定额不包括的工作内容

1）设备安装项目的基价中不包括设备费和与设备一同供应的地脚螺栓价值。

2）风机减振台座执行设备支架项目，定额中不包括减振器用量，应按设计图计算。

6. 相关规定

1）低效率过滤器包括：M-A 型、WL 型、LWP 型等系列。

2）中效率过滤器包括：ZKL 型、YB 型、M 型、ZX-I 型系列。

3）高效率过滤器包括：GB 型、GS 型、JX-20 型等系列。

4）净化工作台包括：XHK 型、BZK 型、SXP 型、SZP 型、SZX 型、SW 型、SZ 型、SXZ 型、TJ 型、CJ 型等系列。

9.2.2　通风管道制作安装施工图预算的编制要点

1. 通风管道的分类

通风管道分为碳钢通风管道、柔性软风管道、净化通风管道、不锈钢板风管道、铝板风管道、塑料通风管道、玻璃钢通风管道、玻镁复合风管道、铝箔复合风管道、彩钢板复合风管道、铝合金软管、铝箔保温软管。

2. 定额包括的工作内容

1）碳钢通风管道、柔性软风管道制作安装：

① 风管制作：放样、下料、卷圆、折方、轧口、咬口，制作直管、管件、法兰、吊托支架，钻孔、铆焊、上法兰、组对。

② 风管安装：找标高、打支架墙洞、配合预留孔洞、埋设吊托支架，组装、风管就位、找平、找正、制垫、垫垫、上螺栓、紧固。

2）净化通风管制作安装：

① 风管制作：放样、下料、折方、轧口、咬口，制作直管、管件、法兰、吊托支架，钻孔、铆焊、上法兰、组对，口缝在表面涂密封胶，风管内表面清洗，风管两端封口。

② 风管安装：找标高、找平、找正、配合预留孔洞、打支架墙洞、埋设支吊架，风管就位、组装、制垫、垫垫、上螺栓、紧固、风管内表面清洗、管口封闭、法兰口涂密封胶。

3）不锈钢板风管制作安装：

① 风管制作：放样、下料、卷圆、折方，制作管件、组对焊接、试漏、清洗焊口。

② 风管安装：找标高、清理埋洞、风管就位、组对焊接、试漏、清洗焊口、固定。

4）铝板风管制作安装：

① 风管制作：放样、下料、卷圆、折方，制作管件、组对焊接、试漏、清洗焊口。

② 风管安装：找标高、清理墙洞、风管就位、组对焊接、试漏、清洗焊口、固定。

5）塑料通风管道制作安装：

① 风管制作：放样、锯切、坡口、加热成型、制作法兰、管件、钻孔、组合焊接。

② 风管安装：就位、制垫、垫垫、法兰连接、找正、找平、固定。

6）玻璃钢通风管道安装：风管安装、找标高、打支架墙洞，配合预留孔洞、吊托支架制作及埋设、风管配合修补、粘接、组装就位、找平、找正、制垫、垫垫、上螺栓、紧固。

7）玻镁复合风管制作安装：

① 风管制作：放样、切割、开槽、成型、黏合、密封、制作管件、吊托支架、上专用法兰、组对。

② 风管安装：找标高、埋设吊托支架、组装、风管就位、连接、找正、找平、固定。

8）铝箔复合风管制作安装：

① 风管制作：放样、切割、开槽、涂胶、黏合、贴胶带、成型、密封、制作管件、吊托支架、上成型法兰、组对。

② 风管安装：找标高、埋设吊托支架、组装、风管就位、制垫、垫垫、连接、找平、找正、固定。

9）彩钢板复合风管制作安装：绘制、放样、切割、粘接、法兰安装、风管加固、固定成品保护、操作组装、支吊架制作安装、风管吊装。

10）铝合金软管、铝箔保温软管安装：软管切断、卡箍连接、管道安装、支架制作安装、钻孔、膨胀螺栓敷设。

11）弯头导流叶片、风管检查孔、温度、风量测定孔制作安装：放样、下料、制作、安装。

3. 工程量计算规则

（1）碳钢通风管道

1）整个通风系统设计采用渐缩管均匀送风者，圆形风管按平均直径，矩形风管按平均周长执行相应规定项目，其人工乘以系数 2.5。

2）镀锌薄钢板风管项目中的板材是按镀锌薄钢板编制的，如果设计要求不用镀锌薄钢板，则板材可以换算，其他不变。

3）制作空气幕送风管时，按矩形风管平均周长执行相应风管规格项目，其人工乘以系数 3，其余不变。

4）薄钢板通风管道制作安装项目包括弯头、三通、异径管、天圆地方等管件及法兰、加固框和吊托支架的制作用工,但不包括跨风管落地支架,落地支架执行设备支架项目。

5)薄钢板风管、净化风管、不锈钢板风管、铝板风管、塑料风管子目中的板材,当设计厚度不同时可以换算,人工、机械不变。

6)镀锌薄钢板法兰风管制作安装、薄钢板法兰风管制作安装、镀锌薄钢板矩形净化风管制作安装、玻璃钢风管安装、软管接口定额中的法兰垫料按橡胶板编制,当与设计要求使用的材料品种不同时可以换算,但人工消耗量不变。使用泡沫塑料者每1kg橡胶板换算为泡沫塑料0.125kg;使用闭孔乳胶海绵者每1kg橡胶板换算为闭孔乳胶海绵0.5kg。

7)软管接头使用人造革而不使用帆布者可以换算。

(2)净化通风管道

1)净化风管项目中的板材,设计厚度不同者可以换算,人工、机械不变。

2)净化圆形风管制作安装以直径对应的长边长执行净化矩形风管制作安装子目。

3)风管涂密封胶是按全部口缝外表面涂抹考虑的,如设计要求口缝不涂抹而只在法兰处涂抹的,每 $10m^2$ 风管应减去密封胶 1.5kg 和人工数量 0.172 工日。

4)风管项目中,型钢未包括镀锌费,当设计要求镀锌时,另加镀锌费。

5)净化通风管道子目按空气洁净度 100000 级编制。

(3)不锈钢通风管道

1)矩形风管执行本节圆形风管相应项目。

2)不锈钢吊托支架执行本节相应项目。

3)不锈钢板风管、铝板风管制作安装子目中包括管件,但不包括法兰制作和吊托支架制作安装;法兰和吊托支架应单独列项计算,执行相应子目。

4)不锈钢板风管咬口连接制作安装执行镀锌薄钢板风管法兰连接子目。

(4)塑料通风管道

1)风管项目规格表示的直径为内径,长边长为内长边长。

2)风管制作安装项目包括管件、法兰加固框,但不包括吊托支架,吊托支架执行有关项目。

3)项目中的法兰垫料如设计要求使用品种不同者可以换算,但人工不变。

4)塑料通风管道胎具材料摊销费的计算方法如下:

塑料风管管件制作的胎具材料费未包括在内,按以下规定另行计算。风管工程量在 $30m^2$ 以上的,每 $10m^2$ 风管的胎具摊销木材为 $0.06m^3$,按地区材料价格计算胎具材料摊销费;风管工程量在 $30m^2$ 以下的,每 $10m^2$ 的风管胎具摊销木材为 $0.09m^3$,按地区材料价格计算胎具材料摊销费。

(5)玻璃钢通风管道

玻璃钢风管及管件以图示工程量加损耗计算,按外加工定做考虑。

(6)柔性软风管

1)柔性软风管适用于由金属、涂塑化纤织物、聚酯、聚乙烯、聚氯乙烯薄膜、铝箔等材料制成的软风管。

2)柔性软风管安装按图示中心线长度以"m"为单位计算。

(7)风管导流叶片

风管导流叶片不分单叶片和香蕉形双叶片执行同一个项目。

9.2.3 通风管道部件制作、安装工程施工图预算的编制要点

1. 通风管道部件制作安装的具体内容

通风管道部件制作安装包括碳钢调节阀安装，柔性软风管阀门安装，碳钢风口安装，不锈钢风口安装，法兰、吊托支架制作、安装，塑料散流器安装，塑料空气分布器安装，铝制孔板口安装，碳钢风帽制作、安装，塑料风帽、伸缩节制作、安装，铝板风帽、法兰制作、安装，玻璃钢风帽安装，罩类制作、安装，塑料风罩制作、安装，消声器安装，消声静压箱安装，静压箱制作、安装，人防排气阀门安装，人防手动密闭阀门安装，人防其他部件制作、安装。

2. 定额包括的工作内容

（1）碳钢部件

1）调节阀制作：放样、下料，制作短管、阀板、法兰、零件，钻孔、铆焊、组合成型。

2）调节阀安装：号孔、钻孔、对口、校正、制垫、垫垫、上螺栓、紧固、试动。

3）风口制作：放样、下料、开孔，制作零件、外框、叶片、网框、调节板、拉杆、导风板、弯管、天圆地方、扩散管、法兰，钻孔、铆焊、组合成型。

4）风口安装：对口、上螺栓、制垫、垫垫、找正、找平、固定、试动、调整。

5）风帽制作：放样、下料、咬口，制作法兰、零件，钻孔、铆焊、组装。

6）风帽安装：安装、找正、找平、制垫、垫垫、上螺栓、固定。

7）罩类制作：放样、下料、卷圆，制作罩体、来回弯、零件、法兰，钻孔、铆焊、组合成型。

8）罩类安装：埋设支架、吊装、对口、找正、制垫、垫垫、上螺栓、固定。

9）消声器、消声弯头制作：放样、下料、钻孔，制作内外套管、木框架、法兰，铆焊、粘贴、填充消声材料、组合。

10）消声器、消声弯头安装：组对、安装、找正、找平、制垫、垫垫、上螺栓、固定。

（2）净化通风管道部件

1）部件制作：放样、下料，安装零件、法兰，预留预埋、钻孔、铆焊、制作、组装、擦洗。

2）部件安装：测位、找平、找正、制垫、垫垫、上螺栓、清洗。

（3）不锈钢板通风管道部件

1）部件制作：下料、平料、开孔、组对、铆焊、攻丝、清洗焊口、组装固定、试动，短管、零件，试漏。

2）部件安装：制垫、垫垫、找平、找正、组对、固定、试动。

（4）塑料、铝板通风管道部件

1）部件制作：下料、平料、开孔、钻孔、组对、铆焊、攻丝、清洗焊口、组装固定、试动，短管、零件，试漏。

2）部件安装：制垫、垫垫、找平、找正、组对、固定、试动。

（5）玻璃钢通风管道部件

本部分包括组对、上法兰、组装、就位、找平、制垫、垫垫、上螺栓、紧固。

(6) 排烟防火阀安装

本部分包括量尺寸、画线、号孔、钻孔、打膨胀螺栓、对口、填料、找正、找平、螺帽紧固、试动。

(7) 人防自动排气活门安装

检查活门部件、外观检查、清除污渍、定位对口、校正、上螺栓、加垫片、紧固、试动等。

3. 工程量计算规则

1) 碳钢调节阀安装依据其类型、直径（圆形）或周长（方形），按设计图示数量计算，以"个"为计量单位。

2) 柔性软风管阀门安装依据其直径，按设计图示数量计算，以"个"为计量单位。

3) 碳钢各种风口、散流器、排烟口安装依据类型、规格尺寸，按设计图示数量计算，以"个"为计量单位。

4) 钢百叶窗安装依据其框内面积，按设计图示数量计算，以"个"为计量单位。

5) 不锈钢风口安装、不锈钢板风管圆形法兰制作、吊托支架制作、安装按设计图示尺寸以质量计算，以"kg"为计量单位。

6) 塑料散流器、空气分布器的安装按其成品质量，以"kg"为计量单位。

7) 铝制孔板口安装依据其周长，依据设计图示数量计算，以"个"为计量单位。

8) 碳钢风帽、塑料风帽、铝板风帽的制作、安装依据类型，均按其质量，以"kg"为计量单位；非标准风帽制作安装按质量以"kg"为计量单位。风帽为成品安装时，按册说明相关规定计算安装费。

9) 碳钢风帽滴水盘制作、安装依据设计图示尺寸，按质量计算，以"kg"为计量单位。

10) 碳钢风帽筝绳制作、安装依据设计图示规格长度，按质量计算，以"kg"为计量单位。

11) 碳钢风帽泛水制作、安装依据设计图示尺寸，按展开面积计算，以"m^2"为计量单位。

12) 塑料通风管道柔性接口及伸缩节制作、安装应依据连接方式，按设计图示尺寸以展开面积计算，以"m^2"为计量单位。

13) 铝板风管圆、矩形法兰制作依据设计图示尺寸按质量计算，以"kg"为计量单位。

14) 玻璃钢风帽安装依据成品质量，按设计图示数量计算，以"kg"为计量单位。

15) 罩类的制作安装均按其质量以"kg"为计量单位；非标准罩类制作安装按其质量以"kg"为计量单位。罩类为成品安装时，按册说明相关规定计算安装费。

16) 微穿孔板消声器、阻抗式消声器、管式消声器成品安装依据其周长，按设计图示数量计算，以"节"为计量单位。

17) 消声弯头安装依据其周长，按设计图示数量计算，以"个"为计量单位。

18) 消声静压箱安装依据其展开面积，按设计图示数量计算，以"个"为计量单位。

19) 静压箱制作、安装按设计图示尺寸以展开面积计算，以"m^2"为计量单位。

20) 人防通风机安装按设计图示数量计算，以"台"为计量单位。

21）人防各种调节阀制作安装按设计图示数量计算，以"个"为计量单位。

22）LWP 型滤尘器制作安装按设计图示尺寸以面积计算，以"m^2"为计量单位。

23）探头式含磷毒气及 γ 射线报警器安装按设计图示数量计算，以"台"为计量单位。

24）过滤吸收器、预滤器、除湿器等安装按设计图示数量计算，以"台"为计量单位。

25）密闭穿墙管制作、安装按设计图示数量计算，以"个"为计量单位。密闭穿墙管填塞按设计图示数量计算，以"个"为计量单位。

26）测压装置安装按设计图示数量计算，以"套"为计量单位。

27）换气堵头安装按设计图示数量计算，以"个"为计量单位。

28）波导窗安装按设计图示数量计算，以"个"为计量单位。

4. 定额不包括的工作内容

1）净化风管部件的项目中，型钢未包括镀锌费，当设计要求镀锌时，另加镀锌费。

2）铝制孔板风口当需要进行电化处理时，另加电化费。

9.3 通风空调工程工程量清单的编制要点

9.3.1 通风空调设备及部件制作安装工程工程量清单的编制要点

1. 工程量清单项目设置

工程量清单项目设置以通风及空调设备及部件安装为主项，按设备规格、型号、质量、支架材质、除锈及刷油等设计要求，以及过滤功效来设置清单项目。通风及空调设备及部件制作安装工程工程量清单项目设置（部分）见表 9-2。

表 9-2 通风及空调设备及部件制作安装工程工程量清单项目设置（部分）（编码：030701）

项目编码	项目名称	项目特征	计量单位	工程量计算规则	工程内容
030701001	空气加热器（冷却器）	1. 名称 2. 型号 3. 规格 4. 质量 5. 安装形式 6. 支架形式、材质	台	按设计图示数量计算	1. 本体安装、调试 2. 设备支架制作、安装 3. 补刷（喷）油漆
030701002	除尘设备				
030701003	空调器	1. 名称 2. 型号 3. 规格 4. 安装形式 5. 质量 6. 隔振垫（器）、支架形式、材质	台（组）		1. 本体安装或组装、调试 2. 设备支架制作、安装 3. 补刷（喷）油漆

(续)

项目编码	项目名称	项目特征	计量单位	工程量计算规则	工程内容
030701004	风机盘管	1. 名称 2. 型号 3. 规格 4. 安装形式 5. 减振器、支架形式、材质 6. 试压要求	台	按设计图示数量计算	1. 本体安装、调试 2. 支架制作、安装 3. 试压 4. 补刷（喷）油漆

2. 工程量清单的编制

（1）清单项目工程量的计算

1）轴流式、屋顶通风及空调设备安装按设计图示数量计算。风机的安装形式应描述离心式、轴流式、屋顶式、卫生间通风器，规格为风机叶轮直径4#、5#等；除尘器应标出每台的质量。

2）空调器按图示数量计算，其中分段组装式空调器按设计图所示质量以"kg"计算。空调器的安装位置应描述吊顶式、落地式、墙上式、窗式、分段组装式，并标出每台的质量。

3）风机盘管的安装按设计图示数量计算。风机盘管的安装位置应描述吊顶式、落地式。

4）密闭门制作安装，过滤器、净化工作台、风淋室、洁净室安装，清单项目工程量均按设计图示数量计算。过滤器的安装应描述初效过滤器、中效过滤器、高效过滤器。

（2）清单项目编制应注意的问题

1）冷冻机组站内的设备安装、通风机安装及人防两用通风机安装，应按《通用安装工程工程量计算规范》（GB 50856）附录A机械设备安装工程相关项目编码列项。

2）冷冻机组站内的管道安装按《通用安装工程工程量计算规范》（GB 50856）附录H工业管道工程相关项目编码列项。

3）冷冻站外墙皮以外通往通风及空调设备的供热、供冷、供水等管道，按《通用安装工程工程量计算规范》（GB 50856）附录K给排水、采暖、燃气工程的相关项目编码列项。

4）风机盘管按《通用安装工程工程量计算规范》（GB 50856）附录G.1的相应项目编制清单项目。

5）《湖北省通用安装工程消耗量定额及全费用基价表》第七册中通风机安装项目内包括电动机安装，若以《湖北省通用安装工程消耗量定额及全费用基价表》为依据编制清单项目或标底时，电动机安装不另列清单项目。

9.3.2 通风管道制作安装工程量清单的编制要点

1. 工程量清单项目设置

通风管道制作安装按材质、管道形状、周长或直径、板材厚度、接口形式、设计要求、除锈标准、刷油防腐、绝热及保护层设计要求设置工程量清单项目，柔性软风管其组合内容按材质、风管规格、保温套管设计要求设置工程量清单项目。通风管道制作安装工程量清单项目设置参见表9-3。

表9-3 通风管道制作安装工程工程量项目清单设置（编码：030702）

项目编码	项目名称	项目特征	计量单位	工程量计算规则	工程内容
030702001	碳钢通风管道	1. 名称 2. 材质 3. 形状 4. 规格 5. 板材厚度 6. 管件、法兰等附件及支架设计要求 7. 接口形式	m²	按设计图示内径尺寸以展开面积计算	1. 风管、管件、法兰、零件、支吊架制作、安装 2. 过跨风管落地支架制作、安装
030702002	净化通风管道				
030702003	不锈钢板通风管道	1. 名称 2. 形状 3. 规格 4. 板材厚度 5. 管件、法兰等附件及支架设计要求 6. 接口形式			
030702004	铝板通风管道				
030702005	塑料通风管道				
030702006	玻璃钢通风管道	1. 名称 2. 形状 3. 规格 4. 板材厚度 5. 支架形式、材质 6. 接口形式			1. 风管、管件安装 2. 支吊架制作、安装 3. 过跨风管落地支架制作、安装
030702007	复合型风管	1. 名称 2. 材质 3. 形状 4. 规格 5. 板材厚度 6. 接口形式 7. 支架形式、材质			
030702008	柔性软风管	1. 名称 2. 材质 3. 规格 4. 风管接头、支架形式、材质	1. m 2. 节	1. 以m计量，按设计图示中心线以长度计算 2. 以节计量，按设计图示数量计算	1. 风管安装 2. 风管接头安装 3. 支吊架制作、安装

(续)

项目编码	项目名称	项目特征	计量单位	工程量计算规则	工程内容
030702009	弯头导流叶片	1. 名称 2. 材质 3. 规格 4. 形式	1. m² 2. 组	1. 以面积计量，按设计图示以展开面积以 m² 计算 2. 以组计量，按设计图示数量计算	1. 制作 2. 组装
030702010	风管检查孔	1. 名称 2. 材质 3. 规格	1. kg 2. 个	1. 以 kg 计量，按风管检查孔质量计算 2. 以个计量，按设计图示数量计算	1. 制作 2. 安装
030702011	温度、风量测定孔	1. 名称 2. 材质 3. 规格 4. 设计要求	个	按设计图示数量计算	

2. 工程量清单的编制

（1）清单项目工程量的计算

1）风管制作安装按设计图示数量以展开面积计算，不扣除检查孔、测定孔、送风口、吸风口等所占面积。

2）风管长度以设计图示中心线长度为准（主管与支管以其中心线交点划分），包括弯头、三通、异径管、天圆地方等管件的长度，但不包括部件所占的长度。

3）风管展开面积不包括风管、管口重叠部分面积。

4）风管直径和周长按图示尺寸为准展开。

5）渐缩管：圆形风管按平均直径，矩形风管按平均周长计算。

6）柔性软风管按设计图示中心线长度计算，包括弯头、三通、异径管、天圆地方等管件的长度，但不包括部件所占的长度，以"m"为单位计量。

通风管道部件工程量计算　　通风管道工程量计算

① 直风管如图 9-1 所示。

圆形直风管展开面积：

$$F = \pi D L$$

矩形直风管展开面积：

$$F = 2(A+B)L$$

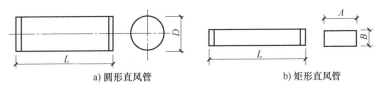

a) 圆形直风管　　　　b) 矩形直风管

图 9-1　直风管

② 异径管（大小头）如图9-2所示。
圆形异径管展开面积：

$$F=\frac{(D_1+D_2)\pi L}{2}$$

矩形异径管展开面积：

$$F=(A+B+a+b)L$$

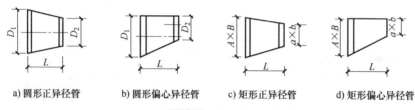

a) 圆形正异径管　　b) 圆形偏心异径管　　c) 矩形正异径管　　d) 矩形偏心异径管

图9-2　异径管

③ 天圆地方如图9-3所示。
天圆地方展开面积：

$$F=\left(\frac{D\pi}{2}+A+B\right)L \quad (L\geqslant 5D)$$

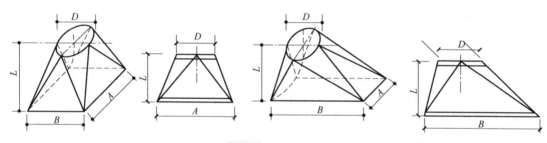

图9-3　天圆地方

（2）清单项目编制应注意的问题
编制通风管道制作安装工程工程量清单时应注意描述风管的下列特征：
1）材质：碳钢、不锈钢、铝板、塑料、玻璃钢、复合型等。
2）形状：圆形、矩形、渐缩形。
3）管径（矩形风管按周长）。
4）板材厚度。
5）连接形式：咬口、焊接、法兰（法兰的材质和规格）。
6）风管附件、支架的材质、油漆种类及要求。
7）风管绝热材料、风管保护层材料等特征。

【例9-1】　某住宅楼通风空调系统设计圆形渐缩风管均匀送风，采用 $\delta=1\text{mm}$ 的镀锌钢板，风管直径：$D_1=800\text{mm}$，$D_2=320\text{mm}$，风管中心线长度为100m。计算圆形渐缩风管的制作安装分部分项工程清单工程量。

【解】　本例的清单项目为圆形渐缩钢板风管制作安装，清单项目编码为030702003。
1）圆形渐缩风管的平均直径 $D=(D_1+D_2)\div 2=(800\text{mm}+320\text{mm})\div 2=560\text{mm}$

2) 制作安装清单工程量 $F = \pi D L = 3.14 \times 0.56\text{m} \times 100\text{m} = 175.84\text{m}^2$

3) 分部分项工程量清单见表9-4。

表9-4 分部分项工程量清单

工程名称：某综合楼通风空调工程

序号	项目编码	项目名称	计量单位	工程数量
1	030702003001	圆形渐缩镀锌钢板风管制作安装 $\delta=1\text{mm}$	m^2	175.84

【例9-2】 某综合楼空气调节系统的风管采用薄钢板制作，风管截面尺寸为600mm×200mm，风管中心线长度100m；要求风管外表面刷防锈漆一遍。计算该项目的制作安装分部分项工程清单工程量。

【解】 本例的清单项目为薄钢板矩形风管制作安装，清单项目编码为030702003。

1) 风管制作安装工程量 $F = 2(A+B)L = 2 \times (0.6\text{m} + 0.2\text{m}) \times 100\text{m} = 160\text{m}^2$

2) 分部分项工程量清单见表9-5。

表9-5 分部分项工程量清单

工程名称：某综合楼通风空调工程

序号	项目编码	项目名称	计量单位	工程数量
1	030702003001	薄钢板矩形风管制作安装 600mm×200mm，外表面刷防锈漆一遍	m^2	160

9.3.3 通风管道部件制作安装工程工程量清单的编制要点

1. 工程量清单项目设置

通风管道部件制作安装工程工程量清单项目设置（部分）见表9-6。

表9-6 通风管道部件制作安装工程工程量清单项目设置（部分）（编码：030703）

项目编码	项目名称	项目特征	计量单位	工程量计算规则	工程内容
030703001	碳钢阀门	1. 名称 2. 型号 3. 规格 4. 质量 5. 类型 6. 支架形式、材质	个	按设计图示数量计算	1. 阀体制作 2. 阀体安装 3. 支架制作、安装
030703007	碳钢风口、散流器、百叶窗	1. 名称 2. 型号 3. 规格 4. 质量 5. 类型 6. 形式	个	按设计图示数量计算	1. 风口制作、安装 2. 散流器制作、安装 3. 百叶窗安装

（续）

项目编码	项目名称	项目特征	计量单位	工程量计算规则	工程内容
030703019	柔性接口	1. 名称 2. 规格 3. 材质 4. 类型 5. 形式	m²	按设计图示尺寸以展开面积计算	1. 柔性接口制作 2. 柔性接口安装

通风空调设备及部件工程量计算

2. 工程量清单的编制

（1）清单项目工程量的计算

通风管道部件制作安装清单项目工程量按设计图示数量计算。部件的类型说明如下：

1）碳钢调节阀包括空气加热器上通阀、空气加热器旁通阀、圆形瓣式启动阀、风管蝶阀、风管止回阀，密闭式斜插板阀、矩形风管三通调节阀、对开多叶调节阀、风管防火阀、各类型风罩调节阀等。

2）塑料调节阀包括塑料蝶阀、塑料插板阀、各类型风罩塑料调节阀等。

（2）清单项目编制应注意的问题

清单工程量按《通用安装工程工程量计算规范》(GB 50856) 规定的计算规则计算，编制清单应注意的事项有以下几方面：

1）在设计中有的部件要求制作安装，有的要求用成品部件只安装不制作，这类特征编制清单项目时应明确描述。

2）碳钢调节阀制作安装清单项目应明确描述其类型，包括空气加热器上通风旁通阀、圆形瓣式启动阀、保温及不保温风管蝶阀、风管止回阀、密闭式斜插板阀、矩形风管三通调节阀、对开多叶调节阀、风管防火阀、各型风罩调节阀等。此外还应描述其规格、质量、形式（方形、圆形）、除锈和刷油要求等特征。

3）散流器制作安装清单项目应明确描述其类型，包括矩形空气分布器、圆形散流器、方形散流器、流线型散流器、百叶风口、矩形送风口、旋转吹风口、送吸风口、活动篦式风口、网式风口、钢百叶窗等。此外，还应描述其材质、规格、质量、形式（方形、圆形）、除锈和刷油要求等特征。

4）风帽制作安装清单项目应明确描述风帽的材质，包括碳钢风帽、不锈钢板风帽、铝风帽、塑料风帽、玻璃钢风帽等。此外，还应描述其规格、质量、形式（伞形、锥形，筒形）、除锈和刷油要求等特征。

5）罩类制作安装清单项目应明确描述其类型，包括皮带防护罩、电动机防雨罩、侧吸罩、焊接台排气罩、整体分组式槽边侧吸罩、吹吸式槽边通风罩、条缝槽边抽风罩、泥心烘炉排气罩、升降式回转排气罩、上下吸式圆形回转罩、升降式排气罩、手锻炉排气罩等。此外，应明确描述出罩类的质量、除锈和刷油要求等特征。

6）消声器制作安装清单项目应明确描述其类型，包括片式消声器、矿棉管式消声器、聚酯泡沫管式消声器、卡普隆纤维管式消声器、弧形声流式消声器、阻抗复合式消声器、微穿孔板消声器、消声弯头等。

7) 静压箱制作安装清单项目,应描述材质、规格、形式等特征;其面积计算,按照设计图示尺寸以展开面积计算,不扣除开口的面积。

9.3.4 通风空调工程检测、调试工程量清单的编制要点

通风工程检测、调试项目是系统工程安装后所进行的系统检测及对系统的各个风口、调节阀、排气罩进行风量、风压调试等全部工作过程。通风工程检测、调试工程量清单项目设置见表9-7。通风工程系统检测调试以"系统"为计量单位。

表9-7 通风工程检测、调试工程量清单项目设置(编码:030704)

项目编码	项目名称	项目特征	计量单位	工程量计算规则	工程内容
030704001	通风工程检测、调试	风管工程量	系统	按通风系统计算	1. 通风管道风量测定 2. 风压测定 3. 温度测定 4. 各系统风口、阀门调整
030704002	风管漏光试验、漏风试验	漏光试验、漏风试验设计要求	m²	按设计图或规范要求以展开面积计算	通风管道漏光试验、漏风试验

通风工程检测、调试项目,安装单位应在工程安装后做系统检测及调试。检测的内容应包括管道漏光、漏风试验,风量及风压测定,空调工程温度、湿度测定,各项调节阀、风口、排气罩的风量、风压调整等全部试调过程。

系统调整费按系统工程人工费的10%计算,其中,人工工资占25%,其他为材料费。

9.4 通风空调工程工程量清单计价实例

9.4.1 通风空调设备及部件制作安装工程工程量清单计价

采用《湖北省通用安装工程消耗量定额及全费用基价表》确定通风空调设备及部件制作安装综合单价时,应注意的问题主要包括以下几个方面:

1) 通风机安装项目内包括电动机安装,其安装形式包括A、B、C和D型,适用不锈钢和塑料风机安装。清单计价时通风机安装项目应按《通用安装工程工程量计算规范》(GB 50856)附录A机械设备安装工程编列项目编码。

2) 诱导器安装执行风机盘管安装项目,且含配合调试用工。

3) 设备安装项目的定额基价中不包括设备费和应配备的地脚螺栓价格。在组价时,需将地脚螺栓的价格计入设备安装的综合单价内,而设备购置费不能计入设备安装的综合单价。

4) 风机减振台座执行设备支架项目,定额内不包括减振器用量,应按设计图计算。

【**例9-3**】 某综合楼通风空调工程设计采用吊顶式空调器ZK120型7台(0.2t),计算该分部分项工程项目费。

【**解**】1. 清单工程量

本例的清单项目为吊顶式空调器ZK120型安装,项目编码为030701003001,数量为7台。分部分项工程量清单见表9-8。

表 9-8 分部分项工程量清单

工程名称：某综合楼通风空调工程

序号	项目编码	项目名称	计量单位	工程数量
1	030701003001	吊顶式空调器安装 ZK120，支架质量 610kg	台	7

分部分项工程清单综合单价计算见表 9-9。

表 9-9 分部分项工程量清单全费用综合单价计算表

工程名称：某综合楼通风空调工程　　　　　　　　　　　计量单位：台
项目编码：030701003001　　　　　　　　　　　　　　　工程数量：7
项目名称：吊顶式空调器 AHU3 型安装　　　　　　　　　综合单价：1004.32 元/台

序号	定额编号	工程内容	单位	数量	综合单价组成（元）					小计（元）
					人工费	材料费	机械费	费用	增值税	
1	C7-1-9	吊顶式空调器安装 空调器质量≤0.2t	台	7	1071.35	70.91	117.18	666.61	173.32	2099.37
2	C7-1-94	设备支架制作、安装 设备支架质量>50kg	100kg	6.1	1535.31	2091.39	23.06	874.01	407.11	4930.87
		合计			2606.66	2162.30	140.24	1540.62	580.43	7030.24
		单价			372.38	308.90	20.03	220.09	82.92	1004.32

分部分项综合单价分析见表 9-10。

表 9-10 分部分项综合单价分析表

工程名称：某综合楼通风空调工程

序号	项目编码	工程名称	工程内容	综合单价组成（元）					综合单价（元）
				人工费	材料费	机械使用费	费用	增值税	
1	030701003001	吊顶式空调器安装 ZK120，支架质量 610kg	空调器安装、设备支架制作安装	372.38	308.90	20.03	220.09	82.92	1004.32

分部分项工程量清单计价见表 9-11。

表 9-11 分部分项工程量清单计价

工程名称：某综合楼通风空调工程

序号	项目编码	项目名称	计量单位	工程数量	金额（元）	
					综合单价	合价
1	030701003001	吊顶式空调器安装 ZK120，支架质量 610kg	台	7	1004.32	7030.24

9.4.2 通风管道制作安装工程工程量清单计价

以《湖北省通用安装工程消耗量定额及全费用基价表》第七册为依据确定通风管道制作安装，计算项目综合单价时需注意的问题：

1. 碳钢通风管道

1）整个通风系统设计采用渐缩管均匀送风者，圆形风管按平均直径、矩形风管按平均周长套用相应规格子目，其人工费乘以系数 2.5。

2）镀锌薄钢板风管项目中的板材是按镀锌薄钢板编制的，如设计要求不用镀锌薄钢板者，板材可以换算，其他不变。

3）薄钢板通风管道制作安装项目中，包括弯头、三通、异径管、天圆地方等管件及法兰、加固框和吊托支架的制作用工，但不包括跨风管落地支架的制作安装费用，落地支架制作安装执行设备支架项目。

4）制作空气幕送风管时，按矩形风管平均周长执行相应风管规格项目，其人工费乘以系数 3.0，其余不变。

5）薄钢板风管项目中的板材，如果设计要求厚度不同者可以换算，但人工费、机械费不变。

6）软管接头使用人造革而不使用帆布者可以换算。

2. 净化通风管道

1）净化风管的空气清净度按 100000 度标准编制，当净化通风管使用的型钢材料要求镀锌时，工作内容应注明支架镀锌。

2）当净化风管使用的型钢材料要求镀锌时，镀锌费另计，并计入综合单价。

3）净化风管道制作安装定额项目中，包括弯头、三通、异径管、天圆地方等管件及法兰、加固框和吊托支架的制作用工，但不包括过跨风管落地支架的制作安装费用，落地支架制作安装执行设备支架项目。

4）圆形风管执行矩形风管相应项目。

5）风管项目中，型钢未包括镀锌费，当设计要求镀锌时，另加镀锌费。

3. 不锈钢通风管道

1）不锈钢风管制作安装项目中包括管件制作安装费用，但不包括法兰和吊托支架制作安装费用，法兰和吊托支架应单独列项计算，执行相应子目，其制作安装费用计入不锈钢风管清单项目的综合单价。

2）矩形风管执行圆形风管相应项目。

3）不锈钢吊托支架执行第四章相应项目。

4）风管项目中的板材如设计要求厚度不同可以换算，但人工费、机械费不变。

4. 塑料风管

1）风管项目规格表示的直径为内径，周长为内周长。

2）风管制作安装项目中包括管件、法兰、加固框，但不包括吊托支架，吊托支架执行有关项目。

3）塑料通风管道胎具材料摊销费的计算方法：塑料风管管件制作的胎具摊销材料费未包括在定额内，按以下规定另行计算：

① 风管工程量在 30m² 以上的，每 10m² 风管的胎具摊销木材为 0.06m²，按地区预算价格计算胎具材料摊销费。

② 风管工程量在 30m² 以下的，每 10m² 风管的胎具摊销木材为 0.09m²，按地区预算价格计算胎具材料摊销费。

4) 项目中的法兰垫料如设计要求使用品种不同者可以换算，但人工费不变。

5. 玻璃钢通风管道

制作安装定额项目中，包括弯头、三通、异径管、天圆地方等管件及法兰、加固框和吊托支架的制作安装，但不包括过跨风管落地支架的制作安装费用，落地支架制作安装执行设备支架项目。

6. 复合型风管

风管项目规格表示的直径为内径，周长为内周长。复合型通风管道制作安装定额项目中，包括弯头、三通、异径管、天圆地方等管件及法兰、加固框和吊托支架的制作安装费用。

7. 柔性软风管

适用于由金属、涂塑化纤织物、聚酯、聚乙烯、聚氯乙烯薄膜、铝箔等材料制成的软风管。

8. 风管项目中的板材

如设计要求厚度不同者可以换算，人工费、机械费不变。

9. 风管及部件项目

型钢未包括镀锌费，当设计要求镀锌时，需将镀锌费计入风管安装清单项目综合单价内。

10. 风管检查孔质量

按《湖北省通用安装工程消耗量定额及全费用基价表》第七册附录二"风管、部件参数表"计算。

【例 9-4】 某通风系统设计圆形渐缩风管均匀送风，采用 $\delta=1mm$ 的镀锌钢板，风管直径：$D_1=800mm$，$D_2=320mm$，风管中心线长度为 100m，分部分项工程量清单见表 9-12。计算圆形渐缩风管的制作安装清单项目的综合单价；计算分部分项工程费。

表 9-12 分部分项工程量清单

工程名称：某综合楼通风空调工程

序号	项目编码	项目名称	计量单位	工程数量
1	030702001001	圆形渐缩镀锌钢板风管制作安装 $\delta=1mm$	m²	175.84

【解】（1）计价工程量

圆形渐缩风管制作安装工程量：

$F=\pi L(D_1+D_2)\div 2=3.14\times 100m\times(0.8m+0.32m)\div 2=175.84m^2$

（2）计算综合单价

本例中的人工、材料、机械消耗量采用《湖北省通用安装工程消耗量定额及全费用基价表》中的相应项目的消耗量；综合单价中的人工单价、辅材单价、机械台班单价根据

《湖北省通用安装工程消耗量定额及全费用基价表》中计价材料表的价格取定，未计价主材镀锌钢板（$\delta=1mm$）依据当时当地市场信息价取定为20元/m^2。

分部分项工程量清单综合单价计算见表9-13。

表9-13 分部分项工程量清单全费用综合单价计算表

工程名称：某综合楼通风空调工程　　　　　　　　　　计量单位：m^2
项目编码：030702001001　　　　　　　　　　　　　　工程数量：175.84
项目名称：圆形渐缩镀锌钢板风管制作安装　　　　　　综合单价：137.04元/m^2

序号	定额编号	工程内容	单位	数量	综合单价组成（元）					小计（元）
					人工费	材料费	机械费	费用	增值税	
1	C7-2-4	圆形渐缩镀锌钢板风管制作安装	10m^2	17.584	9425.90	3216.64	112.53	5349.93	1629.51	19734.52
	主材	镀锌钢板$\delta=1mm$	m^2	200.11		4002.20			360.20	4002.20
		小计			9425.90	7218.84	112.53	5349.93	1989.71	24096.91
		单价			53.60	41.05	0.64	30.43	11.33	137.04

分部分项工程量清单综合单价分析见表9-14。

表9-14 分部分项工程量清单综合单价分析

工程名称：某综合楼通风空调工程

序号	项目编码	工程名称	工程内容	综合单价组成（元）					综合单价（元）
				人工费	材料费	机械费	费用	增值税	
1	030702001001	圆形渐缩镀锌钢板风管制作安装$\delta=1mm$	风管制作安装	53.60	41.05	0.64	30.43	11.33	137.04

（3）计算分部分项工程费

分部分项工程量清单计价见表9-15。

表9-15 分部分项工程量清单计价

工程名称：某综合楼通风空调工程

序号	项目编码	项目名称	计量单位	工程数量	金额（元）	
					综合单价	合价
1	030702001001	圆形渐缩镀锌钢板风管制作安装	m^2	175.84	137.04	24097.11

9.4.3 通风管道部件制作安装工程工程量清单计价

1）以《湖北省通用安装工程消耗量定额及全费用基价表》第七册为依据，确定通风管道部件制作安装清单项目综合单价时应注意清单中对部件特征的描述，特别要区分需要"制作""安装"还是"制作安装"。标准部件的制作，按其成品质量以"kg"为计量单位，根据设计型号、尺寸，按第七册定额附录二"风管、部件参数"计算质量，非标准部件按图示成品质量计算。部件的安装按图示规格尺寸（周长或直径）以"个"为计量单位，分别执行相应定额。第七册定额中人工、材料、机械费凡未按制作和安装分别列出的，其制作费与安装费的比例可按《湖北省通用安装工程消耗量定额及全费用基价表》第七册的规定划分。

2）钢百叶窗及活动金属百叶风口的制作以"m^2"为计量单位，安装按规格尺寸以"个"为计量单位。

3）风帽筝绳制作安装按图示规格、长度，以"100kg"为计量单位。

4）风帽泛水制作安装按图示设计尺寸展开面积，以"m^2"为计量单位。

5）除锈、刷油的费用执行《湖北省通用安装工程消耗量定额及全费用基价表》第十二册相关子目。

【例9-5】 某通风系统的圆形蝶阀（T302—7，$D=500mm$）共计12个，需刷防锈漆一遍，计算蝶阀制作安装清单项目工程量和施工工程量。

【解】（1）清单工程量

制作安装圆形蝶阀（T302—7，$D=500mm$），碳钢，共计12个。

（2）施工工程量

1）圆形蝶阀制作工程量计算：

查相关资料，单个圆形蝶阀T302—7（$D=500mm$）为13.08kg/个。

圆形蝶阀制作工程量=13.08kg×12=156.96kg

2）圆形蝶阀安装工程量=12个。

3）圆形蝶阀刷油工程量=156.96kg×1.15=180.50kg。

【例9-6】 某综合楼（五层）通风空调系统的风管在通过防火分区时，加装700℃的防火阀，矩形风管有1000mm×400mm和800mm×300mm两种规格。每层安装两种防火阀各2个，计算防火阀制作安装的分部分项工程量清单综合单价，并计算分部分项工程费。

【解】（1）工程量计算

1000mm×400mm 矩形风管：周长=（1000mm+400mm）×2=2800mm，工程数量：10个。

800mm×300mm 矩形风管：周长=（800mm+300mm）×2=2200mm，工程数量：10个。

（2）分部分项工程量清单综合单价分析计算

分部分项工程量清单综合单价分析计算见表9-16和表9-17。

表9-16 分部分项工程量清单全费用综合单价计算表

工程名称：某综合楼（五层）通风空调系统　　　　　　　　　　　计量单位：个
项目编码：030703001001　　　　　　　　　　　　　　　　　　　工程数量：10
项目名称：防火阀（1000mm×400mm）　　　　　　　　　　　　　综合单价：172.93元/个

序号	定额编号	工程内容	单位	数量	综合单价组成（元）					小计（元）
					人工费	材料费	机械费	费用	增值税	
1	C7-3-33	风管防火阀（周长≤3600mm）	个	10	911.50	115.30	31.0	528.60	142.80	1729.30
		小计			911.50	115.30	31.0	528.60	142.80	1729.30
		单价			91.15	11.53	3.1	52.86	14.28	172.93

第 9 章 通风空调工程

表 9-17 分部分项工程量清单全费用综合单价计算表

工程名称:某综合楼(五层)通风空调系统 计量单位:个
项目编码:030703001002 工程数量:10
项目名称:防火阀(800mm×300mm) 综合单价:108.86 元/个

序号	定额编号	工程内容	单位	数量	综合单价组成(元)					小计(元)
					人工费	材料费	机械费	费用	增值税	
1	C7-3-32	风管防火阀(周长≤2200mm)	个	10	561.20	86.00	23.6	328.00	89.90	1088.60
		小计			561.20	86.00	23.6	328.00	89.90	1088.60
		单价			56.12	8.60	2.36	32.80	8.99	108.86

分部分项工程量清单综合单价分析见表 9-18。

表 9-18 分部分项工程量清单综合单价分析

工程名称:某综合楼(五层)通风空调系统

序号	项目编码	项目名	工程内容	综合单价组成(元)					综合单价(元)
				人工费	材料费	机械使用费	费用	增值税	
1	030703001001	防火阀(1000mm×400mm)	防火阀制作、安装	91.15	11.53	3.1	52.86	14.28	172.93
2	030703001002	防火阀(800mm×300mm)	防火阀制作、安装	56.12	8.60	2.36	32.80	8.99	108.86

(3)分部分项工程费计算

分部分项工程量清单计价见表 9-19。

表 9-19 分部分项工程量清单计价

工程名称:某综合楼(五层)通风空调系统

序号	项目编码	项目名称	计量单位	工程数量	金额(元)	
					综合单价	合价
1	030703001001	防火阀(1000mm×400mm)	个	10	172.93	1729.30
2	030703001002	防火阀(800mm×300mm)	个	10	108.86	1088.60
		合计				2817.90

本 章 小 结

利用换气的方法,把室内被污染的空气直接或经过净化后排至室外,同时新鲜空气补充进入室内,使室内环境符合卫生标准,满足人们生活或生产工艺要求的技术措施称为建筑通风。把室内不符合卫生标准的空气直接或经处理后排出室外称为排风,把室外新鲜空气或经过处理的空气送入室内称为送风。建筑通风按系统的工作压力分为自然通风和机械通风两种。

通风空调工程施工图一般包括平面布置图、剖面图、系统图和详图以及设计说明和设备材料表等。

通风空调工程施工图应标明施工内容，设备、管道、风口等布置位置，设备和附件安装要求和尺寸，管材材质和管道类型、规格及尺寸，风口类型及安装要求等。对于图上不能直接表达的内容，如设计依据、质量标准、施工方法、材料要求等，一般要在设计说明中阐明。因此，通风空调工程施工图是工程量计算和工程施工的依据。

通过本章的学习，学生要了解建筑通风的分类、常用设备和部件、常用工程图例，熟悉通风空调工程定额的适用范围及内容组成，掌握通风空调工程的工程量清单项目设置的内容及分部分项工程量清单的编制。

复 习 题

1. 简述通风空调工程的概念。
2. 试述通风空调工程施工图的组成和识图要点。
3. 简述通风风管制作安装工程工程量的计算方法。
4. 简述风管制作安装工程施工图预算工程量的计算规则。
5. 简述铝板风管制作安装工程工程量清单计价的要点。

第10章 建筑智能化工程

本章概要

实现建筑智能化的目的是为用户创造安全、便捷、舒适、高效、投资合理和低能耗的生活或工作环境。本章主要介绍建筑智能化的基本知识及施工识图、建筑智能化施工图预算的编制要点、建筑智能化工程量清单的编制要点和计价的相关知识。

10.1 建筑智能化工程基本知识及施工识图

10.1.1 建筑智能化工程常见定额名词解释

建筑智能化是指人工智能的理论、方法和技术在建筑物内的具体应用。

智能建筑（IB）是指以建筑为平台，利用现代计算机技术、网络通信技术以及自动控制技术，经过系统综合开发，将楼宇设备自动化系统（BAS）、通信自动化系统（CAS）、办公自动化系统（OAS）与建筑和结构有机地集成为一体，通过优质的服务和良好的运营，为人们提供理想的安全、舒适、节能、高效的工作和生活空间。

建筑智能化系统是指智能建筑中的楼宇设备自动化系统（BAS）、通信自动化系统（CAS）、办公自动化系统（OAS）以及它们之间的集成系统（SIC，系统集成中心）。

建筑设备自动化系统（BAS）通常有两种定义方法：

1) 一种是指将建筑物或建筑群内的电力、照明、空调、给水排水、防灾、保安、车库管理等设备或系统进行集中监视、控制和管理的综合系统，是广义的BAS。

2) 另一种是仅限于对建筑物或建筑群内的电力、照明、空调、给水排水等设备或系统进行集中监视、控制和管理的综合系统，是狭义的BAS。

办公自动化系统是指应用计算机技术、通信技术、多媒体技术和行为科学等先进技术，使人们的部分办公业务借助于各种办公设备，并由这些办公设备与办公人员构成服务于某种办公目标的人机信息系统。

通信网络系统（CNS）是楼内的语音、数据、图像传输的基础，它与外部通信网络（如公用电话网、综合业务数字网、计算机互联网、数据通信网及卫星通信网等）相连，确保信息畅通。

系统集成（SI）是指将智能建筑内不同功能的智能化子系统在物理上、逻辑上和功能上连接在一起，以实现信息综合、资源共享。

10.1.2 建筑智能化工程常用工程图例

1. 综合布线系统

综合布线系统工程常用图例见表10-1。

表10-1 综合布线系统常用工程图例

序号	常用图形符号		说明	序号	常用图形符号		说明
	形式1	形式2			形式1	形式2	
1	MDF		总配线架（柜）	10	LIU		光纤连接盘
2	ODF		光纤配线架（柜）	11			电话机，一般符号
3	IDF		中间配线架（柜）	12			内部对讲设备
4	CD		建筑群配线架（柜）	13	TP 形式一	TP 形式二	电话信息插座
5	BD		建筑物配线架（柜）	14	TD 形式一	TD 形式二	数据信息插座
6	FD		楼层配线架（柜）	15	TO 形式一	TO 形式二	综合布线信息插座
7	HUB		集线器	16	nTO 形式一	nTO 形式二	综合布线 n 孔信息插座 n 为信息孔数量，例如：TO-单孔信息插座；2TO-二孔信息插座
8	SW		交换机				
9	CP		集合点	17	MUTO		多用户信息插座

2. 火灾自动报警与应急联动系统

火灾自动报警与应急联动系统常用工程图例见表10-2。

表 10-2 火灾自动报警与应急联动系统常用工程图例

1	▭ ▭(★)	火灾报警装置 需区分火灾报警装置"★"用下述字母代替： C-集中型火灾报警控制器 Z-区域型火灾报警控制器 G-通用火灾报警控制器 S-可燃气体报警控制器	9	🕿	报警电话
			10	⊙	火灾电话插孔（对讲电话插孔）
			11	⌂	火警电铃
2	▭ ★	控制和指示设备 需区分控制和指示设备"★"用下述字母代替： RS-防火卷帘门控制器 RD-防火门磁释放器 I/O-输入/输出模块 I-输入模块 O-输出模块 P-电源模块 T-电信模块 SI-短路隔离器 M-模块箱 SB-安全栅 D-火灾显示盘 FI-楼层显示盘 CRT-火灾计算机图形显示系统 FPA-火警广播系统 MT-对讲电话主机 BO-总线广播模块 TP-总线电话模块	12	⌂	火灾发声警报器
			13	⌂	火灾光警报器
			14	⌂	火灾声、光警报器
			15	⌂	火灾应急广播扬声器
			16	Ⓛ	水流指示器（组）
			17	P	压力开关
			18	⋈	阀，一般符号
			19	⋈	信号阀（带监视信号的检修阀）
3	↧	感温火灾探测器（点型）	20	⊖ 70℃	70℃动作的常开防火阀。若因图面小，可表示为：▢70℃、常开
4	⊠	感烟火灾探测器（点型）	21	⊖ 280℃	280℃动作的常开排烟阀。若因图面小，可表示为：▢280℃、常开
5	△	感光火灾探测器（点型）			
6	⊠	可燃气体探测器（点型）	22	⊖ 280℃	280℃动作的常闭排烟阀。若因图面小，可表示为：▢280℃、常闭
7	⏚	手动火灾报警按钮	23	∿∿∿	缆式线型感温探测器
8	⏚	消火栓启泵按钮			

3. 有线电视及卫星电视接收系统

有线电视及卫星电视接收系统常用工程图例见表 10-3。

表 10-3　有线电视及卫星电视接收系统常用工程图例

1	天线，一般符号	13	调制解调器
2	带矩形波导馈线的抛物面天线	14	混合网络
3	有本地天线引入的前端，符号表示一条馈线支路	15	彩色电视接收机
4	无本地天线引入的前端，符号表示一条输入和一条输出通路	16	分配器，一般符号 表示两路分配器
		17	三分配器
5	放大器、中继器一般符号 三角形指向传输方向	18	四分配器
		19	信号分支，一般符号；图中表示一个信号分支
6	均衡器	20	二分支器
7	可变均衡器	21	四分支器
8	固定衰减器	22	混合器，一般符号
9	可变衰减器	23	定向耦合器，一般符号
10	调制器、解调器或鉴别器一般符号	24	电视插座
11	解调器		
12	调制器	25	匹配终端

4. 广播系统

广播系统常用工程图例见表 10-4。

表 10-4　广播系统常用工程图例

1	传声器，一般符号	6	光盘式播放机
2	扬声器，一般符号 需要注明扬声器的安装形式时在符号"★"处用下述文字标注： C-吸顶式安装扬声器 R-嵌入式安装扬声器 W-壁挂式安装扬声器	7	调谐器、无线电接收机
		8	放大器，一般符号 需要注明放大器的安装形式时在符号"★"处用下述文字标注： A-扩大机 PRA-前置放大器 AP-功率放大器
3	嵌入式安装扬声器箱		
4	扬声器箱、音箱、声柱		
5	号筒式扬声器	9	传声器插座

5. 安全技术防范系统

安全技术防范系统常用工程图例见表10-5。

表10-5 安全技术防范系统常用工程图例

序号	图例	名称	序号	图例	名称
1		摄像机	22		易燃气体探测器
2	H	半球形摄像机	23	IR	被动红外入侵探测器
3		彩色摄像机	24	M	微波入侵探测器
4	IP	网络摄像机	25	IR/M	被动红外/微波双技术探测器
5	IR	红外摄像机			
6	IR	红外照明灯	26	Tx—IR—Rx	主动红外探测器（发射、接收分别为Tx、Rx）
7	IR	红外带照明灯摄像机	27	Tx—M—Rx	遮挡式微波探测器
8	VS	视频服务器	28	—L—	埋入线电场扰动探测器
9		电视监视器	29	—C—	弯曲或振动电缆探测器
10		彩色电视监视器	30	—LD—	激光探测器
11		录像机（普通录像机和彩色录像机通用符号）	31		楼宇对讲系统主机
			32		可视对讲机
12		读卡器	33	DEC	解码器
13	KP	键盘读卡器	34	VA	视频补偿器
14		保安巡逻打卡器	35	TG	时间信号发生器
15		紧急脚挑开关	36		声、光报警箱
16		紧急按钮开关	37	MR	监视立柜
17		压力垫开关	38	MS	监视墙屏
18		门磁开关	39		指纹识别器
19	P	压敏探测器	40		人像识别器
20	B	玻璃破碎探测器	41	M	磁力锁
21	A	振动探测器	42	E	电锁按键

(续)

43	EL	电控锁	46	S	保安电话
44	E/O	电、光信号转换器	47	P	报警中继数据处理机
45	DVR	数字硬盘录像机	48	Tx/Rx	传输发送、接收器

6. 建筑设备管理系统

建筑设备管理系统常用工程图例见表 10-6。

表 10-6　建筑设备管理系统常用工程图例

1	T	温度传感器	18	D/A	数字/模拟变换器
2	P	压力传感器	19		计数控制开关，动合触点
3	M	湿度传感器	20	BAC	建筑自动化控制器
4	PD	压差传感器	21	DDC	直接数字控制器
5	GE*	流量测量元件（*为位号）	22	HM	热能表
6	GT*	流量变送器（*为位号）	23	GM	燃气表
7	LT*	液位变送器（*为位号）	24	WM	水表
8	PT*	压力变送器（*为位号）	25	Wh	电度表
9	TT*	温度变送器（*为位号）	26		粗效空气过滤器
10	MT*	湿度变送器（*为位号）	27		空气加热器
11	GT*	位置变送器（*为位号）	28		空气冷却器
12	ST*	速率变送器（*为位号）	29		板式换热器
13	PDT*	压差变送器（*为位号）	30		电加热器
14	IT*	电流变送器（*为位号）	31		加湿器
15	UT*	电压变送器（*为位号）	32		立式明装风机盘管
16	ET*	电能变送器（*为位号）	33		立式暗装风机盘管
17	A/D	模拟/数字变换器	34	M	电动蝶阀

10.2 建筑智能化工程施工图预算的编制要点

10.2.1 计算机应用、网络系统工程施工图预算的编制要点

1. 工程量计算规则

1) 计算机网络终端和附属设备安装,以"台"计算。
2) 网络系统设备、软件安装与调试,以"台(套)"计算。
3) 局域网交换机系统功能调试,以"个"计算。
4) 网络调试、系统试运行、验收测试,以"系统"计算。

2. 工程量计算说明

本系统工程包括计算机(微机及附属设备)和网络系统设备,适用于楼宇、小区智能化系统中计算机网络系统设备的安装、调试工程。本系统有关缆线敷设和电源、防雷接地、机柜(除通用计算机台柜外)的安装定额执行"通信设备及线路工程""电气设备安装工程"有关定额。支架基座制作安装,执行"电气设备安装工程"相应项目。试运行超过1个月,每增加1天,按工日、仪器仪表台班的用量分别按增加3%计列。

10.2.2 综合布线系统工程施工图预算的编制要点

1. 工程量计算规则

1) 顶棚内附设管路及线槽、明布缆线时,每100m定额工日调增10%。
2) 本章其他材料费的计取规定如下:
① 本章其他材料费系数为0.3%。
② 其他材料费=(未计价材料费+计价材料费)×其他材料费系数。

2. 工程量计算说明

1) 此处工程量及计算是按五类布线系统工程编制的,同时适用于五类以上及光纤综合布线系统工程;低于五类的综合布线工程可参照使用。

2) 建筑群子系统架空、管道、直埋、墙壁及暗管敷设光缆、电缆工程,应执行"通信设备及线路工程"的相关定额,电缆桥架的安装执行"电气设备安装工程"相应项目。

3) 双绞线缆、光缆、漏泄同轴电缆、电话线和广播线敷设、穿放、明布放,以"m"计算。电缆敷设按单根延长米计算,如一个架上敷设3根各长100m的电缆,应按300m计算,依此类推。电缆附加及预留的长度是电缆敷设长度的组成部分,应计入电缆长度工程量之内。电缆进入建筑物预留长度2m;电缆进入沟内或吊架上引上(下)预留1.5m;电缆中间接头盒,预留长度为两端各留2m。

10.2.3 建筑设备自动化系统工程施工图预算的编制要点

1. 工程量计算规则

1) 第三方设备通信接口安装与调试,以"个"计算。
2) 控制网络通信设备安装、控制器安装、流量计安装与调试,以"台"计算。
3) 温(湿)度传感器、压力传感器、电量变送器和其他传感器及变送器,以"支"计算。

4）多表远传系统基表及控制设备、抄表采集系统安装与调试，以"个"计算。

5）多表远传系统中央管理系统调试，以"台"计算。

6）阀门及电动执行机构安装、调试，以"个"计算。

7）楼宇自控中央管理系统安装、调试，以"系统"计算。

2. 工程量计算说明

1）本系统工程包括建筑设备自动化系统工程。其中包括能耗检测系统、建筑设备监控系统。

2）本系统设备的支架、支座制作，执行《湖北省通用安装工程消耗量定额及全费用基价表　第四册　电气设备安装工程》相应项目。

3）本系统中用到的服务器、网络设备、工作站、软件等项目执行计算机及网络系统工程相应项目；跳线制作、跳线安装、箱体安装等项目执行综合布线系统工程相应项目。

10.2.4　有线电视、卫星接收系统工程施工图预算的编制要点

1. 工程量计算规则

1）敷设天线电缆，以"m"计算。

2）制作天线电缆接头，以"头"计算。

3）电视墙安装、前端射频设备安装与调试，以"套"计算。

4）卫星地面站接收设备、光端设备、有线电视系统管理设备、播控设备安装与调试，以"台"计算。

5）干线设备，分配网络安装、调试，以"个"计算。

2. 工程量计算说明

1）本系统工程内容包括有线广播电视、卫星电视、闭路电视系统设备的安装调试工程。

2）本系统天线在楼顶上吊装，是按照楼顶距地面 20m 以下考虑的，楼顶距地面高度超过 20m 的吊装工程，计取高层建筑施工增加费。

10.2.5　音频、视频系统工程施工图预算的编制要点

1. 工程量计算规则

1）扩声系统设备安装、调试，以"台"计算。

2）扩声系统设备试运行，以"系统"计算。

3）背景音乐系统设备安装、调试，以"台"计算。

4）背景音乐系统联调、试运行，以"系统"计算。

5）多媒体显示及信息发布设备安装、调试，以"台"计算。

6）多媒体会议系统设备安装、调试，以"台"计算。

2. 工程量计算说明

1）本系统工程包括扩声和背景音乐系统、多媒体会议系统、多媒体显示及信息发布系统设备安装调试工程。

2）调音台各类表示程式：1+2/3/4，其中，"1"为调音台输入路数；"2"为立体声输入路数；"3"为编组输出路数；"4"为主输出路数。

3）本系统工程设备按成套购置考虑。

10.2.6 安全防范系统工程施工图预算的编制要点

1. 工程量计算规则

1) 入侵报警器（室内外、周界）设备安装工程，以"套"计算。
2) 出入口控制设备安装工程，以"台"计算。
3) 电视监控设备安装工程，以"台"（显示装置以"m^2"）计算。
4) 停车场管理系统设备安装与调试，以"套"计算。
5) 分系统调试、系统集成调试，以"系统"计算。

2. 工程量计算说明

1) 此处定额工程量计量新建楼宇安全防范系统设备安装工程。楼宇安全防范系统工程包括入侵报警、出入口控制、电视监控、停车场管理设备安装工程。
2) 本系统工程设备按成套购置考虑。

10.3 建筑智能化工程工程量清单的编制要点

10.3.1 计算机应用、网络系统工程工程量清单的编制要点

计算机应用、网络系统工程工程量清单项目设置，见表10-7。

表10-7 计算机应用、网络系统工程工程量清单项目设置（编码：030501）

项目编码	项目名称	项目特征	计量单位	工程量计算规则	工作内容
030501001	输入设备	1. 名称 2. 类别 3. 规格 4. 安装方式	台	按设计图示数量计算	1. 本体安装 2. 单体调试
030501002	输出设备				
030501003	控制设备	1. 名称 2. 类别 3. 路数 4. 规格			
030501004	存储设备	1. 名称 2. 类别 3. 规格 4. 容量 5. 通道数			
030501005	插座、机柜	1. 名称 2. 类别 3. 规格			1. 本体安装 2. 接电源线、保护地线、功能地线

（续）

项目编码	项目名称	项目特征	计量单位	工程量计算规则	工作内容
030501006	互联电缆	1. 名称 2. 类别 3. 规格	条	按设计图示数量计算	制作、安装
030501007	接口卡	1. 名称 2. 类别 3. 传输效率	台（套）		1. 本体安装 2. 单体调试
030501008	集线器	1. 名称 2. 类别 3. 堆叠单元量	台（套）		
030501009	路由器	1. 名称 2. 类别 3. 规格 4. 功能			
030501010	收发器				
030501011	防火墙				
030501012	交换机	1. 名称 2. 功能 3. 层数	台（套）		1. 本体安装 2. 插件安装 3. 接信号线、电源线、地线
030501013	网络服务器	1. 名称 2. 类别 3. 规格			
030501014	计算机应用、网络系统接地	1. 名称 2. 类别 3. 规格	系统		1. 安装焊接 2. 检测
030501015	计算机应用、网络系统系统联调	1. 名称 2. 类别 3. 用户数	系统		系统调试
030501016	计算机应用、网络系统试运行	1. 名称 2. 类别 3. 用户数	系统		试运行
030501017	软件	1. 名称 2. 类别 3. 规格 4. 容量	套		1. 安装 2. 调试 3. 试运行

10.3.2 综合布线系统工程工程量清单的编制要点

综合布线系统工程工程量清单项目设置见表10-8。

表10-8 综合布线系统工程工程量清单项目设置（编码：030502）

项目编码	项目名称	项目特征	计量单位	工程量计算规则	工作内容
030502001	机柜、机架	1. 名称 2. 材质 3. 规格 4. 安装方式	台	按设计图示数量计算	1. 本体安装 2. 相关固定件的连接
030502002	抗震底座		个		1. 本体安装 2. 底盒安装
030502003	分线接箱（盒）				
030502004	电视、电话插座	1. 名称 2. 安装方式 3. 底盒材质、规格			
030502005	双绞线缆	1. 名称 2. 规格 3. 线缆对数 4. 敷设方式	m	按设计图示尺寸以长度计算	1. 敷设 2. 标记 3. 卡接
030502006	大对数电缆				
030502007	光缆				
030502008	光纤束、光缆外护套	1. 名称 2. 规格 3. 安装方式			1. 气流吹放 2. 标记
030502009	跳线	1. 名称 2. 类别 3. 规格	条		1. 插接跳线 2. 整理跳线
030502010	配线架	1. 名称 2. 规格 3. 容量		按设计图示数量计算	安装、打接
030502011	跳线架				
030502012	信息插座	1. 名称 2. 类别 3. 规格 4. 安装方式 5. 底盒材质、规格	个（块）		1. 端接模块 2. 安装面板
030502013	光纤盒	1. 名称 2. 类别 3. 规格 4. 安装方式			1. 端接模块 2. 安装面板

(续)

项目编码	项目名称	项目特征	计量单位	工程量计算规则	工作内容
030502014	光纤连接	1. 方法 2. 模式	芯（端口）	按设计图示数量计算	1. 接续 2. 测试
030502015	光缆终端盒	光缆芯数	个		
030502016	布放尾纤	1. 名称 2. 规格 3. 安装方式	根		本体安装
030502017	线管理器		个		
030502018	跳块				安装、卡接
030502019	双绞线缆测试	1. 测试类别 2. 测试内容	链路 （点、芯）		测试
030502020	光纤测试				

10.3.3 建筑设备自动化系统工程工程量清单的编制要点

建筑设备自动化系统工程工程量清单项目设置见表10-9。

表10-9 建筑设备自动化系统工程工程量清单项目设置（编码：030503）

项目编码	项目名称	项目特征	计量单位	工程量计算规则	工作内容
030503001	中央管理系统	1. 名称 2. 类别 3. 功能 4. 控制点数量	系统 （套）	按设计图示数量计算	1. 本体组装、连接 2. 系统软件安装 3. 单体调整 4. 系统联调 5. 接地
030503002	通信网络控制设备	1. 名称 2. 类别 3. 规格	台 （套）		1. 本体安装 2. 软件安装 3. 单体调试 4. 联调联试 5. 接地
030503003	控制器	1. 名称 2. 类别 3. 功能 4. 控制点数量	台 （套）	按设计图示数量计算	1. 本体安装 2. 软件安装 3. 单体调试 4. 联调联试 5. 接地

（续）

项目编码	项目名称	项目特征	计量单位	工程量计算规则	工作内容
030503004	控制箱	1. 名称 2. 类别 3. 功能 4. 控制器、控制模块规格、体积 5. 控制器、控制模块数量	台（套）	按设计图示数量计算	1. 本体安装、标识 2. 控制器、控制模块组装 3. 单体调试 4. 联调联试 5. 接地
030503005	第三方通信设备接口	1. 名称 2. 类别 3. 接口点数			1. 本体安装、连接 2. 接口软件安装调试 3. 单体调试 4. 联调联试
030503006	传感器	1. 名称 2. 类别 3. 功能 4. 规格	支（台）		1. 本体安装和连接 2. 通电检查 3. 单体调整测试 4. 系统联调
030503007	电动调阀执行机构		个		1. 本体安装和连线 2. 单体测试
030503008	电动、电磁阀				
030503009	建筑设备自控化系统调试	1. 名称 2. 类别 3. 功能	台（户）		整体调试
030503010	建筑设备自控化系统试运行	名称	系统		试运行

10.3.4 建筑信息综合管理系统工程工程量清单的编制要点

建筑信息综合管理系统工程工程量清单项目设置见表10-10。

表10-10 建筑信息综合管理系统工程工程量清单项目设置（030504）

项目编码	项目名称	项目特征	计量单位	工程量计算规则	工作内容
030504001	服务器	1. 名称 2. 类别 3. 规格 4. 安装方式	台	按设计图示数量计算	安装调试
030504002	服务器显示设备				
030504003	通信接口输入输出设备		个		本体安装、调试

(续)

项目编码	项目名称	项目特征	计量单位	工程量计算规则	工作内容
030504004	系统软件		套		安装、调试
030504005	基础应用软件				
030504006	应用软件接口	1. 测试类别 2. 测试内容		按系统所需集成点数及图示数量计算	
030504007	应用软件二次		项（点）		按系统点数进行二次软件开发和定制、进行调试
030504008	各系统联动试运行		系统		调试、试运行

10.3.5 有线电视、卫星接收系统工程工程量清单的编制要点

有线电视、卫星接收系统工程工程量清单项目设置见表10-11。

表10-11　有线电视、卫星接收系统工程工程量清单项目设置（030505）

项目编码	项目名称	项目特征	计量单位	工程量计算规则	工作内容
030505001	共用天线	1. 名称 2. 规格 3. 电视设备箱型号规格 4. 天线杆、基础种类	副	按设计图示数量计算	1. 电视设备箱安装 2. 天线杆基础安装 3. 天线杆安装 4. 天线安装
030505002	卫星电视天线、馈线系统	1. 名称 2. 规格 3. 地点 4. 楼高 5. 长度			安装、调测
030505003	前端机柜	1. 名称 2. 规格	个		1. 本体安装 2. 连接电源 3. 接地
030505004	电视墙	1. 名称 2. 监视器数量	套		1. 机架、监视器安装 2. 信号分配系统安装 3. 连接电源 4. 接地
030505005	射频同轴电缆	1. 名称 2. 规格 3. 敷设方式	m	按设计图示尺寸以长度计算	线缆敷设

(续)

项目编码	项目名称	项目特征	计量单位	工程量计算规则	工作内容
030505006	同轴电缆接头	1. 规格 2. 方式	个	按设计图示数量计算	电缆接头
030505007	前端射频设备	1. 名称 2. 类别 3. 频道数量	套		1. 本体安装 2. 单体调试
030505008	卫星地面站接收设备	1. 名称 2. 类别			1. 本体安装 2. 单体调试 3. 全站系统调试
030505009	光端设备安装、调试	1. 名称 2. 类别 3. 类别 4. 容量	台	按设计图示数量计算	1. 本体安装 2. 单体调试
030505010	有线电视系统管理设备	1. 名称 2. 类别			
030505011	播控设备安装、调试	1. 名称 2. 功能 3. 规格			1. 本体安装 2. 系统调试
030505012	干线设备	1. 名称 2. 功能 3. 安装位置	个		
030505013	分配网络	1. 名称 2. 功能 3. 规格 4. 安装方式			1. 本体安装 2. 电缆接头制作、布线 3. 单体调试
030505014	终端调试	1. 名称 2. 功能			

10.3.6 音频、视频系统工程工程量清单的编制要点

音频、视频系统工程工程量清单项目设置见表 10-12。

表 10-12　音频、视频系统工程工程量清单项目设置（编码：030506）

项目编码	项目名称	项目特征	计量单位	工程量计算规则	工作内容
030506001	扩声系统设备	1. 名称 2. 类别 3. 规格 4. 安装方式	台	按设计图示数量计算	1. 本体安装 2. 单体调试
030506002	扩声系统调试	1. 名称 2. 类别 3. 功能	只（副、台、系统）		1. 设备连接构成系统 2. 调试、达标 3. 通过 DSP 实现多种功能
030506003	扩声系统试运行	1. 名称 2. 试运行时间	系统		试运行
030506004	背景音乐系统设备	1. 名称 2. 类别 3. 规格 4. 安装方式	台		1. 本体安装 2. 单体调试
030506005	背景音乐系统调试	1. 名称 2. 类别 3. 功能 4. 公共广播语言清晰度及相应声学特性指标要求	台（系统）		1. 设备连接构成系统 2. 试听、调试 3. 系统试运行 4. 公共广播达到语言清晰度及相应声学特性指标
030506006	背景音乐系统试运行	1. 名称 2. 试运行时间	系统		试运行
030506007	视频系统设备	1. 名称 2. 类别 3. 规格 4. 功能、用途 5. 安装方式	台		1. 本体安装 2. 单体调试
030506008	视频系统调试	1. 名称 2. 类别 3. 功能	系统		1. 设备连接构成系统 2. 调试 3. 达到相应系统设计标准 4. 实现相应系统设计功能

10.3.7 安全防范系统工程工程量清单的编制要点

安全防范系统工程工程量清单项目设置见表10-13。

表10-13 安全防范系统工程工程量清单项目设置（030507）

项目编码	项目名称	项目特征	计量单位	工程量计算规则	工作内容
030507001	入侵探测设备	1. 名称 2. 类别 3. 探测范围 4. 安装方式	套	按设计图示数量计算	1. 本体安装 2. 单体调试
030507002	入侵报警控制器	1. 名称 2. 类别 3. 路数 4. 安装方式			
030507003	入侵报警中心显示设备	1. 名称 2. 类别 3. 安装方式			
030507004	入侵报警信号传输设备	1. 名称 2. 类别 3. 功率 4. 安装方式			
030507005	出入口目标识别设备	1. 名称 2. 规格	台		
030507006	出入口控制设备				
030507007	出入口执行机构设备	1. 名称 2. 类别 3. 规格			
030507008	监控摄像设备	1. 名称 2. 类别 3. 安装方式			

（续）

项目编码	项目名称	项目特征	计量单位	工程量计算规则	工作内容
030507009	视频控制设备	1. 名称 2. 类别 3. 路数 4. 安装方式	台（套）	按设计图示数量计算	1. 本体安装 2. 单体调试
030507010	音频、视频及脉冲分配器				
030507011	视频补偿器	1. 名称 2. 通道量			
030507012	视频传输设备	1. 名称 2. 类别 3. 规格			
030507013	录像设备	1. 名称 2. 类别 3. 规格 4. 存储容量、格式			
030507014	显示设备	1. 名称 2. 类别 3. 规格	1. 台 2. m²	1. 以台计量，按设计图示数量计算 2. 以m²计量，按设计图示面积计算	
030507015	安全检查设备	1. 名称 2. 规格 3. 类别 4. 程式	台（套）		
030507016	停车场管理设备	1. 名称 2. 类别 3. 规格			
030507017	安全防范分系统调试	1. 名称 2. 类别 3. 通道数	系统	按设计内容	各分系统调试
030507018	安全防范全系统调试	系统内容			1. 各分系统的联动、参数设置 2. 全系统联调
030507019	安全防范系统工程试运行	1. 名称 2. 类别			系统试运行

10.3.8 相关问题及说明

1）土方工程，应按现行《房屋建筑与装饰工程工程量计算规范》（GB 50854）相关项目编码列项。

2）开挖路面工程，应按现行《市政工程工程量计算规范》（GB 50857）相关项目编码列项。

3）配管工程，线槽，桥架，电气设备，电气器件，接线箱、盒，电线，接地系统，凿（压）槽，打孔，打洞，入孔，手孔，立杆工程，应按《通用安装工程工程量计算规范》附录 D 电气设备安装工程相关项目编码列项。

4）蓄电池组、六孔管道、专业通信系统工程，应按《通用安装工程工程量计算规范》附录 L 通信设备及线路工程相关项目编码列项。

5）机架等项目的除锈、刷油应按《通用安装工程工程量计算规范》附录 M 刷油、防腐蚀、绝热工程相关项目编码列项。

6）如主项项目工程与需综合项目工程量不对应，项目特征应描述综合项目的型号、规格、数量。

7）由国家或地方检测验收部门进行的检测验收应按《通用安装工程工程量计算规范》附录 N 措施项目相关项目编码列项。

10.4 建筑智能化工程工程量清单计价实例

根据招标文件提供的工程量清单及其对项目的特征描述，明确清单内的每一个项目所包括的工程内容。对清单的综合单价可以采用企业定额分析计算，也可以采用全国统一定额或地区定额分析计算。当采用全国统一或地区定额进行单价分析时，应注意以下几点（以《湖北省通用安装工程消耗量定额及全费用基价表》为例介绍）：

1）电源线敷设、控制电缆敷设、电缆托架铁架制作、电线槽安装、桥架安装、电线管敷设、电缆沟工程、电缆保护管敷设以及 UPS 电源及附属设施、配电箱等安装，执行《湖北省通用安装工程消耗量定额及全费用基价表 第四册 电气设备安装工程》的相应项目。

2）预留孔洞、打洞、堵洞、剔堵沟槽，执行《湖北省通用安装工程消耗量定额及全费用基价表 第十册 给排水、采暖、燃气工程》的相应项目。

3）为配合业主或认证单位验收而发生的费用，在合同中协商确定。

4）《湖北省通用安装工程消耗量定额及全费用基价表 第五册 建筑智能化工程》的设备安装工程按成套购置考虑，包括构件、标准件、附件和设备内部连线。

5）《湖北省通用安装工程消耗量定额及全费用基价表 第五册 建筑智能化工程》涉及的系统试运行（除有特殊要求外）是按连续无故障运行 120h 考虑的，超出时间费用另行计算。

6）《湖北省通用安装工程消耗量定额及全费用基价表 第五册 建筑智能化工程》涉及的各个系统，在项目实施工程中使用的水、电、气等费用，按实际发生的费用计入工程造价。

【例 10-1】 某住宅楼监控系统综合布线工程，系统采用双绞线缆（六类网线，4UTP CAT6，管内穿线），经计算，其安装工程量为 360m。试确定分部分项工程综合单价。

【解】本例的清单项目为双绞线缆安装，项目编码为 030502005001，工程量为 360m。分部分项工程量清单见表 10-14。

表 10-14 分部分项工程量清单

工程名称：某住宅楼监控系统综合布线工程

序号	项目编码	项目名称	计量单位	工程数量
1	030502005001	双绞线缆（六类网线，4UTP CAT6，管内穿线）安装	m	360

查得《湖北省通用安装工程消耗量定额及全费用基价表》套用子目 C5-2-23 双绞线缆（六类网线，4UTP CAT6，管内穿线）安装，综合单价计算过程如下：

1) 人工费=1.31 元/m×360m=471.6 元。

2) 材料费。

计价材料费=0.04 元/m×360m=14.4 元。

经查，主材消耗量为 1.05m/m，双绞线缆（六类网线，4UTP CAT6）市场价为 5.7 元/m。

未计价材料费=1.05m/m×5.7 元/m×360m=2154.6 元。

材料费=计价材料费+未计价材料费=14.4 元+2154.6 元=2169 元。

3) 机械费=0.02 元/m×360m=7.2 元。

4) 费用=0.75 元/m×360m=270 元。

5) 增值税=(0.23 元/m×360m)÷11%×9%+2154.6 元×9%=261.66 元。

6) 合计=471.6 元+2169 元+7.2 元+270 元+261.66 元=3179.46 元。

综合单价=3179.46 元÷360m=8.84 元/m

分部分项工程量清单综合单价计算见表 10-15。

表 10-15 分部分项工程量清单全费用综合单价计算表

工程名称：某住宅楼监控系统综合布线工程　　　　　　计量单位：m
项目编码：030502005001　　　　　　　　　　　　　　工程数量：360
项目名称：双绞线缆（六类网线，4UTP CAT6，管内穿线）安装　　综合单价：8.84 元/m

序号	定额编号	工程内容	单位	数量	综合单价组成（元）					小计（元）
					人工费	材料费	机械费	费用	增值税	
1	C5-2-23	双绞线缆（六类网线，4UTP CAT6，管内穿线）安装	m	360	471.60	14.40	7.20	270.00	67.75	830.95
2		六类网线，4UTP CAT6	m	378		2154.60			193.91	2348.51
		合计			471.60	2169.00	7.20	270.00	261.66	3179.46
		单价			1.31	6.03	0.02	0.75	0.73	8.84

【例 10-2】 某教学楼监控系统工程，已知中控室安装服务器显示设备（50in，摆放安装）5 台，试确定分部分项工程量清单的综合单价。

【解】 本例的清单项目为服务器显示设备安装，项目编码为 030504002001，数量 5 台。分部分项工程量清单见表 10-16。

表10-16 分部分项工程量清单

工程名称:某教学楼监控系统工程

序号	项目编码	项目名称	计量单位	工程数量
1	030504002001	服务器显示设备,50in,摆放安装	台	5

套用《湖北省通用安装工程消耗量定额及全费用基价表》第五册相关子目,综合单价计算见表10-17。

表10-17 分部分项工程量清单全费用综合单价计算表

工程名称:某教学楼监控系统工程　　　　　　　　　　计量单位:台
项目编码:030504002001　　　　　　　　　　　　　　工程数量:1
项目名称:服务器显示设备　　　　　　　　　　　　　综合单价:140.39元/台

序号	定额编号	工程内容	单位	数量	综合单价组成(元)					小计(元)
					人工费	材料费	机械费	费用	增值税	
1	C5-5-179	显示设备≤50in,摆放安装	台	5	393.60	21.10	5.45	223.85	57.97	701.97
		合计			393.60	21.10	5.45	223.85	57.97	701.97
		单价			78.72	4.22	1.09	44.77	11.59	140.39

本 章 小 结

在现代建筑中,智能建筑是指利用现代计算机技术、网络通信技术以及自动控制技术,经过系统综合开发,将楼宇设备自动化系统(BAS)、通信自动化系统(CAS)、办公自动化系统(OAS)与建筑和结构有机地集成为一体,通过优质的服务和良好的运营,为人们提供理想的安全、舒适、节能、高效的工作和生活空间。

通过本章的学习,学生要了解建筑智能化的基础知识,熟悉建筑智能化的施工图预算的编制要点和工程量清单的编制。

复 习 题

1. 简述建筑智能化系统包括的内容。
2. 试述综合布线系统工程的预算工程量计算要点。
3. 试述建筑设备自动化系统(BAS)的工作范围。
4. 简述安全防范系统安装工程预算工程量的计算规则。
5. 简述建筑信息综合管理系统工程的主要工程内容和工程量清单设置规则。

参 考 文 献

[1]《建设工程工程量清单计价规范》编制组. 中华人民共和国国家标准《建设工程工程量清单计价规范》宣贯辅导教材 [M]. 北京：中国计划出版社，2008.

[2] 涂叙义，李志欣. 湖北省建设工程工程量清单编制与计价操作指南 [M]. 武汉：武汉出版社，2005.

[3] 周述发. 工程估价：下　安装　市政　园林绿化工程 [M]. 2版. 武汉：武汉理工大学出版社，2015.

[4] 中国建设工程造价管理协会. 全国一级造价工程师继续教育培训教材：建设工程造价管理理论与实务　2019年版 [M]. 北京：中国计划出版社，2019.

[5] 邢莉燕，黄伟典. 工程估价学习指导 [M]. 北京：中国电力出版社，2006.

[6] 王雪青. 工程估价 [M]. 北京：中国建筑工业出版社，2011.

[7] 沈巍. 工程估价 [M]. 北京：清华大学出版社，2008.

[8] 沈巍，郑君君. 建筑工程定额与计价 [M]. 北京：清华大学出版社，2008.

[9] 张秀德，管锡珺，吕金全. 安装工程定额与预算 [M]. 2版. 北京：中国电力出版社，2010.

[10] 沈祥华. 建筑工程概预算 [M]. 5版. 武汉：武汉理工大学出版社，2014.

[11]《建设工程预决算与工程清单计价一本通：安装工程》编委会. 建设工程预决算与工程量清单计价一本通：安装工程 [M]. 北京：地震出版社，2007.

[12] 陈宪仁. 水电安装工程预算与定额 [M]. 北京：中国建筑工业出版社，2007.

[13] 刘庆山. 建筑安装工程预算 [M]. 2版. 北京：机械工业出版社，2012.

[14] 湖北省建设工程标准定额管理总站. 湖北省建筑安装工程费用定额 [M]. 武汉：长江出版社，2018.

[15] 张宝军. 建筑设备工程计量计价与应用 [M]. 北京：中国建筑工业出版社，2007.

[16] 朱永恒. 安装工程工程量清单计价 [M]. 3版. 南京：东南大学出版社，2016.

[17] 车春鹂. 工程造价管理 [M]. 北京：北京大学出版社，2006.

[18] 夏清东. 工程造价：计价、控制与案例 [M]. 2版. 北京：中国建筑工业出版社，2014.

[19] 栋梁工作室. 给排水采暖燃气工程概预算手册 [M]. 北京：中国建筑工业出版社，2004.